普通高等教育电子信息类专业"十四五"系列教材

ASON设备与工程应用
（原理篇）

主　编　潘　青

副主编　车雅良　丁德强

编　者　冉金志　刘　颖　东　晨

　　　　贺转玲　周少华　王鲸鱼

　　　　杨　鼎　刘　娜

西安交通大学出版社
XI'AN JIAOTONG UNIVERSITY PRESS

图书在版编目(CIP)数据

ASON 设备与工程应用.原理篇 / 潘青主编;车雅良,
丁德强副主编.—西安:西安交通大学出版社,2022.8(2023.7 重印)
　ISBN 978-7-5693-2595-9

　Ⅰ.①A…　Ⅱ.①潘…②车…③丁…　Ⅲ.①光传输
设备-理论　Ⅳ.①TN818

中国版本图书馆 CIP 数据核字(2022)第 079504 号

书　　名	ASON 设备与工程应用(原理篇)
	ASON SHEBEI YU GONGCHENG YINGYONG(YUANLI PIAN)
主　　编	潘　青
副 主 编	车雅良　丁德强
策划编辑	田　华
责任编辑	邓　瑞
责任校对	李　文
装帧设计	伍　胜
出版发行	西安交通大学出版社
	(西安市兴庆南路 1 号　邮政编码 710048)
网　　址	http://www.xjtupress.com
电　　话	(029)82668357　82667874(市场营销中心)
	(029)82668315(总编办)
传　　真	(029)82668280
印　　刷	西安日报社印务中心
开　　本	787 mm×1092 mm　1/16　印张 13.625　字数 341 千字
版次印次	2022 年 8 月第 1 版　2023 年 7 月第 2 次印刷
书　　号	ISBN 978-7-5693-2595-9
定　　价	36.00 元

如发现印装质量问题,请与本社市场营销中心联系。
订购热线:(029)82665248　(029)82667874
投稿热线:(029)82668818
读者信箱:457634950@qq.com

前　言

《ASON 设备与工程应用》全书共分原理篇和操作篇两个分册,从工程应用的角度设置了设备物理配置、网络与业务配置、电接口测试、光接口测试、告警与性能管理 5 个模块,分别介绍自动交换光网络(Automatically Switched Optical Network,ASON)设备与工程应用的基础知识与操作技能,使读者更加直观地了解 ASON 技术原理,光传输设备的结构、配置、组网方法以及系统的维护测试方法。全书采用任务驱动、模块化方式进行编写,通过实际的工程任务将理论知识和实践操作紧耦合,确保在同一个任务模块之下理论和实践能够互为支撑,突出知识的应用。

本分册为原理篇,详细介绍了 5 个模块中涉及的技术、设备与操作的原理知识,包括同步数字系列(Synchronous Digital Hierarchy,SDH)、ASON、多业务传送平台(Multi-Service Transport Platform,MSTP)等的技术原理、设备原理、网络保护与恢复、电/光接口测试指标及参数等内容。本书中提到的 ASON 均指基于 SDH 的 ASON。

模块一介绍设备物理配置所需的原理知识,在阐述传送网发展演进及网络管理的基础上,介绍 SDH 信号帧结构、映射复用路径以及 SDH 设备分类和单板组成。

模块二介绍网络与业务配置所需的原理知识,通过 SDH 网络、ASON 网络和MSTP 网络三个专题,分别介绍 SDH 网络保护、ASON 智能恢复和 MSTP 原理及关键技术。

模块三介绍电接口测试的基础知识,在介绍常用线缆的基础上,阐述误码性能事件与参数、抖动性能规范、以太网测试参数等。

模块四介绍光接口测试的基础知识,包括平均发送光功率、接收机灵敏度和过载光功率的定义及参数规范等。

模块五介绍告警及性能管理的原理知识,在介绍 SDH 开销字节、功能参考模型的基础上,描述告警信号的产生过程及相互之间的关系。

本书既注重基于 SDH 的 ASON 技术原理,又面向工程实际应用,围绕 5 个任务模块对原理知识进行深入阐释,适合于从事 ASON 系统和设备的研究开发、工程施工、维护管理的人员阅读和参考,对于专业教学也具有一定的指导意义。由于时间仓促,书中难免会有错误,敬请各位读者批评指正。

编　者

2021 年 12 月

目　录

模块一 设备物理配置

应用场景

传送网是通信网的重要组成部分,负责为各种业务网提供透明的传送通道。随着网络规模的不断扩大,传送网网络管理的复杂度也大大增加,利用网管软件进行有效的网络管理是确保传送网络可靠、稳定运行的有力保障。

光传输系统中设备的安装调测、数据配置以及日常维护都要求操作人员能够根据工程任务的需求来配置设备。设备物理配置包括配置设备领域(比如同步数字系列(Synchronous Digital Hierarchy,SDH)领域和波分复用(Wavelength Division Multiplexing,WDM)领域)、设备系列(比如 SDH 系列、自动交换光网络(Automatically Switched Optical Network,ASON)系列和多业务传送平台(Multi-Service Transport Platform,MSTP)系列)、设备类型(比如复用设备、交叉连接设备和再生设备)、设备单板以及纤缆等内容。

学习目标

1. 了解光传送网的发展与体系架构,熟悉网络管理系统架构及其基本功能。

2. 能够说出基于 SDH 的 ASON 设备所传输信号的帧结构和映射复用原理,能辨认设备所接入的各类信号接口并描述各接口的应用环境。

3. 使用华为 U2000 网管软件或 NCE 网管软件进行 OSN 3500 设备的单网元建立,并完成网元单板配置(光口板、电口板和各类辅助板)以及简单网络拓扑(点到点、三点及多点一线、不具有保护功能的环等)的创建。

1.1 光传送网概述

1.1.1 光传送网发展与体系架构

1.1.1.1 光传送网发展

1.传送网的地位与作用

按照国际电信联盟电信标准分局(ITU Telecommunication Standardization Sector,ITU-T)的定义,网络是为了简化通信,给两个及以上点之间提供连接的一组节点和链路,换言之,所谓网络就是节点加链路。

通信网络有两大类基本功能群。一类是传送(Transport)功能群,它可以将任何通信信息从一个点传送到另一些点；另一类是控制功能群，它可以实现各种辅助服务和操作维护功能。

所谓传送网就是完成传送功能的具体手段的集合构成的逻辑网络，它可以将客户信息双向或单向地由一点传递到另一点或其他多点，也可以转移各种类型的网络控制信息。

实际应用中还经常遇到另一个术语——传输（Transmission），人们往往将传输和传送相混淆。两者的基本区别是描述对象不同，传送是从信息传递的功能过程来描述的，而传输是从信息信号通过具体物理媒质传输的物理过程来描述的。因此，传送网主要指逻辑功能意义上的网络，即网络的逻辑功能的集合，而传输网是指各种具体设备组成的实体网络。在不会发生误解的情况下，传输网（或传送网）也可以泛指全部实体网和逻辑网。

传送网有基于卫星通信的传送网、基于微波通信的传送网、基于光纤通信的传送网，其中光纤通信传送网（以下简称光传送网）由于其传输容量大、中继距离长等优点，构成传送网的主体，成为民用和军用通信网络的骨干传输网络。传送网在整个通信网络中的位置如图 1.1 所示。

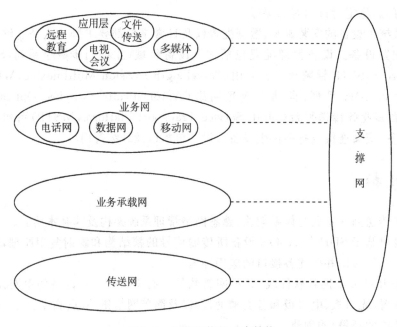

图 1.1　通信网络的垂直结构

传送网负责信息的传送，为其上层的业务网提供传送平台；业务网负责为用户提供所需的业务，为其上层的具体应用提供业务平台，包括传统电话网、网际互连协议（Internet Protocol，IP）网、非 IP 数据网（ATM、帧中继等）、移动网等；在业务网的基础上延伸出应用层，包括远程教育、文件传送、多媒体等。但应用层不属于网络范畴，就网络而言，实际上就包括传送网和业务网两层，每一层可以分解成更细的层面。另外，在传送网和业务网之间还可以呈现一层业务承载网，负责承载各种业务网。为了支持各层网络的有效运行和管理，需要有支撑网的介入。支撑网包括信令网、同步网与通信管理网。这些支撑网有的只是传送网层面需要，有的只是某些业务网层面需要，有的则几乎各个层面都需要。

2. 光传送技术的发展

光传送网的发展，已经经历了准同步数字系列（Plesiochronous Digital Hierarchy，PDH）、

SDH、MSTP、密集波分复用(Dense Wavelength Division Multiplexing,DWDM)、ASON 和光传送网(Optical Transport Network,OTN)几种技术的发展和革新。

1972 年 ITU-T 前身国际电报电话咨询委员会(Consultative Committee International Telephone and Telegraph,CCITT)提出第一批 PDH 建议,1976 和 1988 年又提出两批建议,形成完整的 PDH 体系。PDH 有两种体制:北美体制和欧洲体制。在数字通信发展的初期,大量的数字传输系统都是准同步数字体系。PDH 虽然被称作是光的处理,但基本上是电信号层的处理。随着数字交换的引入,由光通信技术的发展带动长距离、大容量数字电路的建设,以及网络控制和宽带数字综合业务发展的需要,PDH 一些固有弱点暴露了出来,如北美和欧洲两种数字体制互不兼容;没有世界性的标准光接口规范,在光路上无法互通和调配;难以上、下话路复用;固定时损伤而难以实现 E5 速率上的异步复用;网络维护管理复杂,缺乏灵活性,无法适应不断演变的电信网要求等。

SDH 即同步数字系列,最早提出 SDH 概念的是美国贝尔通信研究所,称之为光同步网络(Synchronous Optical Network,SONET)。1988 年,国际电报电话咨询委员会(CCITT)接受了 SONET 的概念,将其重新命名为"同步数字系列(SDH)"。SDH 技术与 PDH 技术相比,有如下明显优点:①统一的比特率,统一的接口标准,为不同厂家设备间的互联提供了可能;②网络管理能力大大加强;③提出了自愈网的新概念,用 SDH 设备组成的带自愈保护能力的环网,可以在传输媒体主信号被切断时,自动通过自愈网恢复正常通信;④采用字节复接技术,使网络中上下支路信号变得十分简单。目前,SDH 技术作为传送网主体技术,以其特有的优势在传送网中占据了绝对主导地位,为通信业务的发展发挥了巨大作用。SDH 不仅是一套国际标准,还是一个组网原则,也是一种复用方法。

不断增长的 IP 数据、话音、图像等多种业务传送需求使得用户接入及驻地网的宽带化技术迅速普及起来,原先以承载话音为主要目的的城域网在容量以及接口能力上都已经无法满足业务传输与汇聚的要求。于是,MSTP 技术应运而生。作为 SDH 设备的演进,MSTP 在用户接口侧增加了以太网接口,但内核仍然是 SDH 的电路结构。多协议标签交换(Multi-Protocol Label Switching,MPLS)是 1997 年由思科公司提出,并由 IETF 制定的一种多协议标签交换标准协议,它利用 2.5 层交换技术将第三层技术(如 IP 路由等)与第二层技术(如 ATM、帧中继等)有机地结合起来,从而在同一个网络上既能提供点到点传送,也可以提供多点传送;既能提供原来以太网的服务,又能提供具有很高服务质量(Quality of Service,QoS)要求的实时交换服务。

DWDM 即密集波分复用,这是一项用来在现有的光纤骨干网上提高带宽的技术。更确切地说,该技术是在一根指定的光纤中,多路复用单个光纤载波的紧密光谱间距,以便利用可以达到的传输性能(例如,达到最小程度的色散或者衰减)。这样,在给定的信息传输容量下,就可以减少所需要的光纤总数量。自 20 世纪 90 年代中期商用以来,DWDM 系统发展极为迅速,已成为实现大容量长途传输的主流手段。但现阶段大多数 WDM 系统主要用在点对点的长途传输上,交换功能依然在 SDH 电层上完成。在条件许可和业务需要的情况下,在 WDM 系统中有业务上下的中间节点可采用光分插复用器(Optical Add-Drop Multiplexer,OADM)设备,从而避免使用昂贵的波长转换器进行光-电-光变换,节省网络建设成本,增强网络灵活性。目前具有固定波长上下的 OADM 已经广泛商用,而能够通过软件灵活配置上下波长的动态可重构 OADM(Reconfigurable Optical Add-Drop Multiplexer,ROADM)也开始步入市场。

随着骨干网络容量的日益增大以及城域接入能力的多样化，人们对传输网络具备良好自适应能力的需求逐步提上日程，对网络带宽进行动态分配并具有高性价比的解决方案已是人们追求的目标，ASON 正是在这样的市场环境下应运而生的。ASON 即自动交换光网络，ASON 的概念来源于智能光网络（Intelligent Optical Network，ION）。2000 年的 ITU-T 正式确定由 SGL5 组开展对 ASON 的标准化工作，ITU-T 进一步提出自动交换传送网（Automatic Switched Transport Network，ASTN）的概念，明确 ASON 是 ASTN 应用与 OTN 的一个子集。ASON 是在选路和信令的控制下，完成自动交换功能的新一代光网络，是一种标准化了的智能光传送网，代表了未来智能光网络发展的主流方向，是下一代智能光传送网络的典型代表。ASON 首次将信令和选路引入传送网，通过智能的控制层面来建立呼叫和连接，使交换、传送、数据三个领域又增加了一个新的交集，实现了真正意义上的路由设置、端到端业务调度和网络自动恢复，是光传送网的一次具有里程碑意义的重大突破，被广泛认为是下一代光网络的主流技术。ASON 技术的发展虽然取得了比较大的进展，但还存在着一些问题，主要集中在本身性能的完善和互联互通上。

随着数据业务的发展，数据流量在网络中激增，IP 业务逐渐成为电信网络的主导业务，作为电信业务基础承载网的光传送网需要尽快适应电信业务类型的转变，对 IP 业务进行有效承载，以支持 IP 业务的迅速发展。但 IP 业务本身的不确定性和不可预见性，特别是 IP 业务的多样性、精细颗粒和大颗粒等特性对光传送网提出了新的挑战。光传送网目前所面临的问题和需求决定了运营商需要一个多厂商的标准化网络，并且具备多层控制、端到端连接、可扩展性、简单性、高效而强大的操作功能，从而使传送网络能适应这种海量增长的带宽需求，同时可以进行快速灵活的业务调度，完善便捷的网络维护管理以适应业务的需求。ITU-T 基于现有光电技术进行折中，提出了基于大颗粒带宽进行组网、调度和传送的新型技术——OTN 的概念。OTN 在子网内部进行全光处理而在子网边界进行光电混合处理，但目标依然是全光组网，也可认为现在的 OTN 阶段是全光网络的过渡阶段。从技术本质上看，OTN 技术对已有的 SDH 和 WDM 的传统优势进行了更为有效的继承和组合，同时扩展了与业务传送需求相适应的组网功能；从设备类型上看，OTN 设备相当于将 SDH 和 WDM 设备融合为一种设备，同时拓展了原有设备类型的优势功能。因此，OTN 具有以下优势：①具有大颗粒带宽复用、交叉和配置；②具有多业务透明传送和高效的业务复用封装；③具备快速、可靠的大颗粒业务保护能力；④从静态的点到点 WDM 演进成动态的光调度设备，提高了组网能力；⑤具有良好的开销和运维管理能力；⑥具有更完善的标准和更远的传输距离；⑦支持控制平面的加载等。

3. 光传输网发展

目前文献和口语中经常出现的"光传输网"是指以光纤为传输媒质，以 SDH 网元、DWDM 网元、ASON 网元、OTN 网元等物理实体为基础构建的传输网络。光传输网的发展历程大致可以分为三代：

在第一代光传输网中，光只用来实现大容量传输，所有的交换、选路和其他智能功能都是在电层面上实现的。SDH 就是这种第一代的光网络，其定义为由一些 SDH 网元组成的，在光纤上进行同步信息传输、复用和交叉连接的网络。SDH 以其良好的性能得到业界的公认，经过十余年的发展，已成为光传送网最成熟的技术之一。SDH 成功的原因一方面是其自身优异的性能表现、业界的一致认同和广泛应用，更重要的是 SDH 拥有"自身造血"能力，其开放化的体系结构、层次化的组织方式、模块化的处理过程,都使得 SDH 能融合其他新技术,开发原本不具备的网络传送功能,实现技术的可持续发展。但是由于 SDH 本质是一种以电层处理为主的网络技术,在业务节点内部必须经过光/电转换,在电层实现信号的分插复用、交叉连接和再生处理,所以其信号传输与处理的电子瓶颈极大限制了对光纤可用带宽的挖掘利用。

　　OTN 可以认为是第二代光传输网,它的目标是解决第一代光网络的电子瓶颈问题。20世纪 90 年代中期,人们首先提出"全光网"的概念。发展全光网的本意是信号可以直接以光的方式穿越整个网络,传输、复用、再生、选路和保护等都在光域上进行,中间不经过任何形式的光/电转换及电层处理过程,以达到全光透明性,实现任意时间、任意地点、传送任意格式信号的理想目标。然而由于光信号固有的模拟特性和现有光器件水平的限制,目前在光域上很难实现高质量的 3R(再定时、再整形、再放大)再生功能,大型高速的光子交换技术也不够成熟。人们逐渐认识到全光网的局限性。提出所谓光的"尽力而为"原则,即业务尽量保留在光域内传输,只有在必要的时候才变换到电层上进行处理,这为二代光网络 OTN 的发展指明了方向。OTN 在功能上类似于 SDH,只不过在 OTN 所规范的速率和格式上实现而已,其定义为由一系列 OTN 网元经光纤链路互联而成,能按照 ITU-T G.872 的要求提供有关客户层信号的传送、复用、选路、管理、监控和生存性功能的网络。相对于 SDH 而言,OTN 的优势主要体现在支持客户信号的透明传送(比特透明、定时透明和延时透明)、交换能力的扩展等方面。OTN 是通过功能结构的描述提出的一种网络模型,与所采用的具体技术无关。理论上讲,波分复用(WDM)、光时分复用(Optical Time-Division Multiplexing,OTDM)、光码分复用(Optical Code Division Multiplexing,OCDM)等各种复用方式都可以作为 OTN 的实现手段。但是由于 DWDM 技术应用的显著优势,目前 OTN 主要基于 DWDM 技术来实现,以光波长作为最基本的交换单元,以波长为单位实现对客户信号的传送、复用、选路和管理。

　　ASON 可以认为是第三代光传输网。传送网的体系结构实质上包含了传送功能和控制功能两大主线。从传送功能的实现手段看,围绕通道层的实现技术,具体形成 SDH 传送网和OTN 等类型;从控制功能的实现手段来看,传送网已经将关注的焦点从传送的"宽带化"逐步向控制的"高性能"方向转变,形成 ASON 的概念。ITU-T 对 ASON 的定义是:通过能提供自动发现和动态连接建立功能的分布式(或部分分布式)控制平面,在 OTN 或 SDH 网络之上,可实现动态的、基于信令和策略驱动控制的一种网络。

1.1.1.2　光传送网体系架构

1. SDH 的分层结构

　　光传送网的功能是分层的,由垂直方向连续的传送网络层(即所谓的层网络)叠加而成,从上至下分别为通道层和传输媒质层(又细分为段层和物理层)。SDH 的传送网分层结构模型如图 1.2 所示,包括电路层、通道层和传输媒质层,其中电路层网络是面向业务的,严格意义上不属于传送层网络。

　　电路层网络直接为用户提供通信业务,诸如电路交换、分组交换、ATM 虚通路、IP 业务等,按照提供的业务可以区分不同的电路层网络。电路层网络是面向业务的,不属于光纤通信传送网的层网络,但由光纤通信传送网直接支撑。电路层网络的设备包括各种交换机(例如电路交换机或分组交换机)、IP 路由器等。

　　通道层网络用来支持不同类型的电路层网络,为其提供传送服务。SDH 传送网中通道层网络划分为高阶通道和低阶通道,VC-12(VC:虚容器)和 VC-3 属于低阶通道,VC-4 属于

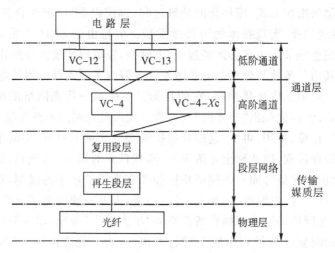

图 1.2　SDH 传送网分层结构模型

高阶通道。通道层网络为电路层网络节点提供透明的通道，例如 VC‑12 可以看作电路交换网网络节点间通道的基本传送容量单位，而 VC‑3/VC‑4 可以作为局间通信通道的基本传送容量单位。通道的建立由交叉连接设备负责，能提供较长的使用时间（相对上层电路使用时间而言）。通道层网络由各种类型的电路层网络共享，并能将各种电路层业务映射进复用段层所要求的格式内。

传输媒质层网络与传输媒质（光缆或大气（无线传输））有关，支持一个或多个通道层网络，为通道层网络提供节点间合适的通道容量。例如同步传输模块 N 级（Synchronous Transfer Moder N，STM‑N）就是传输媒质层网络的标准传送容量。该层主要面向跨越线路系统的点到点传送。

传输媒质层网络可以进一步划分为段层网络和物理媒质层网络（简称"物理层"），其中段层网络涉及保证通道层两个节点之间信息传递的完整性，而物理层涉及具体的支持段层网络的传输媒质，如光缆或大气。在 SDH 传送网中，段层网络还可以进一步细分为复用段层网络和再生段层网络。复用段层网络涉及复用段终端之间的端到端信息传递，例如为通道层提供同步和复用功能，并完成有关复用段开销的处理和传递等；再生段层网络涉及再生器之间或再生器与复用段终端之间的信息传递，如定帧、扰码、再生段误码监视以及再生段开销的处理和传递等。物理层网络主要完成光电脉冲形式的比特传送任务，与开销无关，是传送网的最底层。

2. DWDM 的分层结构

DWDM 主要承载 SDH 信号和基于 SDH 的 ASON 信号。根据 ITU‑T 的相关建议，带光放大器的 DWDM 包含光通道层、光复用段层和光传输断层，DWDM 系统的分层结构如图1.3所示。

光通道层可以为各种业务信息提供光通道上端到端的透明传送，其主要功能包括：为网络路由提供灵活的光通道层连接；具有确保光通道层适配信息完整性的光通道开销处理能力；具有确保网络运营与管理功能得以实现的光通道层监测能力。

光复用段层可为多波长光信号提供联网功能，包括：为确保多波长光复用段适配信息完整性而提供的光复用段开销处理功能；为保证段层操作与管理能力而提供的光复用段监测功能。

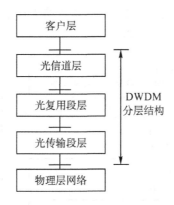

图 1.3 DWDM 系统的分层结构

光传输段层可为光信号提供在各种类型的光纤上传输的功能,包括对光传输段层中的光放大器、光纤色散等的监视与管理功能。

3. OTN 的分层结构

DWDM 技术的出现为传送网络的容量扩展提供了一种很好的解决方法,但 IP 业务的蓬勃发展和网络业务的多样性不仅对网络传输容量提出了更高的需求,也对网络节点的吞吐容量、网络的功能和运行维护水平提出了更高的要求。光传送网正是适应这种要求而诞生的。

OTN 是为客户层信号提供光域处理的传送网络,其主要功能包括传送、复用、选路、监视和生存性。OTN 处理的最基本对象是光波长,客户层业务以光波长形式在光网络上复用、传输、放大,在光域上分插复用和交叉连接,为客户信号提供有效和可靠的传输。OTN 最主要的特点是引入了"光层"的概念。

根据传送网的通用原则,OTN 被分解为若干独立的层网络,为反映其内部结构,每一层网络又可分割成不同子网和子网间链路。OTN 的分层结构如图 1.4 所示,OTN 中的光层结构自底向上依次为光传输段层(Optical Transmission Section,OTS)、光复用段层(Optical Multiplex Section,OMS)和光信道层(Optical Channel,OCh)。ITU-T G.709 进一步规定,基于数字封包技术的 OCh 层又可细分为光信道的净荷单元(Optical Channel Payload Unit,OPU)、数据单元(Optical Channel Data Unit,ODU)和传送单元(Optical Channel Transport Unit,OTU)。这种面向子层的划分方案既是出于多协议业务适配到光网络传输的实际需要,也是考虑到网络维护管理的简单性而得出的必然结果。

光传输段层为光复用段信号在不同类型的光媒质(如 G.652、G.653、G.655 光纤等)上提供传输功能。由光复用段和光监控信道(Optical Supervisory Channel,OSC)构成,OSC 用来支持光传输段开销信息、光复用段开销信息,以及非随路的光信道层开销信息。整个光传送网架构在最底层的物理媒质基础上,即物理媒质层网络是光传输段层的服务者。

光复用段层保证相邻两个波长复用传输设备之间多波长复用光信号的完整传输,为多波长信号提供网络功能。它可以处理光复用段开销,保证多波长光复用段适配信息的完整性;实施对光复用段的监控,支持段层的维护和管理;解决复用段生存性问题等。OADM、光交叉连接器(Optical Cross Connecter,OXC)等 OTN 设备的线路端口均工作在此层。

光信道层通过位于接入点之间的光信道路径给客户层的数字信号提供传送功能,负责为不同类型的客户连接建立并维护端到端的光通道,处理相关的光信道开销,如各类连接监视、通用通信通路、自动保护倒换等信息。光信道层是支持上层业务透明适配的关键层次，其灵活的组网能力也是 OTN 最重要的一项功能。

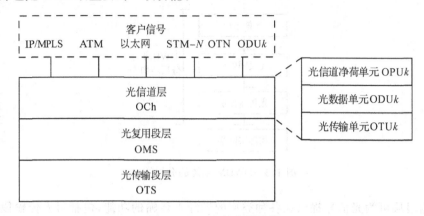

图 1.4　OTN 的分层结构

严格地说，位于光层之上的业务层网络不是 OTN 的组成部分，但作为一种多协议兼容的综合化网络平台，OTN 应当支持各种客户类型的传送。这些客户对象包括 SDH/SONET、ATM、以太网、IP、帧中继、FDDI 等，可以归纳为面向连接和面向无连接两类情况。

OTN 是一项年轻的新技术，与 SDH 相比，OTN 在大颗粒度的带宽利用方面更具潜能。可以预见，在未来较长的一段时间内，SDH 和 OTN 技术将互为补充、共存发展。如何协调两者的关系，甚至做到集成一体应用，是光网络建设过程中必须解决的现实问题。

1.1.2　光传送网网络管理

1.1.2.1　电信管理网(TMN)管理框架

随着通信网高速发展以及网络覆盖面的延伸，通信设备数量剧增，分布更加广泛，网络结构也趋于多样，因此了解网络运行状态，进行故障定位及潜在故障探测，成为保障网络可靠性的重点及难点。网络管理系统可以对网络运行状态进行持续的基准检测，提供配置管理、性能管理、故障定位与告警、状态检测与统计、安全管理与计费等功能，为网络安全与可靠运行提供了保障。

为对电信网实施集成、统一、高效的管理，ITU-T 提出了电信管理网(Telecommunications Management Network，TMN)概念。TMN 的基本概念是提供一个有组织的体系结构，以达到各种类型的操作系统(网管系统)和电信设备之间的互通，并且使用一种具有标准接口(包括协议和信息规定)的统一体系结构来交换管理信息，从而实现电信网的自动化和标准化管理，并提供各种管理功能。TMN 在概念上是一种独立于电信网而专职进行网络管理的网络，它与电信网有若干不同的接口，可以接收来自电信网的信息并控制电信网的运行。TMN 也常常利用电信网的部分设施来提供通信联络，因而两者会有部分重叠，TMN 和电信网的关系示意图如图 1.5 所示。

TMN 的管理层模型依照 ITU-T 规范划分为：网元层(Network Element Layer，NEL)、网元管理层(Network Element Management Layer，EML)、网络管理层(Network Management Layer，NML)、业务管理层(Service Management Layer，SML)、事务管理层(Business Man-

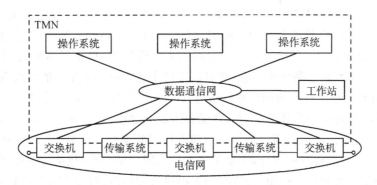

图 1.5　TMN 和电信网的关系示意图

agement Layer，BML）。电信管理网分层如图 1.6 所示，图中显示了最高到业务管理层的 TMN 的管理层次划分，其中网元（Network Element，NE）可为 SDH 设备，也可为 PDH 或交换机等任何可被管理的设备。

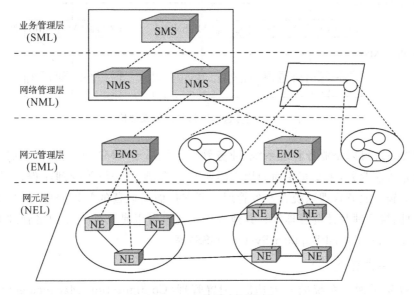

图 1.6　电信管理网分层

1.1.2.2　光传送网网络管理体系架构

光传送网网络管理是 TMN 的一个子网，专门负责管理光传输网元。根据管理地域或范围的不同，光传送网网络管理还可以划分为一系列的管理子网。

光传送网的网络管理符合规范的 TMN 管理分层结构，从逻辑功能上划分，光传送网的网络管理主要分为三层：网元层、网元管理层和网络管理层，光传送网网络管理体系架构如图1.7 所示。网元层主要是指不同光传输物理网元设备，一般情况下接受网元管理层的管理，但是网元本身也应具有一定的管理能力。网元管理层主要完成不同网元设备或子网的管理，网元管理系统（Element Manager System，EMS）和子网管理系统（Subnetwork Management System，SNMS）均属于网元管理层。EMS/SNMS 是由传输设备厂商提供的，可以对该厂商的传输设备或子网进行配置、操作和维护。EMS 和 SNMS 可以相互独立，也可以在统一平台上实现。EMS/SNMS 向上层网络管理系统（Network Management System，NMS）提供管理接口，以纳入 NMS 的统一管理之中。网络管理层主要面向光传输网络，负责对所辖管理区域内的网络进行监控管理。NMS 属于网络管理层，它可以给网络运营商一个全局的网络概念。网络操作者通过 NMS 管理所辖区域内的端到端网络连接。运营商部署的光传输网综合网络管理系统位于网络管理层，具有统一管理多厂商多传输技术的管理能力，实现全程网的端到端管理。综合网络管理系统通常是由运营商自行开发的网络层网管系统。此外，光传输网资源管理系统也是网络管理系统的重要组成部分，主要负责光传送网网络资源（包括设备资源、波长资源、通道资源等）的分配管理和优化组织。NMS 向上提供管理接口，可接入其他管理系统。

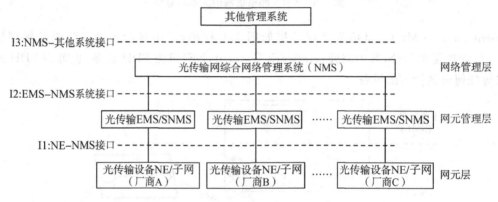

图 1.7　光传送网网络管理体系架构

其他管理系统可以是业务管理系统，业务管理系统属于 TMN 的业务管理层。业务管理层主要面向光传输业务，主要实现面向用户的业务申请、质量分析等受理流程，并将需求提交给网络层来实施。业务管理系统在业务管理层还支持面向运营的管理服务，如带宽批发与租用管理、客户网络管理及计费管理等。其他管理系统也可以是其他专业网络管理系统或上层运行支撑系统（Operational Support System，OSS）等。

1.1.2.3　管理功能

ITU-T 规定了网管系统的五大功能：配置管理（Configuration Management），故障管理（Fault Management），性能管理（Performance Management），安全管理（Security Management），计费管理（Accounting Management）。

①配置管理：对传输网络的资源和业务进行配置。包括网络数据的配置，设备数据的配置，链路通道的配置，保护倒换功能的配置，同步时钟源分配策略的配置，公务设备的配置，线路接口参数的配置，支路接口的配置，网元时间的配置，配置信息的查询、备份、恢复，通路资源的查询和统计等。

②故障管理：对设备的故障进行检测、分析和定位。包括告警级别的设置，告警实时显示，告警确认、屏蔽、过滤、反转、声音的设置，当前历史告警的查询，告警定位，告警统计分析等。

③性能管理：对设备的各种性能进行有效检测和分析。包括设置性能门限，当前和历史性能数据查询，性能数据分析等。

④安全管理：对设备的维护提供安全保证。包括设置用户的级别、操作权限和管理区域，

对用户登录进行管理,对用户的操作进行日志管理等。

⑤计费管理:提供与计费有关的基础信息。包括电路建立时间、持续时间、服务质量等。

有时也将维护管理作为一个功能模块单独列出来。维护管理用于保证设备的正常运行和对问题定位提供手段,包括环回控制、告警插入、误码插入等。

1.2 SDH 技术原理

1.2.1 SDH 引入

1.2.1.1 PDH 帧结构和缺陷

为了提高线路利用率和传输容量,20 世纪 80 年代发展了准同步数字体制。所谓准同步是指参与复接的各支路信号具有相同的标称速率,但不一定严格相等。PDH 对信号的处理是首先将每路模拟的话音信号进行抽样、量化、编码,变为一路 64 kb/s 的数字信号,再采用时分复用技术,将多路 64 kb/s 数字信号以字节为单位进行间插复用复接成一定速率的基群(一次群)信号;为进一步提高传输容量,将四路基群信号复接成二次群信号;再将四路二次群信号复接成三次群信号,同样的方法可以将信号复接成四次群或更高速率的信号。各种制式的速率等级见表 1.1,我国采用的是欧洲制式。

表 1.1　各种制式的速率等级

群次		一次群	二次群	三次群	四次群
日本制式	速率(Mb/s)	1.544	6.312	32.064	97.728
	路数	24	96	480	1400
北美制式	速率(Mb/s)	1.544	6.312	44.736	274.176
	路数	24	96	672	4032
欧洲制式	速率(Mb/s)	2.048	8.448	34.368	139.264
	路数	30	120	480	1920

由于 PDH 存在着多种制式,所以复用的结构是不同的。例如欧洲是将 30 个独立的 64 kb/s信道与两个信息控制信道一起形成一个 32 个时隙的信号结构,其基群传输速率为 2.048 Mb/s;在北美和日本,则将 24 个 64 kb/s 信道间插复用在一起,形成基群传输速率为 1.544 Mb/s。

在 PDH 中,各速率等级虽规定了速率,但支路信号可来自不同的设备,这些设备有各自独立的时钟源,各时钟没有要求达到同步,因而来自不同设备的同一速率等级的支路信号其速率并不一定严格相等。为了能将各支路信号复接成更高速率的信号,PDH 对于各速率等级除规定标称速率外,还规定其允许的偏差范围(称为容差)。例如,欧洲制式的偏差为:$\pm 2048 \times 50 \times 10^{-6}$ kb/s;$\pm 8448 \times 30 \times 10^{-6}$ kb/s;$\pm 34368 \times 30 \times 10^{-6}$ kb/s;$\pm 139264 \times 15 \times 10^{-6}$ kb/s。这种有相同的标称速率,但又允许有一定偏差的信号称为准同步信号。它们复接时只能靠插入调整比特,采用异步复接。

图 1.8 所示的是我国采用的欧洲制式中 2 Mb/s(2048 kb/s)帧结构图,图中可以看到:基

群每帧 125 μs，32 个时隙，采用字节间插复用。其中时隙 TS1～TS15、TS17～TS31 用于传送信息（传送的信息统称为净荷），时隙 TS0 分为奇帧和偶帧，分别用于传 CRC 校验码等用于运行、维护、管理（Operation Administration and Maintenance，OAM）的比特和用于传帧同步字，TS16 用于传复帧同步码、复帧对告及各信息时隙的 OAM。由于 TS16 只有 8 位，无法完整表达针对 30 个信息时隙的上述功能，所以选用复帧的方式，其中 16 帧组成一个复帧（每帧中TS16 的功能如图 1.8 示）。

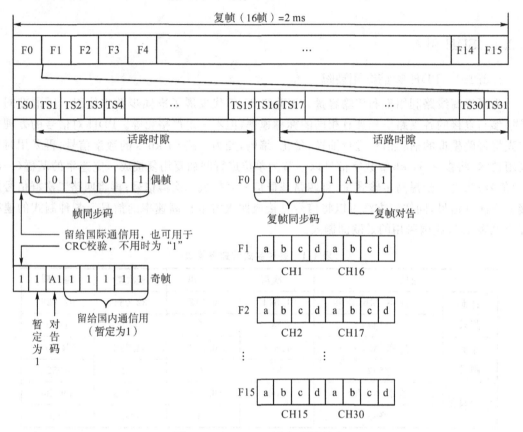

图 1.8　PDH 2048 kb/s 复帧结构

　　无可置疑，PDH 技术与模拟技术相比，在提高信号质量、通信容量和有利于集成、缩小设备体积、减少功耗等方面存在着无可比拟的优点。因此，在过去的二十多年的通信历史上它发挥了巨大的作用，特别是在骨干网上。但是，PDH 本身也存在着很多缺点：

　　①PDH 存在欧洲、北美（日本）两种制式，两者互不兼容，从而引起国际互联困难。

　　②上/下支路困难。PDH 各速率等级帧长不同，复接时高次群的一帧中容不下低次群的一帧信号，因而使得低次群帧的起始点在高次群帧中没有固定位置，也无规律可循。从而引起上/下支路时，必须采用"背靠背设备"，逐级分接出要下的支路，将不下的支路再逐级复接上去，PDH 低次群信号的插入和分出如图 1.9 所示，造成设备的极大浪费。

　　③开销比特很少，不能提供足够的运行、管理和维护 OAM。PDH 的发展是从市话局间中继点对点传输应用开始的，受当时传输媒介的限制，设计时主要考虑如何充分利用带宽资源，而对 OAM 考虑很少。

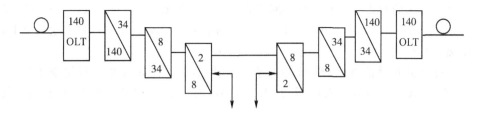

图 1.9　PDH 低次群信号的插入和分出(单位:Mb/s)

④PDH 系列的光纤数字通信设备没有统一的光接口标准,致使不同厂家的设备,甚至同一厂家不同型号的设备光接口各不相同,不能互连,即横向不兼容。

这些缺点不符合电信网的"网络化、智能化、综合化"发展潮流,因而急需一个更为先进的体制来取而代之,这就孕育了 SDH。

1.2.1.2　SDH 的特点

1985 年美国国家标准协会(American National Standards Institute,ANSI)起草了设备在光口互联方面的光同步标准,并命名为 SONET。1986 年 CCITT 以 SONET 为基础制订了 SDH。

SDH 帧结构克服了 PDH 的不足,与传统的 PDH 相比较,SDH 有如下明显的优点:

①SDH 有标准的光接口规范,不同厂家的设备可以在光路上互连,实现横向兼容。

②灵活的分插功能。SDH 规定了严格的映射复用路径,并采用指针技术,支路信号在线路信号 STM $-N$ 中的位置是透明的,可以直接从 STM $-N$ 中灵活地上下支路信号,无需通过逐级复用实现分插功能,减少了设备的数量,简化了网络结构。图 1.10 为 SDH 的支路分出和插入设备,即分插复用器(Add and Drop Multiplexer,ADM)。

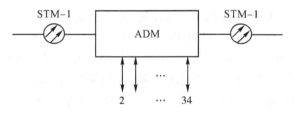

图 1.10　SDH 的支路分出和插入设备

③SDH 有强大的网络管理能力。SDH 的帧结构中有足够的开销比特(开销比特占总容量的 1/30),包括段开销(Section Overhead,SOH)和通道开销(Path Overhead,POH),不仅能够满足目前的告警、性能监控、网络配置、倒换和公务等的需要,而且还有进一步扩展的余地,可以满足将来的监控和网管需要。

④强大的自愈能力。具有智能检测的 SDH 网管系统和网络动态配置功能,使 SDH 网络容易实现自愈,在设备或系统发生故障时,能迅速恢复业务,提高网络的可靠性,降低维护费用。

⑤SDH 具有后向兼容性和前向兼容性。后向兼容性是指 SDH 的 STM -1 既可承载 2 Mb/s 系列的 PDH 信号,又可承载 1.5 Mb/s 系列的 PDH 信号,使两大系列在 STM -1 中得到统一,便于实现国际互通,也便于顺利地从 PDH 向 SDH 过渡;而前向兼容性是指 SDH

标准可以兼容未来的宽带综合业务数字网中的异步传递模式（Asynchronous Transfer Mode，ATM）信号。STM-1(155520 kb/s)和 STM-4 的速率(622080 kb/s)已被选定为 B-ISDN 的用户网络接口的标准速率。

作为一种新的光通信技术，SDH 也存在着一些不足。比如带宽的利用率不高等，一个 155 Mb/s 的 SDH 最多只能接入 63 个 2 Mb/s 信号，而一个 140 Mb/s 的 PDH 就可以接入 64 个 2 Mb/s 信号。

1.2.1.3　SDH 速率等级与帧结构

1. 速率等级

SDH 按一定的规律组成块状帧结构，称之为同步传送模块（Synchronous Transfer Module，STM），它以与网络同步的速率串行传输。同步数字体系中最重要的、最基本的同步传送模块信号是 STM-1，其速率为 155.520 Mb/s，更高等级的模块 STM-N 是 N 个基本模块信号 STM-1 按同步复用，经字节间插后形成，同步数字体系（SDH）速率等级如表 1.2 所示。

表 1.2　同步数字体系（SDH）速率等级

同步数字体系速率等级	比特率/(kb·s⁻¹)
STM-1	155520
STM-4	622080
STM-16	2488320
STM-64	9953280
STM-256	39813120

2. 帧结构

STM-N 的帧为块状结构，在系统中传输时，按自左至右、自上至下的规律逐字节进行传输，SDH 帧结构(STM-N)如图 1.11 所示。由 9 行×(270×N)列(字节)组成，每字节 8 bit，一帧的周期为 125 μs，帧频为 8 kHz(每秒 8000 帧)，帧中每个字节的速率是 8000×8 kb/s＝64 kb/s。STM-1(N=1)是 SDH 最基本的结构，每帧周期为 125 μs，传 19440 bit(9×270×8)，传输速率为 155520 kb/s(19440×8000 b/s)；STM-N 是由 N 个 STM-1 经字节间插同步复接而成的，故其速率为 STM-1 的 N 倍。

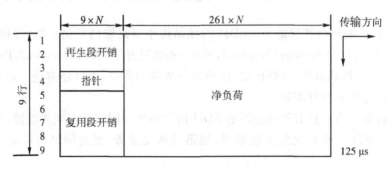

图 1.11　SDH 帧结构(STM-N)

SDH 帧由净负荷(Payload)、管理单元指针(Administration Unit Pointer，AU-PTR)和段

开销(SOH)三部分组成。

　　SOH 区域用于存放帧定位、运行、维护和管理方面的字节,以保证主信息净负荷正确灵活地传送。段开销进一步可分为再生段开销(Regenerator Section Overhead,RSOH)和复用段开销(Multiplexer Section Overhead,MSOH),RSOH 位于 STM-N 帧中的 1~3 行和 1~9×N 列限定的区域,用于帧定位、再生段的监控和维护管理。RSOH 在再生段始端产生并加入帧中,在再生段末端终结(即从帧中取出来进行处理)。所以在 SDH 网中每个网元处,再生段开销都要终结。复用段开销位于 STM-N 帧中 5~9 行和 1~9×N 列限定的区域,用于复用段的监控、维护和管理,在复用段的始端产生,在复用段的末端终结,故复用段开销在中继器上是透明传输,即在除中继器以外的其他网元处终结。

　　管理单元指针存放在帧的第 4 行的 1~9×N 列,用来指示信息净负荷的第一个字节在帧内的准确位置,以便正确地分出所需的信息。

　　信息净负荷区存放各种电信业务信息和少量用于通道性能监控的通道开销字节,它位于 STM-N 帧结构中除段开销和管理单元指针区域以外的所有区域。

1.2.2　SDH 映射复用

1.2.2.1　映射和复用的概念

　　将 PDH 信号和各种新业务装入 SDH 信号空间,并构成 SDH 帧的过程称为映射和复用过程。

　　映射是指一种变换、适配。在 SDH 中,映射是指将 PDH 信号比特经过一定的对应关系放置到 SDH 容器中的确切位置上的过程。映射分为同步映射和异步映射两大类,异步映射采用码速调整进行速率适配,SDH 中采用正/零/负码速调整和正码速调整两种方式。同步映射不需要速率适配,可分为比特同步和字节同步,SDH 中采用字节同步。

　　复用是指几路信号逐字节间插或逐比特间插合为一路信号的过程。在 SDH 中采用逐字节复用。

　　ITU-T 对 SDH 的复用映射结构或复用路线也做出了严格的规定,如图 1.12 所示。其中图 1.12(a)表示的是国际上所有体系的 PDH 信号映射复用成 SDH 信号的结构,而图1.12(b)表示的是我国所应用的欧洲的 PDH 体系信号映射复用成 SDH 信号的结构。图中 PDH 各速率等级(2 Mb/s、34 Mb/s、140 Mb/s)按复用路线均可以映射到 SDH 的传送模块(STM-1)中去。图中给出了映射复用过程中的各个环节的信号结构定义(容器、虚容器、支路单元、支路单元组、管理单元等),为了真正地理解这些定义,下面从不同的角度对映射复用过程进行讲解。

1.2.2.2　映射和复用的过程

　　为什么要对信号的映射和复用过程分步进行定义?如何理解这些定义的含义?为了帮助理解,我们此处列举一个日常生活中将货物由甲地运往乙地的例子,作为映射复用过程的模拟过程来进行解释,货物运输过程如图 1.13 所示。要将一批货物由甲地运往乙地,先要找一个比货物稍大的箱子,即容器(Container,C),将货物(瓷杯)放入,为了防止物品在箱内晃动,在物品的周围填满碎纸之类的填充物;将箱子密封,在箱外贴上标签或附上短语,说明箱内货物名称、件数、品质、到站名、收到后寄回回执等内容,此时箱子成为了虚容器(Virtual Container,

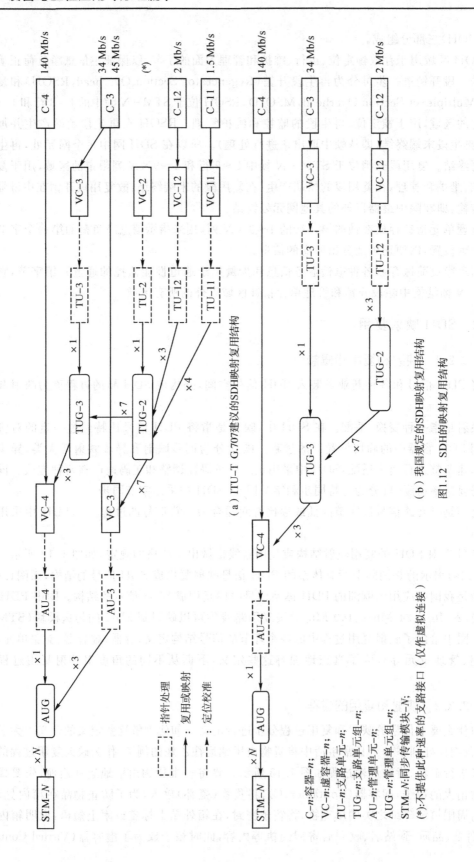

（a）ITU-T G.707建议的SDH映射复用结构

（b）我国规定的SDH映射复用结构

图1.12 SDH的映射复用结构

C-n:容器-n;
VC-n:虚容器-n;
TU-n:支路单元-n;
TUG-n:支路单元组-n;
AU-n:管理单元-n;
AUG-n:管理单元组-n;
STM-N:同步传输模块-N;
(*):不提供此种速率的支路接口（仅作虚拟连接）

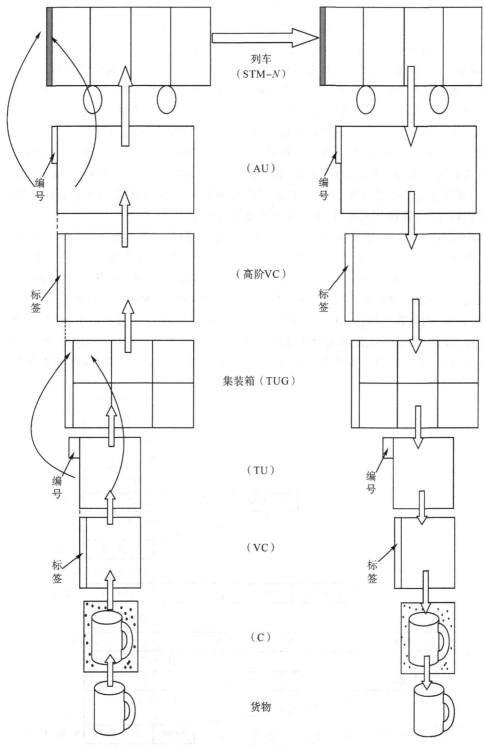

图 1.13 货物运输过程

VC);为了降低运输成本,需将很多小箱一起放入集装箱中,此时集装箱为支路单元(Tributary Unit,TU)；为了沿途到站后能方便地找到自己的货物，需将其编号，指明其在集装箱中的位置(××层××行××列)，并将编号放于显眼的、固定的位置(如门口)，此时为支路单元组(Tributary Unit Group,TUG)；再在集装箱上贴上标签，说明此集装箱的到站名、货物名称、重量、品质、注意事项等内容，此时为高阶虚容器(高阶 VC)；然后将集装箱编号(×车×号)，将编号放置在列车值班室、集装箱放置在编好的位置，此时为管理单元(Administration Unit,AU)。这样列车根据铁路管理信息(如同加上段开销)准确地将货物(此时为 STM - N)由甲地送到乙地。到达乙地后，先找到列车值班室，查到大集装箱的编号，根据编号找到大集装箱；再根据大集装箱上的标签，验证到站名称是否正确，内置的小箱数量是否准确、货物有无损伤，并将有关情况反馈到发货站；打开集装箱，根据集装箱上的编号，找到要取下的箱子，开箱将货物取出，并与小箱上标签内容相比较，验证到站名称是否正确，箱内货物名称、数量、品质是否与标签内容相符，货物有无损伤，并将有关情况反馈到发货方。

SDH 的映射复用过程就相当于将货物放上列车的过程，只不过此处的"货物"为要传递的信息，"列车"为 SDH 的传输模块。PDH 34368 kb/s 信号映射复用进 STM - 1 帧的过程，如图 1.14 所示。标称速率为 34368 kb/s 的信号适配进容器 C - 3 中(相当于将货物放入小箱)，加入固定填充比特(非信息比特，相当于填充物)速率调整到 48384 kb/s；然后加上通路开销(相当于标签，用于管理)就构成了虚容器 VC - 3，速率调整到 48960 kb/s；虚容器(相当于上例中贴有标签的小箱)加上支路单元指针(相当于编号)构成支路单元 TU - 3，速率为 49536 kb/s；支路单元 TU - 3 直接放入支路单元组 TUG - 3，速率仍为 49.536 Mb/s；再将 3 个 TUG - 3

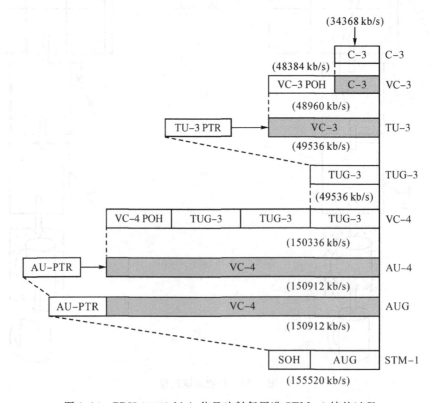

图 1.14　PDH 34368 kb/s 信号映射复用进 STM - 1 帧的过程

逐字节复用,并加上高阶通道开销构成虚容器 VC - 4,速率为 150.336 Mb/s(这个过程相当于上例中将很多小箱子装入大集装箱中,并贴上标签的过程);VC - 4 再加上管理单元指针构成管理单元 AU - 4,速率为 150.912 Mb/s(相当于给集装箱编号),单个 AU - 4 直接置入 AUG 并加上 SOH 便得到了 STM - 1 信号,速率 155.520 Mb/s。

图中各个环节的信号结构定义如下:

①容器 C 是一种用于装载各种速率业务信号的信息结构,容器的种类有 C - 12、C - 3、C - 4 等。

②虚容器 VC 是用于支持 SDH 通道层连接的信息结构,容器加上通道开销就构成了虚容器,可以用一个简单的式子表示为:VC=C+POH。VC 是 SDH 中传输、交换、处理的最小信息单元,传送 VC 的实体称为通道。POH 是通道开销,用于通道监控、维护和管理所必需的附加字节。其中 VC - 12、VC - 3 称为低阶虚容器,VC - 4 称为高阶虚容器。

③支路单元 TU 是一种提供低阶通道层和高阶通道层之间适配功能的信息结构,虚容器加上相应的指针则构成支路单元或管理单元,即:TU(或 AU)=VC+PTR。存在两种支路单元 TU - 12 和 TU - 3。

④支路单元组 TUG 是由一个或多个在高阶 VC 净负荷中占据固定的、确定位置的支路单元组成,有 TUG - 2 和 TUG - 3 两种。

⑤管理单元 AU 是提供高阶通道层和复用段层之间适配功能的信息结构,是由 VC - 4+AU-PTR 构成的。

⑥管理单元组(Administration Unit Group,AUG)是由一个或多个在 STM - N 净负荷中占据固定的、确定位置的管理单元组成。

⑦同步传送模块 STM - N 是由管理单元组逐字节间插复用再加上 STM - N 的段开销(再生段开销和复用段开销)构成的。

通过图 1.12 中各速率信号的映射复用结构可以看出,一个 STM - 1 最多可以接入 63 个 2 Mb/s 的信号,一个 STM - 1 最多可以接入 3 个 34 Mb/s 信号,一个 STM - 1 最多可以接入 1 个 140 Mb/s 信号。一个 STM - N 是由 N 个 STM - 1 复用而成的。

为了加深对图 1.12 的理解,下面对各种 PDH 信号的映射复用路径分别进行简单介绍。

1. 139264 kb/s 到 STM - 1 的映射复用过程

SDH 信号中给 139264 kb/s 的 PDH 信号设有容器 C - 4,C - 4 的周期为 125 μs,共 9 行、260 列、18720 bit($9 \times 260 \times 8$),对应的速率为 149760 kb/s(18720 bit/125 μs 或 $9 \times 260 \times 64$ kb/s),C - 4、VC - 4 和 AU - 4 结构如图 1.15 所示。

139264 kb/s 信号以正码速调整方式装入 C - 4。从 PDH 的 139264 kb/s 码流中取 125 μs,约 17408 bit(如以标称速率取为 139264 kb/s×125 μs=17408 bit,但 PDH 中允许有 $\pm 15 \times 10^{-6}$ 容差,因此在 125 μs 内比特数在 17408 bit 左右有 0.261 bit 范围的波动),17408 bit 分为 9 份,分放于 9 行中,每份有 1934.22 bit,以每一行都相同的结构放置在 C - 4 的 9 行中,C - 4 每行 2080 bit(260×8 bit)的结构如图 1.16 所示。其中每行包含 1934 个信息(I)比特,130 个固定填充(R)比特,10 个开销(O)比特,5 个调整控制(C)比特和一个调整机会(S)比特。不需要每一帧均采用正码速调整,当需要码速调整时,发送设备将 CCCCC 置为"11111"以指示 S 比特为调整机会比特,接收端忽略其值,当不需要码速调整时,发送端将 CCCCC 置为"00000"以指示 S 比特是信息比特,接收端应读出其值。

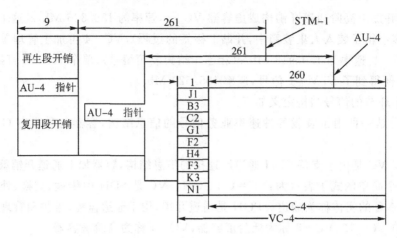

图 1.15   C-4、VC-4 和 AU-4 结构

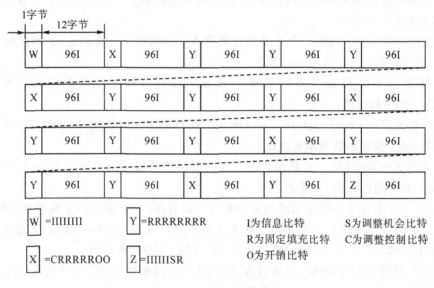

W =IIIIIIII   Y =RRRRRRRR   I为信息比特   S为调整机会比特
                                R为固定填充比特   C为调整控制比特
X =CRRRRROO   Z =IIIIIISR   O为开销比特

图 1.16   C-4 一行的结构

C-4 加上 9 个开销字节(J1,B3,C2,G1,F2,H4,F3,K3,N1)便构成了虚容器 VC-4,对应速率为 150336 kb/s(261×9×8×8 kb/s)。

VC-4 加上 AU-4 指针构成 AU-4,装入 AUG,再加上 SOH 便构成 STM-1 信号结构。

2.34368 kb/s 到 STM-1 的映射复用过程

SDH 信号中给 34368 kb/s 信号设有容器 C-3,C-3 的帧如图 1.17 所示。从图中可以看出 C-3 由 9 行、84 列净负荷组成,每帧周期为 125 μs,帧频为 8 kHz,帧长为 6048 bit(84×9×8),对应速率为 48384 kb/s。C-3 每三行组成一个子帧,共分为三个相同的子帧。每个子帧 2016 比特,其中包含 1431 个信息(I)比特,573 个固定填充(R)比特,两组调整控制比特(C1、C2),两个调整机会比特(S1、S2),S1 作负调整机会比特,S2 作正调整机会比特。调整控制比特每组各 5 个比特,"C1 C1 C1 C1 C1=00000"指示 S1 是信息比特,"C1 C1 C1 C1 C1=11111"指示 S1 是调整比特,C2 与 C1 功能相同。

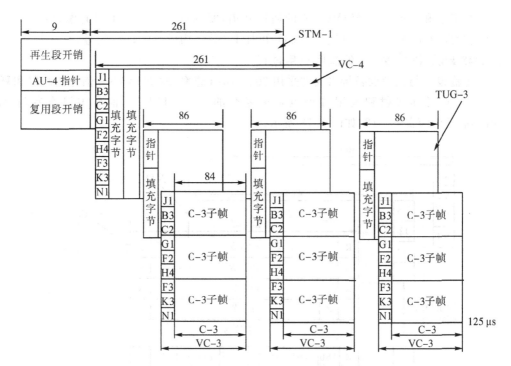

图 1.17 C-3、VC-3、TUG-3 和 VC-4 结构

34368 kb/s 信号经过正/零/负码速调整装进 C-3。使用零码速调整(即不用调整),详细地说是在负码速调整机会比特 S1 位置不传送信息,在正码速调整机会比特 S2 位置传送信息比特(这样每个 C-3 子帧刚好能传 1431+1 比特信息)。因此,发送设备置"C1 C1 C1 C1 C1=11111","C2 C2 C2 C2 C2=00000",用以告之接收设备 S2 是信息比特应读出,S1 为非信息比特。

即当支路速率等于标称速率 34368 kb/s 时,125 μs 内共取 4296 bit,平均分至 3 个 C-3 子帧中,每个 C-3 子帧刚好为 1432 bit(4296÷3)。

当支路信号速率高于标称速率时,即在规定时间内(125 μs)支路送入的比特数较标称速率多时,必须使用负码速调整,此时除了 S2 必须传信息比特外,S1 也要传信息比特,这样信息比特才不会丢失。因此,发送设备置"C2 C2 C2 C2 C2=00000","C1 C1 C1 C1 C1=00000",用以告之接收端 S2 和 S1 传送过来的均为信息比特,应读出其值。

当支路信息速率低于标称速率时,125 μs 内支路送入的信息比特数较标称速率少,此时使用正码速调整。正码速调整时,S1 的位置肯定不传信息比特,同时正码速调整机会比特 S2 位置上也不传送信息比特。因此,发送设备置"C2 C2 C2 C2 C2=11111"和"C1 C1 C1 C1 C1=11111",以向接收端示明 S1 和 S2 传送的均为非信息比特,接收端应忽略其值。

C-3 形成以后,在 C-3 的前面加一列开销(J1、B3、C2、G1、F2、H4、F3、K3、N1),便构成了虚容器 VC-3,其结构为 9 行 85 列,对应的速率为 48960 kb/s(85×9×8×8 kb/s)。

从图 1.17 还可以看到:VC-3 加上 3 个指针字节(H1、H2 和 H3),便构成了支路单元 TU-3,TU-3 加上 6 个固定填充字节,直接置入支路单元组 TUG-3,对应的速率为 49536 kb/s(86×9×8×8 kb/s)。3 个 TUG-3(从不同的支路映射复用得来)复用,再加上两列固定填充字节和一列(9字节)VC-4的通道开销,便构成了9行261列的虚容器VC-4。最后,加上管理单元AU-4指针装入AUG,再加上SOH构成STM-1信号。

3. 2048 kb/s 到 STM-1 的映射复用过程

由于传输设备与交换设备接口大都采用2048 kb/s速率,故2048 kb/s信号的映射和复用是最重要的,同时其映射和复用过程也是最复杂的。在STM-1信号中设有专门运载2048 kb/s信号的容器C-12,如图1.18所示。

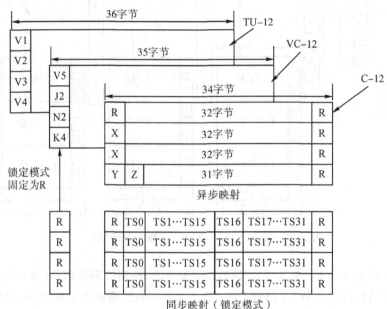

X =C1C2OOOORR	Z =S2IIIIIII	C1:调整控制比特	R:固定填充比特
		C2:调整控制比特	S1:负调整机会比特
Y =C1C2RRRRRS1		O:开销比特　I:信息比特	S2:正调整机会比特

图1.18　C-12、VC-12 和 TU-12 结构

从图1.18可以看到:C-12帧是由4个基帧组成的复帧,每个基帧的周期为125 μs,C-12帧周期为500 μs(4×125 μs),处于4个连续的STM-1帧中,帧频为STM-1的1/4,为2 kHz,帧长为1088 bit(4×34×8),相应的速率为2176 kb/s(1088×2 kb/s)。2048 kb/s的信号以正/零/负码速调整方式装入C-12。C-12帧左边有4个字节(每行的第一个字节),其中1个为固定填充字节,其余3个字节中C1和C2比特用于调整控制的(共6比特),S1比特为负码速调整比特,正常情况下不传送信息,在支路速率高于标称速率2048 kb/s时,才用来传送信息;C-12中间的1024 bit(4×32×8)为信息比特,其中有一个S2比特;S2比特正常情况下传送信息比特,但在支路速率低于标称速率时,不传信息比特(临时填充),称为正调整机会比特。C-12帧右边有4个字节全部为固定填充字节。

C-12加上4个开销字节(V5、J2、N2和K4)便构成了虚容器VC-12,对应的速率为2240 kb/s(4×35×8×2 kb/s)。

VC-12加上4个指针字节(V1、V2、V3和V4)形成支路单元TU-12,对应速率为2304 kb/s(4×36×8×2 kb/s)。

　　2048 kb/s 的映射除了上述的异步映射以外,还有字节同步映射,同步映射与异步映射不同之处就是左边的 4 个字节全部为固定填充字节"R",没有 C1、C2 和 S1 比特,同时 S2 比特也固定为信息比特。

　　从图 1.19 可看出,TU–12 是由 4 行组成的复帧结构,每行 36 个字节,占 125 μs,需一个 STM–1 帧传送,因此 1 个 TU–12 需放置于 4 个连续的 STM–1 帧中传送。为了使后面的复接过程看起来更直观,更便于理解,此处将 4 个 TU–12 每行(125 μs)均按传送的顺序写成一个 9 行、4 列的块状结构,如图 1.19 所示。

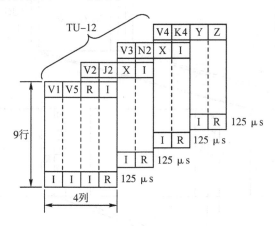

图 1.19　TU–12 复帧结构

　　按照 SDH 的复用映射结构,3 个支路来的 TU–12 逐字节间插复用成 1 个支路单元组 TUG–2(9 行、12 列);7 个 TUG–2 通过逐字节间插复用,再加上 1 列固定填充字节、3 个空指针指示字节(NPI)和 6 个固定填充字节构成支路单元组 TUG–3(9 行、86 列);3 个 TUG–3 逐字节间插复用,加上 2 列固定填充字节和 9 个字节的 VC–4 通道开销就构成了虚容器 VC–4,共 9 行、261 列(3×86+3);VC–4 加上管理单元 AU–4 指针构成管理单元 AU–4,AU–4 直接置入 AUG,然后加上 SOH 就形成了 STM–1 帧,如图 1.20 所示。

4. N 个 AUG 复用成 STM–N 帧的过程

　　在 2048 kb/s、34368 kb/s 和 139264 kb/s 信号映射和复用为 STM–1 时,已涉及 1 个 VC–4 经 AU–4 装入 AUG。VC–4 装入 AU–4 时,VC–4 在 AU–4 帧内的相位是不确定的,VC–4 的第一个字节的位置用 AU–4 的指针来指示,AU–4 装入 AUG 是直接放入,只做指针校准,二者之间相位固定不存在浮动,1 个 AUG 加上 SOH 就构成了 STM–1。

　　N 个 AUG 中的每一个与 STM–N 帧都有确定的相位关系,即每一个 AUG 在 STM–N 帧中的相位都是固定的,因此,N 个 AUG 只需采用逐字节间插复用方式将 N 个 AUG 信号复用,就构成了 STM–N 信号的净负荷,然后,加上 SOH 就构成了 STM–N 帧,如图 1.21 所示。

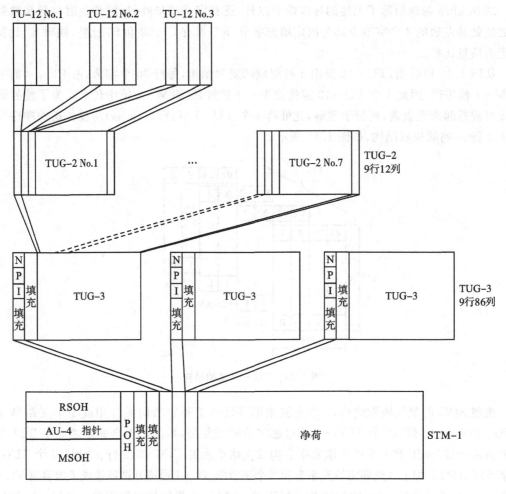

图 1.20 2048 kb/s 到 STM-1 的映射复用

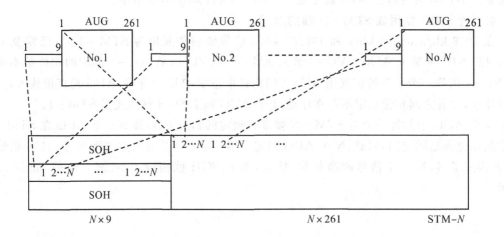

图 1.21 N 个 AUG 复用成 STM-N 帧

1.3　SDH 设备原理

1.3.1　SDH 设备分类

SDH 设备按应用可以分为 SDH 复用设备(终端复用设备和分插复用设备)、数字交叉连接设备(Digital Cross Connection,DXC)和再生器(Regenerator,REG)。

1.3.1.1　复用设备

SDH 的复用设备又可以分为终端复用设备(Terminal Multiplexer,TM)和分插复用设备(ADM)。

1. 终端复用设备(TM)

终端复用设备用于把速率较低的 PDH 信号或 STM－N 信号组合成一个速率较高的 STM－$M(M \geqslant N)$信号,或做相反的处理,因此终端复用设备只有一个高速线路口。终端复用设备提供把 PDH 支路信号或低速的 SDH 信号映射、复接到 STM－N 信号的功能,例如:把 63 个 2048 kb/s 的信号复接成一个 STM－1 信号。

此类设备在配置单板时必须配置至少一个速率较高的 STM－$M(M \geqslant N)$信号的光口板,也称为线路板。当需要进行保护时,再根据需要进行添加。还需要配置处理速率较低的 PDH 信号单板或处理较低速率的 STM－N 信号的单板,通常统称为支路板。不同厂家的设备均有 STM－1、STM－4、STM－16 等速率的光口板,也有处理多个 2 Mb/s 信号的电口板、处理多个 34 Mb/s 信号的电口板和处理 1 路或多路 140 Mb/s 信号的电口板。为了保证信号在传输过程中的灵活配置,各设备必须配置相应功能的交叉连接板。

为了实现网管系统的各项功能和设备时钟及电源的供应,设备还必须要配置电源板、时钟板、网管板以及实现公务联络的公务板,通常统称为辅助板。

此类设备通常用在点到点系统和多点一线系统的两个端点上。

2. 分插复用设备(ADM)

分插复用设备是在无需分接或终结整个 STM－M 信号的条件下,能分出和插入 STM－N ($N<M$)信号中的任何支路信号的设备,因此这种设备有东、西两个高速线路口。分插复用设备具有分出和插入 PDH 信号的能力,分出和插入信号的接口符合 G.703 建议;也具有分出和插入 STM－N 信号的能力,分出和插入信号的接口符合 G.707 建议。

此类设备在配置单板时必须配置至少两个速率较高的 STM－$M(M \geqslant N)$信号的光口板,也称为东西向线路板,当两个 ADM 设备相连时,通常采用东、西相连。当需要进行保护时,再根据需要进行添加。根据需要配置相应功能的 2 Mb/s 板、34 Mb/s 板和 140 Mb/s 板。为了保证信号在传输过程中的灵活配置,设备必须配置相应功能的交叉连接板。

为了实现网管系统的各项功能和设备时钟及电源的供应,设备还必须配置电源板、时钟板、网管板以及实现公务联络的公务板。

此类设备通常用在多点一线系统的中间站点和环网系统的各站点上。

1.3.1.2　交叉连接设备

交叉连接设备(DXC)是一种具有一个或多个 PDH 或 SDH 信号端口,并可以对任何端口之间接口速率信号进行可控连接和再连接的设备。交叉连接设备可以看成是一种无信令处理的通道交换机，交换的速率可以等于或低于端口速率，交换动作不是在信令控制下自动进行，而是在网管的控制下进行的。通道一经连接就一直畅通，不管是否使用，直到通过网管解除。

1. DXC 设备的基本功能

SDH 系统中的 DXC 设备主要用于传输网的自动化管理，一般应具有如下的一些功能：

①分接复接功能：DXC 的这种功能类似于 SDH 复用设备，能将若干个 2 Mb/s 信号映射复用到 VC-4 中或从 VC-4 中分出 2 Mb/s 信号，也能将输入的 STM-N 信号分接成 VC-4 在高阶通道连接中连接，再将 VC-4 组装到另一个 STM-N 信号中输出。

②分离业务功能：分离本地交换和非本地交换业务，为非本地交换业务（如专用电路）迅速提供可用路由。

③电路调度功能：为临时性重要事件迅速提供电路。

④网络配置：当网络出现故障时，能迅速提供网络的重新配置，快速实现网络恢复。

⑤网关：可作为 PDH 和 SDH 两种不同体系传输网络的连接设备。

⑥网络管理：可对网络的性能进行分析、统计，对网络的配置、故障进行管理等。

⑦保护倒换功能：类似于复用设备，在两个 DXC 之间进行复用段 $1+1$、$1:N$ 或 $M:N$ 保护倒换。

⑧恢复功能：网络发生故障后，在网络范围迅速找到替代路由，恢复传送业务。由于网络恢复过程需要访问网络数据库和进行网络范围的复杂路由计算，因此其恢复速度较慢。

⑨通道监视功能：采用非介入方式对通道进行监视，或故障定位。

⑩测试接入功能：测试设备可以通过 DXC 的空余端口对连到网络上的待测设备进行测试。测试的内容可以从简单的有效开销核实到应用复杂的特殊测试序列进行测试。

2. DXC 设备的表示方法

数字交叉连接设备可以有不同的配置类型，根据端口速率和交叉连接速率的不同，通常可表示为 DXC X/Y。其中 X 表示接入端口数据流的最高等级，Y 表示参与交叉连接的最低级别。X、Y 可以取 0、1、2、3、4，其中 0 表示 64 kb/s 电路速率，1、2、3、4 表示 PDH 体制的 1~4 次群速率，4 还表示 SDH 的 STM-1 速率等级。例如：DXC 4/1 表示接入端口的最高速率为 140 Mb/s 或 155 Mb/s，而交叉连接的最低速率为 2 Mb/s。

此类设备在配置单板时必须配置多个速率较高的 STM-1 信号的光口板，以及相应的 2 Mb/s 板、34 Mb/s 板和 140 Mb/s 板，交叉连接板和辅助板也是必须配置的。

我国目前常用的几种 DXC 如图 1.22 所示，主要为 DXC 4/4、DXC 4/1、DXC 1/0。

其中 DXC 1/0 称为电路 DXC，主要为现有的 PDH 网提供快速、经济和可靠的 64 kb/s 电路数字交叉连接功能；DXC 4/1 是功能最为齐全的多用途系统，主要用于局间中继网，也可以作长途网、局间中继网和本地网之间的网关，以及 PDH 与 SDH 之间的网关；DXC 4/4 是宽带数字交叉连接设备，对逻辑能力要求较低，接口速率与交叉连接速率相同，采用空分交换方式，交叉连接速度快，主要用于长途网的保护/恢复和自动监控。

1.3.1.3 再生器

光在光纤中传输时存在着损耗和色散，所以数字信号经过光纤长距离传输后，幅度会减小，形状会畸变。要想进一步延长传输距离，光纤通信系统中必须采用再生器 REG，对接收到经长途传输后衰减了的、有畸变的 STM-N 信号进行均衡放大、识别、再生成规则的信号后发

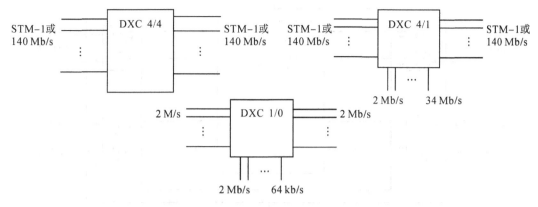

图 1.22 我国常用的几种 DXC

送出去。

此类设备在配置单板时必须配置两个速率较高的 STM – N 信号的光口板、放大板以及相应的辅助板。它通常用在需要对光信号放大的线路中间。

1.3.2 SDH 设备单板组成

SDH 设备要配置的信号处理板有:光口板、电口板和交叉连接板。配置的辅助板有:网管板、时钟板和开销处理板。对于特定功能的设备,要依据设备在网络中的位置和处理业务的种类等因素进行单板配置。比如:所有设备的辅助板都是必须配置的,而且时钟板和交叉连接板需要做备份;线路板(设备上最高速率的光口板)要依据系统速率、设备类型和保护方式进行配置;支路板(设备上低于线路速率的其他信号处理板)要依据该站点处理的低速业务种类及多少进行配置;交叉连接板要依据系统对业务配置灵活度的要求进行配置。下面以华为 OptiX OSN 3500 为例介绍设备单板、业务及接口。

1.3.2.1 单板分类及信号处理

OptiX OSN 3500 系统由多个单元组成,其中包括 SDH 接口单元、PDH 接口单元、数字数据网络(Digital Data Network,DDN)接口单元、以太网接口单元、ATM 接口单元、SDH 交叉矩阵单元、同步定时单元、系统控制与通信单元、开销处理单元、辅助接口单元。OptiX OSN 3500 系统结构如图 1.23 所示。

1. SDH 类单板

接入并处理 AU – 3/STM – 1/STM – 4/ STM – 16/STM – 64 速率及 VC – 4 – 4c/ VC – 4 – 16c/VC – 4 – 64c 级联的光信号;接入、处理并实现对 STM – 1(电)速率的信号的支路保护倒换(Tributary Protect Switch,TPS)。

2. PDH 类单板

接入并处理 E1、E1/T1、E3/T3、E4/STM – 1 速率的 PDH 电信号,并实现 TPS。

3. 数据业务处理板

数据类单板,包括快速以太网(Fast Ethernet,FE)、千兆以太网(Gigabit Ethernet,GE)、ATM、存储局域网络(Storage Area Nework,SAN)等多种业务信号类型的处理板。

接入并处理 1000Base-SX/LX/ZX、100Base-FX、10/100Base-TX 以太网信号;接入和处理

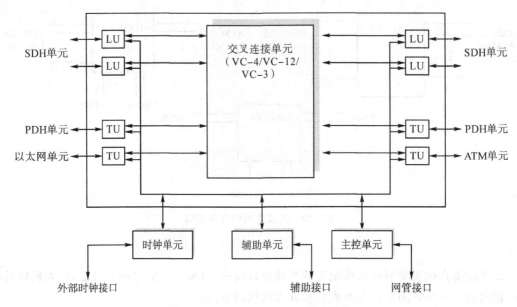

图 1.23　OptiX OSN 3500 系统结构

1000Base-SX/LX/ZX、100Base-FX、10/100Base-TX 以太网信号,支持弹性分组环（Resilient Packet Ring,RPR)特性;接入并处理 STM-4、STM-1、E3 和 IMA E1 接口的 ATM 信号;接入并透明传输 SAN 业务、视频业务。

4. 出线板功能

Optix OSN 3500 出线板主要有 D75S、C34S、MU04 等。在 OptiX OSN 3500 设备中,各类信号处理板都有对应的出线板。

D75S 单板配合 PQ1 单板使用;C34S 单板配合 PL3 单板使用;MU04 单板配合 SPQ4 单板使用。

5. 交叉和同步定时单板

交叉和同步定时单板有 GXCSA、EXCS、UXCSA、UXCSB、XCE 等,完成业务的交叉连接,并且为设备提供时钟。

6. 系统通信控制和开销处理单板

系统通信控制和开销处理单板有 N1GSCC 和 N3GSCC 单板,提供系统控制和通信功能,并且处理 SDH 信号的开销。

7. 辅助类单板

辅助类单板包括 AUX 和 FAN 单板。AUX 单板为系统提供各种管理接口和辅助接口,并为子架各单板提供＋3.3 V 电源的集中备份等功能。FAN 单板为设备散热。

1.3.2.2　业务

OptiX OSN 3500 业务包括 SDH 业务、PDH 业务等多种业务类型。

①SDH 业务:包括 SDH 标准业务(STM-1/4/16/64)、SDH 标准级联业务(VC-4-4c/VC-4-16c/VC-4-64c)、带前向纠错(Forward Error Correction,FEC)的 SDH 业务(10.709 Gb/s、2.666 Gb/s)。

②PDH 业务:包括 E1/T1 业务、E3/T3 业务、E4 业务。

③以太网业务:包括以太网专线(Ethernet Private Line,EPL)、以太网虚拟专线(Ethernet Virtual Private Line,EVPL)、以太网专用 LAN(Ethernet Private LAN,EPLAN)、以太网虚拟专用 LAN(Ethernet Virtual Private LAN,EVPLAN)。

OptiX OSN 3500 可以处理弹性分组环 RPR 业务和 ATM 业务。

可以处理的 ATM 业务包括恒定比特率(Constant Bit Rate,CBR)、实时可变比特率(Real-Time Variable Bite Rate,rt-VBR)、非实时可变比特率(Non Real-Time Variable Bite Rate,nrt-VBR)、不指明比特率(Unspecified Bit Rate,UBR)。

DDN 业务包括 $N \times 64$ kb/s($N=1 \sim 31$)业务、Frame E1 业务。

SAN 业务包括光纤通道(Fiber Channel,FC)、光纤连接(Fiber Connection,FICON)、管理系统连接(Enterprise Systems Connection,ESCON)、数字视频广播–异步串行接口(Digital Video Broadcast-Asynchronous Serial Interface,DVB-ASI)。

通过配置不同类型、不同数量的单板实现不同容量的业务接入,OptiX OSN 3500 各种业务的最大接入能力见表1.3所示。业务最大接入能力是指子架仅接入该种业务时支持的业务最大数量。

表 1.3　OptiX OSN 3500 各种业务的最大接入能力

业务类型	单子架最大接入能力	业务类型	单子架最大接入能力
STM – 64 标准或级联业务	8 路	千兆以太网(GE)业务	56 路
STM – 64(FEC)	4 路	快速以太网(FE)业务	180 路
STM – 16 标准或级联业务	44 路	STM – 1 ATM 业务	60 路
STM – 16(FEC)	8 路	STM – 4 ATM 业务	15 路
STM – 4 标准或级联业务	46 路	$N \times 64$ kb/s 业务	64 路
STM – 1 标准业务	204 路	Frame E1 业务	64 路
STM – 1(电)业务	132 路	ESCON	44 路
E4 业务	32 路	FICON/FC100 业务	22 路
E3/T3 业务	117 路	FC200 业务	8 路
E1/T1 业务	504 路	DVB-ASI	44 路

1.3.2.3　接口

接口包括业务接口、管理及辅助接口。

OptiX OSN 3500 提供的业务接口如表1.4所示,包括 SDH 业务接口、PDH 业务接口等多种业务接口。设备提供多种管理及辅助接口,管理及辅助接口如表1.5所示。

表 1.4 OptiX OSN 3500 提供的业务接口

接口类型	描述
SDH 业务接口	STM-1 电接口:SMB 接口 STM-1 光接口:I-1、Ie-1、S-1.1、L-1.1、L-1.2、Ve-1.2 STM-4 光接口:I-4、S-4.1、L-4.1、L-4.2、Ve-4.2 STM-16 光接口:I-16、S-16.1、L-16.1、L-16.2、L-16.2Je、V-16.2Je、U-16.2Je STM-16 光接口(FEC):Ue-16.2c、Ue-16.2d、Ue-16.2f STM-16 光接口:定波长输出,可直接与波分设备对接 STM-64 光接口:I-64.1、I-64.2、S-64.2b、L-64.2b、Le-64.2、Ls-64.2、V-64.2b STM-64 光接口(FEC):Ue-64.2c、Ue-64.2d、Ue-64.2e STM-64 光接口:定波长输出,可直接与波分设备对接
PDH 业务接口	75 Ω/120 ΩE1 电接口:DB44 连接器 100 ΩT1 电接口:DB44 连接器 75 ΩE3、T3 和 E4 电接口:SMB 连接器
以太网业务接口	10/100Base-TX、100Base-FX、1000Base-SX、1000Base-LX、1000Base-ZX
DDN 业务接口	Framed E1 接口:DB44 连接器 RS449、EIA530、EIA530-A、V.35、V.24、X.21 接口:使用 DB28 连接器
ATM 业务接口	STM-1 光接口:Ie-1、S-1.1、L-1.1、L-1.2、Ve-1.2 STM-4 光接口:S-4.1、L-4.1、L-4.2、Ve-4.2 E3 接口:通过 N1PD3、N1PL3、N1PL3A 单板接入 IMA E1 接口:通过 N1PQ1、N1PQM、N2PQ1 单板接入
存储网业务接口	FC100、FICON、FC200、ESCON、DVB-ASI 业务光接口

表 1.5 管理及辅助接口

接口类型	描述
管理接口	1 路远程维护接口(OAM);4 路广播数据口(S1~S4) 1 路 64 kb/s 的同向数据通道接口(F1);1 路以太网网管接口(ETH) 1 路串行管理接口(F&f);1 路扩展子架管理接口(EXT) 1 路调试口(COM)
公务接口	1 个公务电话接口(PHONE);2 个出子网话音接口(V1~V2) 2 路出子网信令接口(S1~S2,复用于 2 路广播数据口)
时钟接口	2 路 75Ω 外时钟接口(2048 kb/s 或 2048 kHz) 2 路 120Ω 外时钟接口(2048 kb/s 或 2048 kHz)
告警接口	16 路输入 4 路输出告警接口;4 路机柜告警灯输出接口 4 路机柜告警灯级联输入接口;告警级联输入接口

小　结

本模块主要介绍了完成设备物理配置所需的原理知识；阐述了光传送网发展与演进、光传送网体系架构、光传送网网络管理相关知识；介绍了 SDH 产生的背景、特点、速率等级以及帧结构；重点说明了常用 PDH 信号映射复用形成 STM‒N 的过程、SDH 设备分类及单板组成。

思考题

1. 简述光传送网发展历程及其地位作用。
2. 说明 SDH 帧结构的组成部分及各部分的功能。
3. 在 STM‒1 帧中如何计算 STM‒1、SOH、AU-PTR 各部分的速率？
4. 一个 2.5 Gb/s 设备最多可以传输多少个 2 Mb/s、34 Mb/s、140 Mb/s 信号？为什么？
5. 请画图说明 2 Mb/s 信号映射复用进 STM‒N 信号的过程。
6. 简单描述 TM、ADM 和 REG 设备的功能及应用场合。
7. 请画出华为 OptiX OSN 3500 设备工作子架上的单板分布槽位示意图。
8. 简述 OptiX OSN 3500 设备各单板的功能。

模块二　网络与业务配置

应用场景

1.日常运维中网络配置通常在三个场景中应用:正确配置网络保护方式,为业务提供网络级保护;查看当前网络资源的分配情况,以便合理规划业务;了解各种网络结构的工作原理,以便在业务配置中正确选择时隙。

2.光传输设备支持多种业务类型的接入,可以与交换机、无线基站、以太网交换机等设备进行对接。各种业务信号都要经过映射复用才能进入 SDH 帧结构,并放置在帧中确切的位置上。业务配置就是确定业务信号与 SDH 帧结构中位置之间的对应关系,通常是由网管软件来完成业务配置并下发至设备。在对业务进行管理的时候,需要维护人员掌握映射复用过程,并熟悉操作网管软件,才能够完成各项业务的配置和查询。

学习目标

1.说出 SDH 的基本组网方式;归纳 SDH 网络各种保护方式的原理和优缺点;能够根据网络节点之间的业务需求绘制时隙分配图。

2.复述 ASON 网络的体系结构和网络组成;解释 ASON 采用的协议;阐明 ASON 保护与恢复的方式;阐述 ASON 智能业务的基本概念;说明基于服务水平协议(Service Level Agreement,SLA)的智能业务特性,归纳各级智能业务的区别。

3.说出以太网的技术原理;理解虚拟局域网(Virtual Local Area Network,VLAN)技术;阐述各种业务在 MSTP 上的传送过程;理解 MSTP 的关键技术。

4.利用网管软件完成 SDH 基本网络保护的配置;查看当前网络资源的分配情况;可根据不同网络业务需求配置 SDH 业务。

5.完成 ASON 网络的配置,根据不同智能业务需求配置智能业务。

6.根据不同的业务需求完成以太网专线和以太网专网的业务配置。

2.1　SDH 网络

2.1.1　线形网络保护

2.1.1.1　SDH 基本网络结构

随着光纤传输系统和高速数字交换技术的应用,使得越来越多的信息业务集中到较少的节点和线路上,因此,如何提高网络的可靠性,成为网络运营管理者迫切要考虑的问题。

网络的物理拓扑是指网络节点与传输线路的几何排列,它反映了物理上的连接性。网络的效能、可靠性及经济性与网络的物理拓扑结构有关,因此在实际应用中应合理选择。

1. 线形拓扑

当通信系统中各节点串联连接,并且首尾两点开放,这种物理拓扑就称为线形拓扑。线形拓扑如图 2.1(a)所示。业务信息是在一串串联的节点上传送的,任何节点都可以开始或终结信息。为了使两个非相邻点之间完成连接,其间所有点都应完成连接功能。它是 SDH 网络中比较简单经济的网络拓扑形式,多应用于市话局间中继网和本地网及不重要的长途线路中。

线形网的两个端点为终端节点,常采用 TM。中间节点称为分插节点,采用 ADM。

2. 星形拓扑

星形网络结构中只有一个中心节点直接与其他各节点相连,而其他各节点间不能直接相连。在这种拓扑结构中各节点间的信息连接都要通过中心节点进行,中心节点为通过的信息统一选择路由并完成连接功能,星形拓扑如图 2.1(b)所示。在 SDH 网中,中心节点采用 DXC。这种网络具有灵活的带宽管理,节省投资和运营成本等优点,但是一旦中心节点失效,网络中各节点间的通信均中断。这种网络结构多应用于用户接入网。

3. 树形拓扑

将点到点拓扑网络的末端连接到几个特殊点时就形成了树形拓扑,树形拓扑如图 2.1(c)所示。这种拓扑结构适用于广播式业务,不适用于双向业务。

4. 环形拓扑

将涉及通信的各节点串联起来,且首尾相连,没有任何开放节点即构成环形网络拓扑。环形网络上没有终端节点,每个节点均是分插节点,可采用 ADM,也可以采用 DXC,环形拓扑如图 2.1(d)所示。环形网络具有自愈能力,一般用于二级长途干线网和市话局间中继网及本地网。

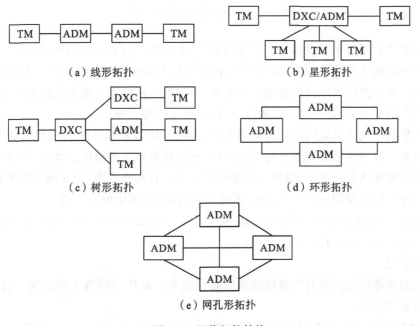

图 2.1　网络拓扑结构

5. 网孔形拓扑

网络中各节点直接互连时就构成了网孔形拓扑结构。网孔形拓扑如图 2.1(e)所示。由于网孔形结构中每个节点至少有一条或更多的线路与其他节点连接,可靠性很高。一般用于业务量很大的一级长途干线。

2.1.1.2　SDH 网络保护

SDH 网络大多采用自愈网。所谓自愈网就是出现意外故障时无需人为干预,在极短时间内能自动恢复业务的一种网络。它具有控制简单、生存性强等特点。

在 SDH 传送网中网络自愈是通过网络保护和网络恢复来实现的 SDH 网络的保护与恢复,如图 2.2 所示。

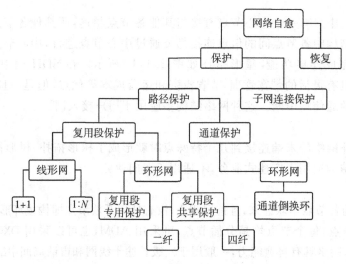

图 2.2　SDH 网络的保护与恢复

网络保护是利用传送节点间预先安排的容量,取代失效或者劣化的传送实体,用一定的备用容量保护一定的主用容量,备用资源无法在网络大范围内共享。由于这种方式能对各种故障中受影响的业务都提供默认的备用传输通道,所以在故障发生后能直接按预定方案操作,快速恢复受到影响的业务,是一种静态的保护方式,不需网管干预。

网络恢复则是利用节点间的任何可用容量,包括空闲容量和临时利用开设额外业务的容量来恢复业务。当发生链路或节点失效时,网络可以用重新选择路由的算法,广泛调用网络中的任何可用容量来恢复业务,所以恢复策略可以大大节省网络资源,保证网络的生存率。这种为受影响的业务寻找新路由的过程,是一种动态的过程,必须由网管干预。

SDH 传送网的保护可以分为两大类:路径保护(Trail Protection,TP)与子网连接保护(Subnetwork Connection Protection,SNCP)。

1. 相关概念

传输网的业务按流向可分为单向业务和双向业务。以环形网络为例说明二者的区别,环形网络如图 2.3 所示。

若 A 和 C 之间互通业务,A 到 C 的业务路由假定是 A→B→C,若此时 C 到 A 的业务路由是 C→B→A,则业务从 A 到 C 和从 C 到 A 的路由相同,称为一致路由。若此时 C 到 A 的路

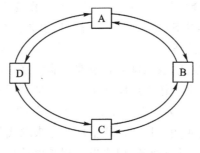

图 2.3　环形网络

由是 C→D→A,那么业务从 A 到 C 和业务从 C 到 A 的路由不同,称为分离路由。我们称一致路由的业务为双向业务,分离路由的业务为单向业务。

按照保护倒换发生的位置分类,有单端倒换和双端倒换两种倒换机制。

单端倒换是指在单向故障(即只影响一个传输方向的故障)的情况下,只有受影响的方向倒换到保护位置的一种保护倒换机制。由于不需要自动保护倒换(Automatic Protection Switching,APS)协议,因此单端倒换快速稳定,但会出现业务来回路径不一致的情况。双端倒换指在单向故障情况下,受影响和未受影响的两个方向都要倒换到保护位置。相对于单端倒换来讲,双端倒换需要采用 APS 协议,所以倒换时间较长,但不会出现业务来回路径不一致的情况,便于业务管理。

按照保护倒换的恢复模式分类,有恢复和非恢复两种恢复模式。

恢复模式下,网元处于倒换状态时,当原工作通道恢复正常(即导致保护倒换的倒换请求消失),在等待恢复时间内没有接收到其他倒换请求,网元释放倒换,业务由保护通道倒换回工作通道。非恢复模式下,即使工作通道恢复正常,业务均不会由保护通道倒换回原工作通道。

2. 路径保护

路径实际上是一种传送实体,它负责将信息从源端传递到宿端,并对传递信息的完整性实施监视。路径保护是指当工作路径失效或者性能劣于某一必要的水平时,保护路径就要取代工作路径承载正常业务。路径保护包括复用段保护(Multiplex Section Protection,MSP)和通道保护(Path Protection,PP)。对于线形网络,通常采用 MSP。而环形网络的保护既可以在复用段层进行,也可以在通道层进行。

2.1.1.3　线形网络保护

1. 线形网络的复用段保护

线形网络的复用段保护一般有两种方式:1＋1 复用段保护和 1：N 复用段保护。

1＋1 复用段保护是指 STM－N 信号同时在工作复用段和保护复用段之中传输。线形网络 1＋1 复用段保护结构如图 2.4 所示。也就是说 STM－N 信号永久性地被桥接在工作复用

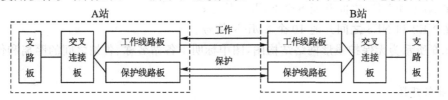

图 2.4　线形网络 1＋1 复用段保护结构

段和保护复用段上,接收端选择接收工作通道业务。当工作通道出现故障时,接收端则选择保护通道接收业务。由于在发送端 STM-N 业务信号是永久性桥接,所以 1+1 结构的保护通路不能传送额外业务。1+1 复用段保护的业务容量恒定是 STM-N。在这种保护结构中,可以采用单向恢复式、单向非恢复式、双向恢复式及双向非恢复式四种倒换方式。

1：N 复用段保护是指 N 个工作复用段共用一个保护复用段(其中 N=1~14)线形网络 1：N 复用段保护结构如图 2.5 所示。N 条 STM-N 通路的两端都桥接在保护段上,在接收端通过监视接收信号来决定是否用保护复用段上的信号来取代某个工作复用段的信号。在正常情况下,保护复用段可以传送额外业务,但当发生保护倒换时,保护复用段传送的额外业务就要丢失。N 条工作复用段同时出现故障的概率很低,如果有超过一条工作复用段出现故障,就保护优先级最高的工作复用段。在无额外业务时,1：N 复用段保护的业务容量为 $N \times$ STM-N,有额外业务时为 $(N+1) \times$ STM-N。在这种保护结构中,可采用双向恢复式或者双向非恢复式两种倒换方式。

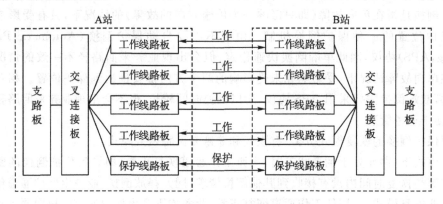

图 2.5　线形网络 1：N 复用段保护结构

线形网络的复用段保护倒换的准则为在出现下列情况之一时进行倒换：
①信号丢失(Loss of Signal,LOS)；
②帧丢失(Loss of Frame,LOF)；
③复用段告警指示信号(Mutiplex Section-Alarm Indication Signal,MS-AIS)；
④越过门限的误码缺陷；
⑤指针丢失(Loss of Pointer,LOP)。

2. 线形网络时隙分配

现假设子网一由网元 NE1、NE2 及 NE3 依次构成 622 Mb/s 速率的无保护线形网络,其业务需求如下：
①在 NE1 和 NE2 之间开通 10 个 2Mb/s 信号；
②在 NE1 和 NE3 之间开通 8 个 2Mb/s 信号；
③在 NE2 和 NE3 之间开通 10 个 2Mb/s 信号。

图 2.6 所示为无保护线形网络结构图,图中标明了各站名称、各站之间的距离和使用光纤的芯数。

(1)业务矩阵
网络结构确定之后,就需要根据实际的需求进行业务分配,即确定各站之间的业务量,并

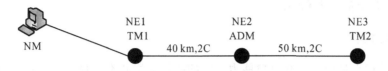

图 2.6　无保护线形网络结构图

用业务矩阵简单明了地表示出来。以图 2.6 所示结构为例,在 TM1 和 ADM 之间开通 10 个 2 Mb/s业务,在 ADM 和 TM2 之间开通 10 个 2 Mb/s 业务,在 TM1 和 TM2 之间开通 8 个 2 Mb/s业务。SDH 工程业务矩阵表如表 2.1 所示,从表中可清楚看到各站之间的业务量,同时也可一目了然地看到每个站上下业务的总量。

表 2.1　SDH 工程业务矩阵表

站名	TM1	ADM	TM2	总计
TM1	—	10	8	18
ADM	10	—	10	20
TM2	8	10	—	18
总计	18	20	18	—

(2)时隙分配

业务矩阵确定以后即可对 SDH 线形链路进行时隙分配,时隙分配图是对 SDH 网元进行业务设置的主要依据。图 2.7 即为表 2.1 所示 SDH 工程业务矩阵的一种时隙分配图(此处按照华为公司 OSN 3500 设备规范进行时隙分配,假设支路板在第 2 槽道,所有业务均为双向业务)。

时隙	站名					
	TM1		ADM		TM2	
	W	E	W	E	W	E
STM-1	W1:1~10 T2:1~10		W1:1~10 T2:1~10	E1:1~10 T2:11~20	W1:1~10 T2:1~10	
	W1:11~18 T2:11~18				W1:11~18 T2:11~18	

图 2.7　SDH 工程业务矩阵的一种时隙分配图

图中,W、E 分别代表网元的西向、东向。例如 E1:1~10 表示东向第一个 VC-4 时隙的第 1 个至第 10 个 VC-12 时隙,W1:1~10 表示西向第一个 VC-4 时隙的第 1 至第 10 个 VC-12时隙,T2 表示网元上第 2 槽道的支路板板位,T2:1~10 表示第 2 槽道支路板上的第 1 个至第 10 个 2 Mb/s 通路。从图 2.7 可以看出:中间站 ADM 在进行业务配置时,除了要配置到 TM1 的 10 个 2 Mb/s 业务和到 TM2 的 10 个 2 Mb/s 业务外,还需配置 TM1 到 TM2 的 11 个 2 Mb/s 穿通业务。有了一个正确的时隙分配图,维护人员就可以很方便地配置复杂业务而不会导致时隙上的冲突和混乱。

2.1.2 环形网络保护

SDH 最大的优点是网络性和自愈能力。它的线性应用并不能将这些特性充分发挥出来，因此多数情况下 SDH 组成环形网络。环形网络是 SDH 网络中最常用的自愈网之一，称为自愈环，业务具有很高的生存性。

2.1.2.1 通道保护环

通道保护环的业务保护通常以通道为基础，是否进行保护倒换要根据出、入环的个别通道信号质量的优劣来决定。通常利用接收端是否收到简单的 TU－AIS 信号来决定该通道是否应进行倒换。例如在 STM－16 环上，若接收端收到第 4 个 VC－4 的第 48 个 TU－12 有 TU－AIS，那么就仅将该通道切换到备用通道上去。

通道保护环一般采用 1＋1 保护方式，即工作通道与保护通道在发送端永久性地桥接在一起，接收端则从中选取质量好的信号作为工作信号。

因为在进行通道保护倒换时只需要在接收端把接收开关从工作通道倒换到保护通道上，所以不需要使用 APS 倒换协议，其保护倒换时间一般小于 30 ms。其保护倒换准则为出现下列情况之一时应进行倒换：

①信号丢失（LOS）；

②帧丢失（LOF）；

③指针丢失（LOP）；

④通道告警指示信号（Path-Alarm Indication Signal，Path-AIS）；

⑤信号劣化（Signal Degrade，SD）；

⑥通道踪迹失配（Trace Identifier Mismatch，TIM）；

⑦信号标识失配（Signal Label Mismatch，SLM）。

常用的通道保护环是二纤单向通道保护环，如图 2.8 所示。环中有两个光纤，S 光纤用于传送业务信号（主用信号），P 光纤用于传送备用信号。环中任意一节点发出的信号都同时传送到 S 光纤和 P 光纤上，在 S 光纤上沿一方向（如顺时针方向）传送到目的节点，在 P 光纤上沿另一方向（如逆时针方向）传送到目的节点。正常时，目的节点将 S 光纤传送过来的主信号接收下来，当目的节点接收不到 S 光纤传送来的主信号或其信号已劣化时，此节点接收端将倒换开关倒换到 P 光纤上，将 P 光纤传送来的备用信号取出，以保证信号不丢失。

例如图 2.8 中 A、C 两节点的通信。A 节点发送至 C 节点的信号沿 S 光纤按顺时针方向传输，从 C 节点向 A 节点发送的信号继续沿着 S 光纤按顺时针方向传输。发送侧送出的信号同时也发送至保护光纤 P，因此，P 光纤沿逆时针方向有一个 A 节点发向 C 节点的备用信号和一个 C 节点发向 A 节点的备用信号。正常情况下 C 节点从 S 光纤上分出 A 节点发送来的信号，A 节点亦从 S 光纤上分出 C 节点发送至 A 节点的信号，如图 2.8(a)所示。

当节点 B、C 之间的两条光纤同时中断时，在节点 C 处，由 A 节点沿 S 光纤传送过来的信号丢失，故接收侧的倒换开关由 S 光纤倒向 P 光纤，接收 A 节点经 P 光纤逆时针方向送来的信号，而 C 节点发向 A 节点的信号仍经 S 光纤按顺时针方向传送。B、C 节点之间的路段虽已失效，但信号仍然沿两个方向在 A、C 节点之间传送，信息也正常地流过其他节点，如图 2.8(b)所示。

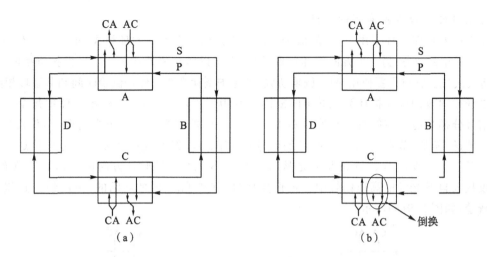

图 2.8　二纤单向通道保护环

2.1.2.2　复用段保护环

复用段保护环的业务保护是以复用段为基础的,是否进行保护倒换要根据节点间复用段信号质量的优劣来决定。当复用段出现问题时,环上整个 STM - N 或 1/2 STM - N 的业务信号都切换到备用信道上。

复用段保护环分为复用段共享保护环和复用段专用保护环。这里需要解释一下共享和专用这两个概念。如果 m 个工作实体共用 n 个保护实体,这就是一种共享保护。如果给承载业务的容量提供专门保护,那么采用的就是专用保护机制,如 1+1 保护或者 1:1 保护。

对于复用段共享保护环来说,每一个复用段上的带宽都要被均分为工作信道和保护信道。工作信道承载正常业务,而保护信道则留作保护之用。如:线路速率为 STM - N 的二纤环,N/2 个 AUG 用作工作,N/2 个 AUG 用作保护;STM - N 的四纤环,N 个 AUG 用作工作,N 个 AUG 用作保护。在没有复用段失效或者节点失效的情况下,任意一个复用段都可以接入保护容量。当保护信道没有用于保护正常业务时常用于承载额外业务。一旦发生保护倒换,所有的额外业务会因移出保护信道而丢失。在这种环网中,业务信号双向传送;如果沿着工作信道的一个方向收信号,那么发信号必然在同一个区段沿着反方向传输。收发信号对仅占用节点间的时隙。

复用段共享保护环需要使用 APS 倒换协议,当环网的路径长度小于 1200 km 时,ITU-T 规定其保护倒换时间应小于 50 ms。其保护倒换准则为出现下列情况之一时进行倒换。

①业务信号失效;

②业务信号劣化;

③环路信号失效;

④区段信号失效;

⑤环路信号劣化;

⑥区段信号劣化。

上述倒换条件中,有关于区段的部分仅对四纤环有效。下面分别介绍四纤环和二纤环的保护机制。

1. 二纤单向复用段专用保护环

复用段专用保护环采用 1：1 的保护机制。它由两个反方向的环组成,正常时只有一个方向的环传送正常业务;另一个方向的环留作保护,也可以传送额外业务。发生保护倒换时,额外业务将会丢失。它也需要使用 APS 倒换协议,其保护倒换准则与保护倒换时间和共享环相同。

二纤单向复用段保护环为二纤单向复用段专用保护环,如图 2.9 所示。环中每个节点在支路信号分插功能之前的每一高速线路上均有一个保护倒换开关。正常情况下,信息仅在 S 光纤上传送,例如,节点 A 发向节点 C 的信号是从节点 A 经 S 光纤按顺时针方向传送到节点 C 的。而节点 C 发向节点 A 的信号是从节点 C 经 S 光纤按顺时针方向传送到节点 A 的,各节点仅从来自 S 光纤的高速信号中分插低速信号,保护光纤 P 是空闲的,单向性在这里看得更加清楚,如图 2.9(a)所示。

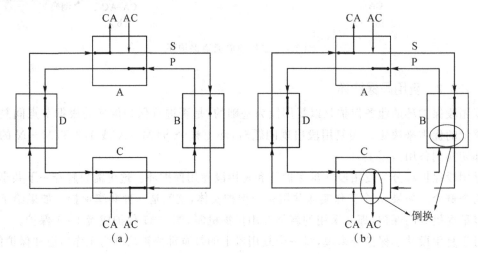

图 2.9　二纤单向复用段专用保护环

如图 2.9(b)所示,当 B、C 节点间的两个光纤都被切断时,B、C 节点靠近故障侧的倒换开关利用 APS 协议执行环回功能,将高速信号倒换到 P 光纤上。于是,在 B 节点由 S 光纤传送来的信号经过保护倒换开关从 P 光纤返回,沿逆时针方向穿过 A、D 两节点到达 C 节点,并经过 C 节点的倒换开关回到 S 光纤上分路出来,C 节点到 A 节点的信号传送路径不变。

2. 四纤双向复用段共享保护环

四纤双向复用段共享保护环(如图 2.10 所示)有两根业务光纤(一发一收)和两根保护光纤(一发一收)。其中业务光纤 S1 形成一顺时针业务信号环,业务光纤 S2 形成一逆时针业务信号环,而保护光纤 P1 和 P2 分别形成 S1 和 S2 反方向的两个保护信号环,在每根光纤上都有一个倒换开关作保护倒换用。

如图 2.10(a)所示,正常情况下,A 节点到 C 节点的信号顺时针沿 S1 光纤送到 C 节点,而 C 节点到 A 节点的信号,从 C 节点入环后逆时针沿 S2 光纤传回 A 节点,保护光纤 P1 和 P2 是空闲的。

如图 2.10(b)所示,当 B、C 节点间的光缆中断时,利用 APS 协议,B 和 C 节点中各有 2 个倒换开关执行环回功能,从而得以维持环的连续性。在节点 B,光纤 S1 和 P1 沟通,光纤 S2 和 P2 沟通。C 节点也完成类似功能。其他节点确保光纤 P1 和 P2 上传的业务信号在本节点完

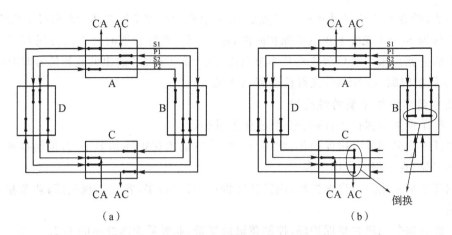

图 2.10 四纤双向复用段共享保护环

成正常的桥接功能。

3. 二纤双向复用段共享保护环

二纤双向复用段共享保护环如图 2.11 所示。在二纤双向复用段共享保护环中,每个传输方向用一条光纤。正常时,对每一节点而言,发送信号经过一根光纤(如 S1)沿一个方向送出,接收的信号则经过另一根光纤(如 S2)沿另一个方向送来。但是每根光纤上只将一半的容量分配给业务通路,另一半容量分配给保护通路。如 S1 光纤一半容量传送业务,另一半容量留着保护 S2 光纤上的业务,故此光纤称为 S1/P2 光纤;同样道理另一根光纤称为 S2/P1 光纤。

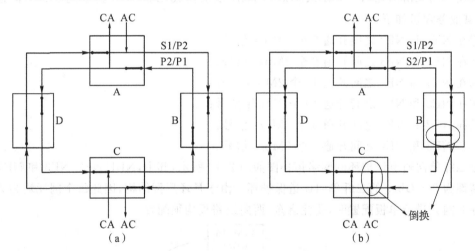

图 2.11 二纤双向复用段共享保护环

如图 2.11(a)所示,正常时,从节点 A 进环以节点 C 为目的地的业务信号沿 S1/P2 光纤按顺时针方向传输,到达 C 节点分路出来。从节点 C 进环以节点 A 为目的地的业务信号则沿着 S2/P1 光纤按逆时针方向传输,到达节点 A 后分路出来,实现 A、C 节点间双向通信。每根光纤的保护时隙均空闲。

如图 2.11(b)所示,当 B、C 节点之间的两纤断裂时,B、C 两节点靠近中断侧的倒换开关利用 APS 协议执行环回,将 S1/P2 光纤和 S2/P1 光纤桥接。A 节点传送至 C 节点的业务从 A

节点进环后，沿着 S1/P2 光纤到达 B 节点后，B 节点利用时隙交换技术，将 S1/P2 光纤上的业务时隙转移到 S2/P1 光纤上预留的保护时隙，经 S2/P1 光纤沿逆时针方向传送到 C 节点，经桥接开关后分路出来。在 C 节点将从本节点进环沿 S2/P1 光纤送出的业务信号时隙移到 S1/P2 光纤的保护时隙，沿 S1/P2 光纤传送到 A 节点。

4. 四种自愈环的主要特性比较

①二纤单向通道保护环：倒换速度快，业务量小。

②二纤单向复用段专用保护环：此环与二纤单向通道保护环相差不大，但倒换速度慢，因此优势不明显，在组网时应用不多。

③四纤双向复用段共享保护环：倒换速度慢，涉及单板多，容易出现故障；业务量大，信道利用率高。

④二纤双向复用段共享保护环：控制逻辑最复杂，业务量为四纤环的 1/2。

2.1.2.3　环形网时隙分配

在进行环形网业务配置时，首先要明确环形网采用的保护方式及环形网包含的网元节点数量、各节点之间的业务量等。目前常用的环形网有二纤单向通道保护环、二纤单向复用段保护环、二纤双向复用段保护环和四纤双向复用段保护环。这几种环形网由于其保护方式和业务流向的不同，时隙的分配也相应的不同。在此，仅对二纤单向通道保护环和二纤双向复用段保护环的时隙分配进行介绍。

1. 二纤单向通道保护环时隙分配

假设子网二由网元 NE1、NE2、NE3 和 NE4 依次构成 2.5 Gb/s 速率的二纤单向通道保护环，其业务需求如下：

①在 NE1 和 NE2 之间开通 5 个 2Mb/s 信号；

②在 NE1 和 NE3 之间开通 8 个 2Mb/s 信号；

③在 NE1 和 NE4 之间开通 10 个 2Mb/s 信号；

④在 NE2 和 NE3 之间开通 10 个 2Mb/s 信号；

⑤在 NE2 和 NE4 之间开通 5 个 2Mb/s 信号；

⑥在 NE3 和 NE4 之间开通 1 个 2Mb/s 信号。

该二纤单向通道保护环的网络拓扑图如图 2.12 所示，其中，NE1、NE2、NE3 和 NE4 构成系统速率为 2.5 Gb/s 的二纤单向通道保护环。由于是环形网结构，因此每个网元均为 ADM，因此在对网元进行单板配置时，要注意东、西向线路板均须配置。

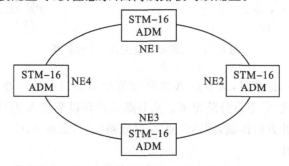

图 2.12　二纤单向通道保护环的网络拓扑图

明确了网络结构之后,就要根据实际情况确定各站之间的业务量,图 2.12 所示的二纤单向通道保护环的业务矩阵如表 2.2 所示(此处仅给每站之间开通 2 Mb/s 业务)。

表 2.2　二纤单向通道保护环的业务矩阵

站名	ADM1	ADM2	ADM3	ADM4	总计
ADM1	—	5	8	10	23
ADM2	5	—	10	5	20
ADM3	8	10	—	1	19
ADM4	10	5	1	—	16
总计	23	20	19	16	

有了业务矩阵,就可以明了地看到各站之间的业务量,也可以清楚地看到同一站点上下业务的总量。从表 2.2 中可以看出,ADM1 和 ADM2 之间开通 5 个 2 Mb/s 业务,ADM1 和 ADM3 之间开通 8 个 2 Mb/s 业务,ADM1 和 ADM4 之间开通 10 个 2 Mb/s 业务,ADM2 和 ADM3 之间开通 10 个 2 Mb/s 业务,ADM2 和 ADM4 之间开通 5 个 2 Mb/s 业务,ADM3 和 ADM4 之间开通 1 个 2 Mb/s 业务。

下面,根据业务矩阵对各站点的业务进行总体的时隙分配。图 2.13 为表 2.2 所示二纤单向通道保护环业务矩阵的一种时隙分配方式(此处以华为公司 OSN 3500 设备为例,假设支路板安装在第 2 槽道,所有业务均为双向业务。为了便于理解不同的 VC-4 通道,将业务分配给不同的 VC-4)。

时隙	站名							
	ADM1		ADM2		ADM3		ADM4	
	W	E	W	E	W	E	W	E
STM-1 (1#)		E1:1~5 T2:1~5	W1:1~5 T2:1~5	E1:6~15 T2:6~15 E1:17~21 T2:16~20	W1:6~15 T2:1~10	E1:16 T2:11	W1:16 T2:1 W1:17~21 T2:2~6	
STM-1 (2#)		E1:1~8 T2:6~13 E1:11~20 T2:14~23			W1:1~8 T2:12~19		W1:11~20 T2:7~16	

图 2.13　二纤单向通道保护环业务矩阵的一种时隙分配图

图 2.13 中 W、E 分别代表网元的西向、东向。此处,以 ADM1 至 ADM4 之间开通的 10 个 2 Mb/s 业务为例解释图中时隙分配及业务流向。其中,网元 1 和网元 4 均为有上下业务节点,对于 ADM1 至 ADM4 的业务,其流向为从 ADM1 的 3 号槽道的支路板第 1~10 个通道经交叉连接板送至 ADM1 的东向线路板的第 11~20 个 VC-12 时隙,经 ADM2 和 ADM3 的线路板转发至 ADM4 西向线路板的第 11~20 个 VC-12 时隙,再经交叉连接板送至其第 2 槽道的支路板第 7~16 个通道。由于该环形网为单向环,因此业务走分离路由,ADM4 至 ADM1

的 10 个 2 Mb/s 业务未经 ADM4 直接发给 ADM1，也即业务流向为 ADM4 的支路板→东向线路板→ADM1 的西向线路板→支路板。

2. 二纤双向复用段保护环时隙分配

假设子网三由网元 NE1、NE2、NE3 和 NE4 依次构成 2.5 Gb/s 速率的二纤双向复用段保护环，其业务需求如下：

①在 NE1 和 NE2 之间开通 5 个 2Mb/s 信号；

②在 NE1 和 NE3 之间开通 8 个 2Mb/s 信号；

③在 NE1 和 NE4 之间开通 10 个 2Mb/s 信号；

④在 NE2 和 NE3 之间开通 10 个 2Mb/s 信号；

⑤在 NE2 和 NE4 之间开通 5 个 2Mb/s 信号；

⑥在 NE3 和 NE4 之间开通 1 个 2Mb/s 信号。

该二纤双向复用段保护环的网络拓扑图如图 2.14 所示，其中，NE1、NE2、NE3 和 NE4 构成系统速率为 2.5 Gb/s 的二纤双向复用段保护环。由于是环形网结构，因此每个网元均为 ADM，因此在对网元进行单板配置时，要注意东、西向线路板均须配置。

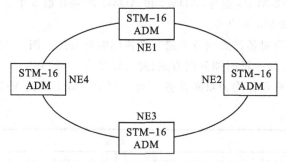

图 2.14　二纤双向复用段保护环的网络拓扑图

图 2.14 所示的二纤双向复用段保护环的业务矩阵如表 2.3 所示（此处仅给每站之间开通 2 Mb/s 业务）。

表 2.3　二纤双向复用段保护环的业务矩阵

站名	ADM1	ADM2	ADM3	ADM4	总计
ADM1	—	5	8	10	23
ADM2	5	—	10	5	20
ADM3	8	10	—	1	19
ADM4	10	5	1	—	16
总计	23	20	19	16	—

从表 2.3 中可以看出，ADM1 和 ADM2 之间开通 5 个 2 Mb/s 业务，ADM1 和 ADM3 之间开通 8 个 2 Mb/s 业务，ADM1 和 ADM4 之间开通 10 个 2 Mb/s 业务，ADM2 和 ADM3 之间开通 10 个 2 Mb/s 业务，ADM2 和 ADM4 之间开通 5 个 2 Mb/s 业务，ADM3 和 ADM4 之间开通 1 个 2 Mb/s 业务。

接下来，需要根据业务矩阵绘制该保护环的时隙分配图。这里需要注意的是，二纤双向复用段保护环的业务为一致路由,也就是说,两个网元之间的双向业务路由是相同的。因此,双向环的时隙分配图与单向环的时隙分配图稍微有所不同。根据表 2.3 所示二纤双向复用段保护环的业务矩阵绘制的时隙分配如图 2.15 所示(此处以华为公司 OSN 3500 设备为例,假设支路板安装在第 2 槽道,所有业务均为双向业务)。

时隙	站名							
	ADM1		ADM2		ADM3		ADM4	
	W	E	W	E	W	E	W	E
STM-1		E1:1~5 T2:1~5	W1:1~5 T2:1~5	E1:1~10 T2:6~15 E1:11~15 T2:16~20	W1:1~10 T2:1~10	E1:1 T2:11	W1:1 T2:1 W1:11~15 T2:2~6	
		E1:16~23 T2:6~13			W1:16~23 T2:12~19			
	W1:1~10 T2:14~23							E1:1~10 T2:7~16

图 2.15　二纤双向复用段保护环时隙分配图

与单向环不同,网元之间的业务为一致路由。以 NE1 至 NE4 之间的 10 个 2Mb/s 业务为例,由于该环形网为双向环,因此该业务不需要经过 NE2 和 NE3,只在 NE1 和 NE4 之间上下。仅需在有上下业务的 NE1 和 NE4 分配足够的线路板 VC-12 时隙和支路板端口即可。

2.1.3　子网连接保护

在学习子网连接保护之前,我们先要了解什么是子网。实际上,网络中的一条链、一个环,甚至更复杂的网络都可以是一个子网。子网连接保护是指对某一子网连接预先安排专用的保护路由,当工作子网连接失效或者性能劣于某一必要水平时,工作子网连接将由保护子网连接取代。

子网连接保护在网络中的配置保护连接方面具有很大的灵活性,特别适用于不断变化、对未来传输需求不能预测的、根据需要就可以灵活增加连接的网络,故而它能够应用于干线网、中继网、接入网等网络,以及树形、环形、网状的各种网络拓扑。子网连接保护如图 2.16 所示,

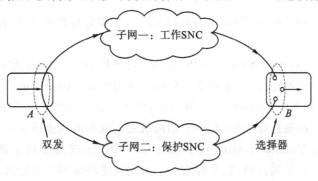

图 2.16　子网连接保护

通常在高阶通道或者低阶通道层完成，一般采用 1+1 方式，即每一个工作连接都有一个相应的备用连接，保护可任意置于 VC-12、VC-3、VC-4 各通道，运营者也能决定哪些连接需要保护，哪些连接不需要保护。

在 1+1 保护中，子网连接发送端的业务经过工作和保护路径两个分离的路径传送，在子网连接的接收端，保护倒换对业务检测后进行选择，因此"双发选收"是其特点，和通道保护环相似。检测点处的工作源、保护源及业务宿就构成了一个 SNCP 业务对，它是实现保护的基本单元。在一个 SNCP 业务对中，宿节点状态不监测，而两个源节点就是保护组的两个监测点。

2.1.3.1　倒换启动标准

倒换启动标准见表 2.4，包括外部启动命令、自动启动命令和状态。

表 2.4　倒换启动标准

请求		优先级顺序
外部启动命令	清除（Clear）	最高
	锁定保护（LP）	
	强制倒换（FS）	
自动启动命令	信号失效（SF）	
	信号劣化（SD）	
外部启动命令	手动倒换（MS）	
状态	等待恢复（WTR）	
	无请求（NR）	最低

注1：此标准针对 1+1 结构。

　2：保护信道上的 SF 不应该优先于强制倒换到保护。由于单向保护倒换正在被执行并且保护信道不支持 APS 协议，所以保护信道的 SF 不影响执行强制倒换到保护。

　3：工作信道编号不必作为倒换命令的一部分，因为 1+1 系统只有一个工作信道和一个保护信道。

1. 外部启动命令

清除（Clear）：此命令用来清除其地址指定节点的所有外部启动命令和等待恢复（WTR）状态。

锁定保护（Lockout Protection，LP）：通过发送一个锁定保护请求来阻止选择器倒换到保护 VC 子网连接。

强制倒换到保护（Forced Switch to Protection，FS-P）：选择器将正常业务从工作 VC 子网连接倒换到保护 VC 子网连接（除非存在一个相同或更高级别的倒换请求）。

强制倒换到工作（Forced Switch to Work，FS-W）：选择器将正常业务从保护 VC 子网连接倒换到工作 VC 子网连接（除非存在一个相同或更高级别的倒换请求）。

手动倒换到保护（Manual Switch to Protection，MS-P）：选择器将正常业务从工作 VC 子网连接倒换到保护 VC 子网连接（除非存在一个相同或更高级别的倒换请求）。

手动倒换到工作（Manual Switch to Work，MS-W）：选择器将正常业务从保护 VC 子网连接倒换到工作 VC 子网连接（除非存在一个相同或更高级别的倒换请求）。

2. 自动启动命令

信号失效(Signal Fail,SF)触发条件:LOS、LOF、MSAIS、AUAIS、AULOP、TUAIS、TU-LOP。

信号劣化(SD)触发条件:B2SD、B2OVER、B3SD、B3EXC(B3OVER)、HPUNEQ、HP-TIM、HPSLM。

3. 状态

等待恢复(Wait to Restore,WTR):当工作信道在 SD 或 SF 状况之后满足恢复门限要求时发送此命令。在整个 WTR 期间,应保持此状态,除非被更高优先级的桥接请求所挤占。

无请求(No Request,NR):系统未收到任何倒换请求。

2.1.3.2 保护原理

单向保护倒换的 SNCP 如图 2.17 所示。图 2.17(a)描述了一个业务在节点 A 和 B 之间传送的 SNCP。1+1 结构中,正常业务固定桥接到工作和保护信道。在节点 A 插入的业务从两个方向、经不同的子网连接(一个工作子网连接和一个保护子网连接)到达节点 B。正常工作时,节点 B 选择接收来自工作子网连接的业务。当工作 SNC 出现如图 2.17(b)所示的单向故障时,尾端倒换选择保护子网连接。

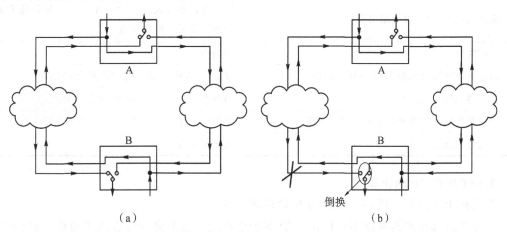

图 2.17 单向保护倒换的 SNCP

在返回工作模式中,当工作子网连接已经从故障中恢复时,在保护子网连接上的正常业务信号将被倒换回工作子网连接。为了防止由间歇的故障引起选择器频繁倒换,失效的子网连接必须已经无故障,满足这个标准(并且没有出现其他外部启动命令)后,应保持一段固定的时间才可以再次用于承载正常业务信号,这段时间(即等待恢复时间)定为 5~12 min。在这段时间内,不会发生倒换,然后进入无请求状态,正常业务信号从保护信道倒换到工作信道。如果工作在非返回模式下,当失效的子网连接不再处于 SD 或 SF 状态,并且没有出现其他外部启动命令,进入 NR 状态。这种情况下,则不进行倒换。

2.1.3.3 与其他保护方式的比较

1. SNCP 与 MSP 的比较

SNCP 与 MSP 的比较如表 2.5 所示。在整个保护倒换的过程中,系统业务的受损时间主要包括倒换时间和拖延时间。倒换时间是指系统启动保护倒换动作到保护倒换完成的时间。

少量业务的情况下,倒换时间要求为 50 ms。大量业务的情况下,倒换时间建议在 50 ms 以内。当涉及多个子网连接时,要考虑延长这一目标时间。保护倒换的完成时间不包括启动保护倒换所必要的检测时间及拖延时间。拖延时间是指从宣告 SD 或者 SF 到启动保护倒换实施方法之间的时间。在倒换发生之前整个拖延时间期限内应对缺陷条件(SD、SF)进行连续的监视。拖延时间能按 100 ms 量级的步进值从 0～10 s 内可设置。对于单一组网或进行 SNCP 业务测试时,拖延时间设置为 0。

表 2.5　SNCP 与 MSP 的比较

SNCP	MSP
针对子网间业务的保护,不仅适用于端到端通道保护,还可以保护通道的一部分	线路(或复用段)失效后,对经过该段线路业务进行保护,因此也叫线路保护
能保护部分通道	基于复用段级别的通道
专用保护机制	共享或专用保护机制
可用于各种网络拓扑,环上节点数没有限制	仅用于环形拓扑和线形拓扑,环上节点数要求不大于 16,线性复用段节点数要求不大于 14
发送端永久桥接,接收端倒换	桥接与倒换在动作时才发生,首端/尾端常常既是桥接节点又是倒换节点
单端倒换	环倒换
通过 SNCP 可以构造 DNI 的保护结构	仅通过 MSP 无法构造 DNI 的保护结构
不需要 APS 协议,可靠性高	需要全环运行 APS 协议,可靠性较差
保护倒换时间与业务量和网络结构有关	倒换时间在 50 ms 之内,且与业务数量无关
一般监测通道开销	监测复用段开销

2. SNCP 与 PP 的比较

①保护出发点不一样:SNCP 主要保护环间业务。

②设备内部保护倒换点不一样:SNCP 保护是在交叉板上完成选收判断动作,因此 SNCP 可以对线路上的业务进行保护;而通道保护是在支路板上完成选收判断动作,因此只能保护下到本地的 PDH 支路上的业务。

③更大的灵活性:环带链、相切环、双节点互连(Dual Node Interconnection,DNI)等。

④更大的覆盖面:SNCP 是 PP 的扩展。

⑤保护业务类型丰富:SNCP 可以保护 VC - 12、VC - 3、VC - 4、VC - 4 - Xc 业务。

2.1.3.4　典型组网

SNCP 在组网上有更大的灵活性,可以根据需要采用多种组网方式。如环带链、相切环、相交环以及 DNI 结构。

1. 环带链

以二纤单向 SNCP 环带 1＋1 线形保护链为例来说明在这种组网方式下业务的流向。通常我们定义如果环形保护子网中的所有节点都为 SNCP 节点,那么该环就称为 SNCP 环。

二纤单向 SNCP 环带 1＋1 线形 MSP 保护链如图 2.18 所示。NE1、NE2、NE3 和 NE4 组

成一个二纤单向 SNCP 环,NE4 与 NE5 组成一个 1+1 线形 MSP 保护链。NE1 与 NE5 之间需要传输 8 路双向 2Mb/s 业务。

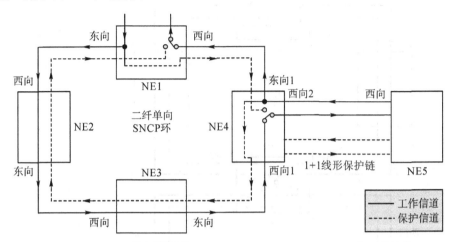

图 2.18 二纤单向 SNCP 环带 1+1 线形 MSP 保护链

该 2Mb/s 业务为双向业务,NE1 至 NE5 的业务和 NE5 至 NE1 的业务走分离路由。

网络正常时,NE1 至 NE5 的 2Mb/s 业务流向为:2Mb/s→NE1 支路板→NE1 东向线路板→NE2 西向线路板→NE2 东向线路板→NE3 西向线路板→NE3 东向线路板→NE4 西向 1 线路板→NE4 西向 2 主用线路板→NE5 西向主用线路板→NE5 支路板→2Mb/s。

NE5 至 NE1 的 2Mb/s 业务流向为:2Mb/s→NE5 支路板→NE5 西向主用线路板→NE4 西向 2 主用线路板→NE4 东向 1 线路板→NE1 西向线路板→NE1 支路板→2Mb/s。

在这种网络中,NE4 为关键节点,需要注意业务的双发和选收。西向 2 主用线路板要对西向 1 和东向 1 线路板双发业务;西向 2 主用线路板要对西向 1 线路板和东向 1 线路板的业务进行选收。双发和选收业务综合起来看就是一个双向的 SNCP 业务。

2. 相切环

两环相切的组网方式包括 SNCP 环切 PP 环、SNCP 环、MSP 环等。

二纤单向 SNCP 环切二纤双向 MSP 环如图 2.19 所示。NE1、NE2、NE3 和 NE4 组成一个二纤单向 SNCP 环,NE3、NE5、NE6 和 NE7 组成一个二纤双向 MSP 环,NE3 是两环的相切点。NE1 与 NE6 之间需要传输 8 路双向 2Mb/s 业务。

网络正常时,NE1 至 NE6 的业务流向为:2Mb/s→NE1 支路板→NE1 东向线路板→NE2 西向线路板→NE2 东向线路板→NE3 西向 1 线路板→NE3 西向 2 线路板→NE7 东向线路板→NE7 西向线路板→NE6 东向线路板→NE6 支路板→2Mb/s。在 NE3,复用段环上西向 2 线路板对 SNCP 环上西向 1 线路板和东向 1 线路板的业务进行选收。

NE6 至 NE1 的 2Mb/s 业务流向为:2Mb/s→NE6 支路板→NE6 东向线路板→NE7 西向线路板→NE7 东向线路板→NE3 西向 2 线路板→NE3 东向 1 线路板→NE4 西向线路板→NE4 东向线路板→NE1 西向线路板→NE1 支路板→2Mb/s。在 NE3,复用段环上西向 2 线路板要对 SNCP 环上东向 1 线路板和西向 1 线路板进行业务双发。

实际上,在 NE3 处配置的是双向 SNCP 业务。

在这种组网方式下,如果两环各断一纤业务均有保护。

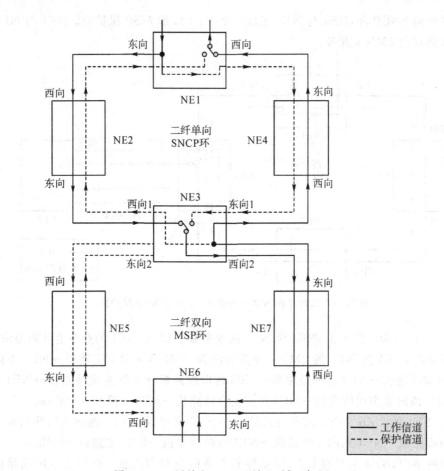

图 2.19　二纤单向 SNCP 环切二纤双向 MSP 环

3. 相交环

相交环是指两个环网之间存在两个相节交点的组网。与相切环相比，由于在两个环网之间存在两个节点，因此可以避免相切环中切点失效所产生的业务中断，提高了网络的自愈性。

根据环网的保护方式不同，可以分为 SNCP 环和 SNCP 环两点相交、SNCP 环和 MSP 环两点相交、MSP 环和 MSP 环两点相交等多种情况。在相交环及后面要介绍的 DNI 组网方式中，需要设置主节点和从节点。主节点是指在复用段共享保护环中，能够提供业务选择以及分接—续传（Drop-Continue）功能的节点，从节点则为业务提供另一条网间路由。分接—续传描述的是环中节点的功能，如果业务从环中的工作通道中取出，那么就称为分接；如果在环中继续向前传递，那么就称为续传。通常我们定义业务先经过的节点为主节点，后经过的节点为从节点。以 SNCP 环和 MSP 环两点相交为例来说明相交环的业务流向。

二纤单向 SNCP 环和二纤双向 MSP 环两点相交如图 2.20 所示。NE1、NE2、NE3、NE4 和 NE5 组成一个二纤单向 SNCP 环，NE3、NE6、NE7、NE8 和 NE4 组成一个二纤双向 MSP 环，NE3 和 NE4 是两环的相交点。其中，设置 NE3 为主节点，NE4 为从节点。NE1 与 NE7 之间需要传输 8 路双向 2Mb/s 业务。

NE3 为主节点，NE4 为从节点，主节点只有一个 SNCP 保护组，从节点只要配置一条

SNCP 到 MSP 的双向穿通,没有 SNCP 保护组。

网络正常时,NE1 到 NE7 的业务流向为:2Mb/s→NE1 支路板→NE1 东向线路板→NE2 西向线路板→NE2 东向线路板→NE3 西向 1 线路板→NE3 西向 2 线路板→NE6 东向线路板→NE6 西向线路板→NE7 东向线路板→NE7 支路板→2Mb/s。在 NE3,西向 2 线路板要对西向 1 线路板和东向 2 线路板业务进行选收。

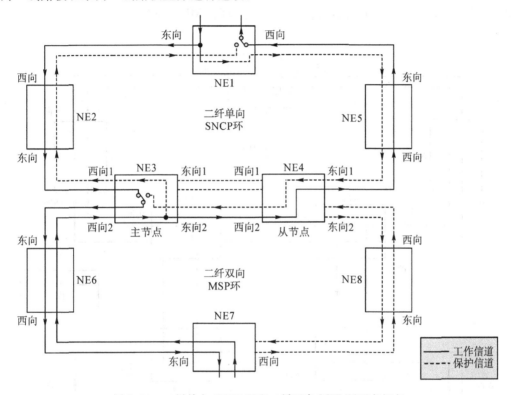

图 2.20　二纤单向 SNCP 环和二纤双向 MSP 环两点相交

NE7 到 NE1 的业务流向为:2Mb/s→NE7 支路板→NE7 东向线路板→NE6 西向线路板→NE6 东向线路板→NE3 西向 2 线路板→NE3 东向 2 线路板→NE4 西向 2 线路板→NE4 东向 1 线路板→NE5 西向线路板→NE5 东向线路板→NE1 西向线路板→NE1 支路板→2Mb/s。同样的,在 NE3 需要配置业务双发,源板位为西向 2 线路板,宿板位分别为西向 1 线路板和东向 2 线路板。

实际上结合 NE1 到 NE7 的业务流向以及 NE7 到 NE1 的业务流向来看,就是在 NE3 处配置了双向 SNCP 业务。请注意,西向 2 线路板到西向 1 线路板的业务体现的是节点的分接功能,西向 2 线路板到东向 2 线路板的业务则是节点的续传功能。NE4 处业务双向穿通。

采用这种组网方式,两环各断一纤业务有保护;也可以保护单节点失效,当 NE4 节点失效时,NE1 发生倒换,选择接收东向线路板的业务;NE3 节点失效时,对于 MSP 环来说,NE4 与 NE7 之间的业务已穿通。

4. 双节点互连(DNI)

DNI 是一环中两个节点与另一环两节点相连的网络拓扑结构。由于两个环网之间有两条光路,因此有效增加网络的可靠性,尤其可以对跨环业务提供更加可靠的保护。DNI 结构主要包括几种环网之间的互联：SNCP 环与 SNCP 环、SNCP 环与 MSP 环、MSP 环与 MSP 环。我们主要介绍 SNCP 环与 MSP 环组成 DNI 拓扑结构时业务的流向及保护能力。

SNCP 环与 MSP 环组成 DNI 如图 2.21 所示。NE1、NE2、NE3、NE4、NE5 组成一个二纤单向 SNCP 环，NE6、NE7、NE8、NE9 和 NE10 组成一个二纤双向 MSP 环，NE3、NE4、NE6 和 NE10 是两环的 DNI 节点。其中，根据业务流向，设置二纤双向 MSP 环中的 NE6 为主节点，NE10 为从节点。NE1 与 NE8 之间需要传输 8 路双向 2Mb/s 业务。

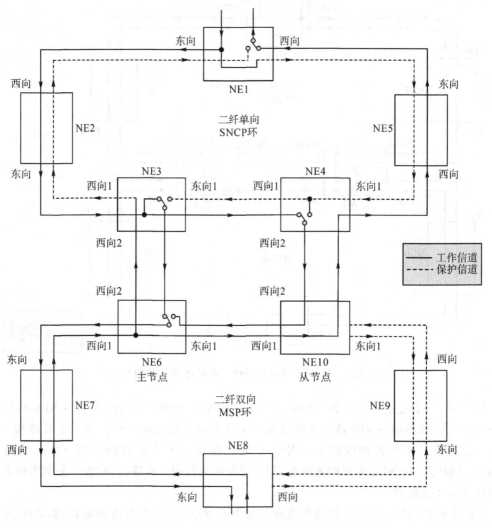

图 2.21　SNCP 环与 MSP 环组成 DNI

网络正常时，NE1 到 NE8 的业务流向为：2Mb/s→NE1 支路板→NE1 东向线路板→NE2 西向线路板→NE2 东向线路板→NE3 西向 1 线路板→NE3 西向 2 线路板→NE6 西向 2 线路板→NE6 西向 1 线路板→NE7 东向线路板→NE7 西向线路板→NE8 东向线路板→NE8 支路板→2Mb/s。

NE8 到 NE1 的业务流向为：2Mb/s→NE8 支路板→NE8 东向线路板→NE7 西向线路板→NE7 东向线路板→NE6 西向 1 线路板→NE6 东向 1 线路板→NE10 西向 1 线路板→NE4 东向 1

线路板→NE5 西向线路板→NE5 东向线路板→NE1 西向线路板→NE1 支路板→2Mb/s。

DNI 结构的业务流向复杂,尤其是 DNI 节点处的业务配置要特别注意。

NE3 需要配置两条单向穿通业务(由西向 1 线路板至东向 1 线路板,由西向 2 线路板到西向 1 线路板),和一条单向 SNCP 业务(时隙宿为西向 2 线路板,时隙源分别为西向 1 线路板和东向 1 线路板)。

NE4 需要配置一条单向 SNCP 业务(时隙宿为西向 2 线路板,时隙源分别为西向 1 线路板和东向 1 线路板),和单向穿通业务(由东向 1 线路板到西向 1 线路板,由西向 2 线路板到东向 1 线路板)。

NE6 处为双向 SNCP 业务,既有业务双发也有业务选收。在这里,NE6 作为主节点的分接—续传功能看得很明显,西向 1 至西向 2 线路板业务分接,西向 1 至东向 1 线路板业务续传。

NE10 业务双向穿通。

这种组网方式下,两环各断一纤业务有保护;可以保护单节点失效;同侧两节点(NE4 与 NE6 同侧、NE3 与 NE10 同侧)同时失效业务有保护,但不能保护异侧两个节点(NE4 和 NE10 或者 NE3 与 NE6)同时失效。

2.2 ASON 网络

为了顺应未来光网络对业务支撑能力和丰富性的高要求,2000 年 3 月国际电信联盟提出了智能交换光网络,也称为自动交换光网络即 ASON 的概念,其基本设想是将 SONET/SDH 的功能特性、高效的 IP 技术、大容量的 DWDM 和革命性的网络控制软件融合在一起,完成路由自动发现、呼叫连接管理、保护恢复等功能,实现由用户动态发起业务请求,自动选路,并由信令控制实现标记交换路径(Label Switching Path,LSP)的建立、拆除,自动、动态完成网络连接。LSP 也就是智能业务所经过的路径,通常所说的创建智能业务就是创建 LSP。

2.2.1 ASON 网络体系与智能协议

2.2.1.1 ASON 的体系结构

ASON 与传统的光传送网相比,突破性地引入了更加智能化的控制平面,从而使光网络能够在信令的控制下完成网络连接的自动建立、资源的自动发现等过程。其体系结构主要表现在具有 ASON 特色的 3 个平面、3 个接口以及所支持的 3 种连接类型上。

1.3 个平面

从逻辑上划分,ASON 网络分为 3 个平面,如图 2.22 所示,分别为控制平面、传送平面和管理平面。

(1)控制平面

控制平面是整个 ASON 的核心部分,它由分布于多个 ASON 节点设备中的控制单元组成。控制单元主要由路由选择、信令转发以及资源管理等功能块组成,而各个控制单元相互联系共同构成信令网,用于传送控制信令信息,控制网元的各个功能模块和通过 ASON 信令系统协同工作,实现连接的自动化和有效的保护恢复机制。

通过引入控制平面,借助接口、协议以及信令系统可以动态地交换光网络的拓扑信息、路由信息以及其他控制信息,实现了光通道的动态建立和拆除及资源的动态分配。智能网元在控

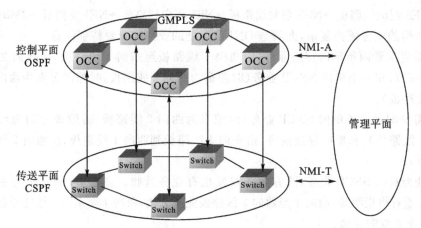

OCC—光连接控制；OSPF—开放的最短路径优先；

Switch—业务交叉；CSPF—基于约束最短路径优先；

CCI—连接控制接口；NMI—网络管理接口。

图 2.22　ASON 的 3 个平面

制平面的唯一标识是节点 ID 号。控制平面是智能光网络体系与传统光网络体系的最大区别。

（2）传送平面

ASON 的传送平面由一系列传送实体构成，是业务传送的通道，可以提供用户信息端到端的单向或双向传输。传送平面就是传统 SDH 网络或者 OTN 网络。传送平面采用网状网的网络拓扑结构，光传送节点设备主要包括 OXC 和 OADM 等设备。传送平面具有分层的特点，包括光信道层（OCh）、光复用段层（OMS）和光传输段层（OTS）。

ASON 的传送平面支持增强的信号质量检测和多粒度光交换两项新功能。通过增强的信号质量检测功能，可以直接在光层进行信号检测，从而保证了恢复的效率及恢复的速度。通过支持多粒度光交换功能，便于实现流量工程、多业务接入及带宽的灵活分配。智能网元在传送平面的唯一标识是网元 ID 号。

（3）管理平面

管理平面完成传送平面、控制平面和整个系统的维护功能，能够进行端到端的配置，是控制平面的一个补充。包括性能管理、故障管理、配置管理和安全管理功能。智能网元在管理平面的唯一标识是网元 IP 地址。

2.3 个接口

ASON 通过标准接口的引入，使多厂商设备的互连互通成为可能。接口可以将用户和网络、网络结点、各个平面有机连接。ASON 的接口是网络中不同功能实体之间的连接渠道，它规范了两者之间的通信规则。不同的平面通过不同的接口相连接，同一平面内部的不同功能区域也使用不同类型的接口相通。在此，只讨论 3 个平面之间的接口，而控制平面内部的接口将在下节中讲述。

在 ASON 体系结构中，控制平面和传送平面之间通过 CCI 接口相连，而管理平面则通过网络管理 A 接口（Network Management Interface-A，NMI-A）和网络管理 T 接口（Network Management Interface-T，NMI-T）分别与控制平面及传送平面相连，3 个平面通过 3 个接口实现信息的交互，ASON 平面之间的接口如图 2.23 所示。

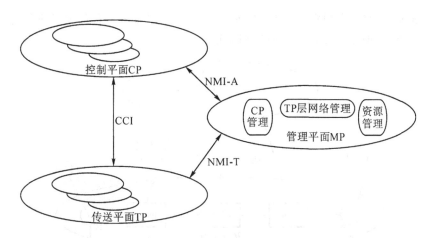

图 2.23　ASON 平面之间的接口

CCI 是智能光网络控制平面与和传送平面之间的接口,通过它可传送连接控制信息,建立光传送网元端口之间的连接。CCI 中的交互信息主要分成两类,从控制节点到传送平面网元的交换控制命令和从传送网元到控制节点的资源状态信息。

运行于 CCI 之间的接口信令协议必须支持以下基本功能:增加和删除连接、查询光传送网元端口的状态、向控制平面通知一些拓扑信息。

NMI-A 和 NMI-T 的作用是实现管理平面对控制平面和传送平面的管理,接口中的信息主要是相应的网络管理信息。

通过 NMI-A,网管系统对控制平面的管理主要体现在以下几个方面:管理系统对控制平面初始网络资源的配置;管理系统对控制平面控制模块的初始参数配置;连接管理过程中控制平面和管理平面之间的信息交互;控制平面本身的故障管理;对信令网进行管理以保证信令资源配置的一致性;对控制平面的管理主要是对路由、信令和链路管理功能模块进行监视和管理。

通过 NMI-T 网管系统实现对传送网络资源基本的配置管理、性能管理以及故障管理。传送平面的资源管理接口主要参照电信管理网结构管理,使用的网络管理技术包括简单网络管理协议(Simple Network Management Protocol,SNMP)和公共管理信息协议(Common Management Information Protocol,CMIP)等,也可以使用厂家定义的接口协议。对传送平面的管理主要包括几个方面:基本的传送平面网络资源的配置,例如基本的网络资源和拓扑连接配置以及适配管理配置;日常维护过程中的性能监测和故障管理等。

3.3 个连接类型

在 ASON 中,根据不同的连接需求及连接请求对象的不同,提供了 3 种类型的连接:永久连接(Permanent Connection,PC)、交换连接(Switched Connection,SC)和软永久连接(Soft Permanent Connection,SPC)。

永久连接(PC)如图 2.24 所示,它沿袭了传统光网络中的连接建立形式。PC 的路径由管理平面根据连接请求及网络资源利用情况预先计算,然后管理平面沿着计算好的连接路径通过 NMI-T 向网元发送交叉连接命令进行统一指配,最终通过传送平面各个网元设备的动作完成通路的建立过程。在这种方式下,ASON 能很好地兼容传统光网络,实现两者的互联。

由于网管系统能全面地了解网络的资源情况,故 PC 能按照流量工程的要求进行计算,可更合理地利用网络资源,但是连接建立的速度相对较慢。

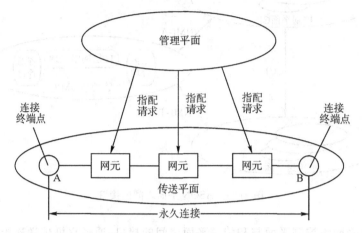

图 2.24　永久连接(PC)

交换连接(SC)如图 2.25 所示,是一种由于控制平面的引入而出现的全新的动态连接方式。SC 的请求由终端用户向控制平面发起,在控制平面内通过信令和路由消息的动态交互,在连接终端点 AB 之间计算出一条可用的通路,最终通过控制平面与传送网元的交互完成连接的建立过程。在 SC 中,网络中的节点能像电话网中的交换机一样,根据信令信息实时地响应连接请求。SC 实现了在光网络中连接的自动化,且满足快速、动态的要求并符合流量工程的标准。这种类型的连接集中体现了 ASON 的本质特点,是 ASON 连接实现的最终目标。

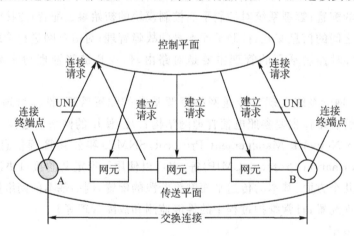

图 2.25　交换连接(SC)

SPC 的建立是由管理平面和控制平面共同完成。这种连接的建立方式介于前两者之间,它是一种分段的混合连接方式。在 SPC 中,用户到网络的部分由管理平面直接配置,而网络部分的连接通过管理平面向控制平面发起请求,然后由控制平面完成。软永久连接(SPC)如图 2.26 所示。在 SPC 的建立过程中,管理平面相当于控制平面的一个特殊客户。SPC 具有租用线路连接的属性,但同时却是通过信令协议完成建立过程的,所以可以说它是一种从通过网络管理系统配置到通过控制平面信令协议实现的过渡类型的连接方式。

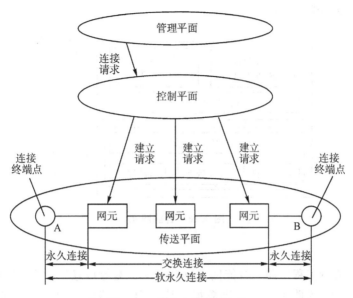

图 2.26　软永久连接(SPC)

正是 ASON 中这 3 种各具特色的连接类型的存在,使它具有了连接建立的灵活性,能满足用户连接的各种需求。

目前华为智能设备实现的智能电路或者智能业务均是 SPC。

2.2.1.2　ASON 的网络组成

ASON 网络由智能网元、流量工程(Traffic Engineering,TE)链路、ASON 域和 SPC 组成。ASON 的功能结构如图 2.27 所示。

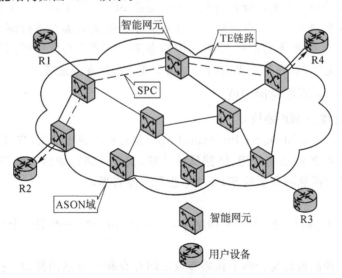

图 2.27　ASON 的功能结构

1. 智能网元

智能网元是 ASON 网络的拓扑元件。相对于传统网元,智能网元如图 2.28 所示,增加了链路管理功能、信令功能和路由功能。

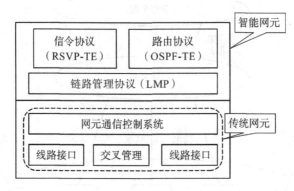

图 2.28　智能网元

2. TE 链路

TE 链路就是流量工程链路。智能网元将自己的带宽等信息以 TE 链路的形式向网络中的其他智能网元发送，为路由计算提供数据支持。TE 链路的资源分为三种类型：无保护资源、工作资源和保护资源。

3. ASON 域

ASON 域是为了选路由和管理的目的对网络进行功能分割产生的子集。它由多个智能网元和多条 TE 链路组成。需要注意的是，一个智能网元只能归属于一个智能域。

4. SPC

SPC 业务，是介于 PC 和 SC 之间的业务连接。该类业务用户到传送网络部分由网管配置，而传送网络内部的连接由网管向网元控制平面发起请求，由智能网元的控制平面通过信令完成配置。通常所说的智能电路或者智能业务就是指 SPC。其中，PC 是经过预先计算，然后通过网管分别向各个网元下发命令而建立的连接。业务生成后需要进行调整，必须删除原有业务后重新配置。该类业务对应于传统的传输业务。而 SC 是由终端用户（如路由器）向 ASON 控制平面发起呼叫，在控制平面内通过信令建立起的业务连接。

2.2.1.3　ASON 网络常用协议

1. 链路管理协议（LMP 协议）

链路管理协议（Link Manager Protocol，LMP）是运行在两个相邻节点之间链路上的协议，主要有四个进程：控制通道管理、链路属性关联、验证链路连通性和故障管理。在 ASON 网络中，LMP 协议直接利用底层的 SDH 技术进行故障管理。

（1）常用术语

①节点 ID（Node_Id）。在 ASON 网络中，节点 ID 用于唯一识别每个智能网元的 32 位整数。

②控制通道。控制通道是指两个相邻节点之间存在相互可达的接口，它用于相邻节点之间的链路属性关联、验证链路连通性和故障管理。这里的相互可达并不是指一定直接相连，如果节点之间采用纤外传送时（即使用以太网端口进行传送），可以通过一个网络连接这两个相邻节点。

ASON 网络的控制通道一般通过数据链路带内的 D4～D12 字节自动进行点对点连接，此时控制通道与数据链路的物理介质相同。它也可以采用带外的以太网连接,如果采用这种方式,需要对两个节点的以太网端口进行配置,此时控制通道与数据链路的物理介质不同。

③数据链路。数据链路是指两个相邻节点之间的 SDH 净荷,它是以 VC-4 颗粒作为资源,以 VC-4 的时隙位置作为标签。SDH 标签是物理标签,每个标签都有一个具体的时隙位置,SDH 的速率决定了数据链路的标签数量。

④TE 链路。TE 链路是一个逻辑概念。TE 链路以数据链路为基础,对数据链路上各种属性的资源进行统计。

(2)控制通道的创建和维护

LMP 协议启动后首先创建控制通道。控制通道的作用是为链路属性关联、验证数据链路物理连通性和链路故障管理提供消息收发的通道。

①控制通道的创建。LMP 协议为每块 SDH 单板的 D4~D12 通道分配一个集成电路卡识别码(Integrate Circuit Card Identity,CCID)号,它们在智能网元范围内是唯一的。LMP 协议在 D4~D12 通道上发送和接收 Config、ConfigAck、ConfigNack 消息进行协商,如果协商成功,则会创建一条控制通道,并能够确定控制通道两端 CCID 的对应关系。

当两个智能网元之间有多个 SDH 单板相连时,则创建多条控制通道,但其中只有一条控制通道是激活的,也就是只使用其中的一条控制通道,其他功能的 LMP 消息全部通过这条激活的控制通道来收发消息,当这条激活的控制通道失效后,则会自动激活另外一条控制通道,确保正常收发其他功能的 LMP 消息。

②控制通道的维护。一旦相邻节点之间的控制通道创建成功,它们将会在控制通道上定期发送 Hello 消息来实时维护控制通道的连通性并检测控制通道是否失效。

如果检测到控制通道失效,智能网元之间将重新发送配置消息来创建控制通道。

③链路连通性验证。LMP 协议为每块 SDH 单板的数据链路分配一个接口标识符(Interface_Id)号,它们在智能网元范围内是唯一的,<智能网元 ID+Interface_Id>可以确保数据链路在整个 ASON 网络中是唯一的。

控制通道创建成功后,进入链路连通性验证进程,相邻节点在控制通道上发送和接收 BeginVerify、BeginVerifyAck、BeginVerifyNack、EndVerify、EndVerifyAck、TestStatusSuccess、TestStatusFailure、TestStatusAck 消息,它们首先协商传输机制,然后根据协商结果,可以在 D1~D3 通道发送 Test 消息,也可以在 J0 字节发送验证码型(参阅 RFC4207 文档)来确定数据链路两端接口的对应关系。

链路连通性验证进程完成后,每个智能网元将建立到其他智能网元的数据链路连接和数据链路上 VC-4 资源的使用状况数据库。

④链路属性关联。LMP 协议为每块 SDH 单板的数据链路创建一条 TE 逻辑链路,并为这条 TE 链路分配一个链路标识(Link_Id)号,它们在智能网元范围内是唯一的,<智能网元 ID+Link_Id>可以确保数据链路在整个 ASON 网络中是唯一的。

当 TE 链路所属的数据链路确定了两端接口的对应关系后,进入链路属性关联进程。相邻节点通过在控制通道发送和接收 LinkSummary、LinkSummaryAck、LinkSummaryNack 消息,来确定 TE 链路两端接口的对应关系,同时对所属数据链路上不同属性的标签资源进行统计。当前一条 TE 链路只包含一条数据链路。

链路属性关联的主要功能是将数据链路上能够使用的 VC-4 资源按照链路的保护属性、

级联属性进行分类统计。进程结束后,每个智能网元将建立具有流量工程属性的 TE 链路数据库,主要包括:数据链路的带宽利用率、最大带宽、可用无保护带宽(用于创建钻石级、银级和铜级业务)、无保护标准级联数、可用保护带宽(用于创建金级业务,只有在数据链路上创建复用段保护时才有这种资源)、保护标准级联数、可用可抢占带宽(用于创建铁级业务)、可抢占标准级联数等。

这些带宽资源的可用数量将用于智能网元计算最佳业务路径。当智能网元之间的控制通道失效时,它们之间的 TE 链路将处于降级状态,但并不会删除 TE 链路所属的数据链路上的业务,只是这种 TE 链路在控制通道恢复之前,将不能再用于计算智能业务路径。

2. 开放最短路径优先协议(OSPF 路由协议)

开放最短路径优先协议(Open Shortest Path First,OSPF)是一个内部网关协议,它可以确定一个自治系统(AS)内的链路拓扑图,在 ASON 网络中,用于确定一个区域内的控制链路拓扑图。OSPF 协议是基于链路状态的路由协议,链路状态是指路由器接口或链路的参数。在 ASON 网络中,有两种类型的链路状态,一种是为资源预留协议(Resource ReSerVation Protocol,RSVP)提供路由的控制链路状态,一种是为计算 LSP 路径的 TE 链路状态。具有 OSPF 功能的路由器,相互之间是通过交换链路状态信息的方式,来建立控制链路拓扑图和 TE 链路拓扑图。

(1)常用术语

①路由器 ID(Router ID)。Router ID 是用于网络中唯一识别每个路由器的 32 位整数。在 ASON 网络中,Router ID 与 LMP 协议使用的 Node_Id 相同。

②接口(Interface)。Interface 是路由器和它所属的网络(可能不只一个)之间的连接,具有唯一 IP 地址和子网掩码。在 ASON 网络中,接口通常指连接到 D4～D12 字节,它是点对点的无编号链路,OSPF 协议为每个接口分配的是一个 Interface 号,<Router ID＋ Interface> 可以确保控制链路接口在整个 ASON 网络中是唯一的。

③邻居路由器(Neighbor Router)。两个路由器,如果都有连接到同一网络的接口,则为相邻路由器。在 ASON 网络中,两个路由器都是通过一条点对点链路相连。两个相邻路由器互为对方的邻居。邻居与邻接是完全不同的两个概念。

④邻接(Adjacency)。邻接是两个路由器之间为交换链路状态信息而形成的一种关系。OSPF 的链路状态信息只能在邻接路由器之间发送和接收,也就是说只能向邻接发送链路状态通告(Link-State Advertisement,LSA)。

⑤LSA。LSP 是描述路由器本地链路状态的数据单元。每个 LSA 都会向整个 OSPF 区域洪泛,以建立控制链路拓扑图。

⑥不透明的 LSA(Opaque LSA)。Opaque LSA 是描述路由器 TE 链路状态的数据单元,它从 LMP 协议数据库中读取。每个 Opaque LSA 都会向整个 OSPF 区域洪泛,以建立 TE 链路拓扑图。

⑦洪泛(Flooding)。在 OSPF 区域内,洪泛指本地节点向其他节点扩散 LSA 或 Opaque LSA,也就是指网络中所有的路由器之间相互传播和同步 LSA 和 Opaque LSA。

(2)控制链路拓扑

智能网元之间是通过收发 OSPF 消息来建立网络控制链路拓扑图的。它的物理通道与 LMP 协议的控制通道相同(D4～D12 字节),但称为控制链路,这两种协议是通过消息的共同首部来区分,它们的进程各自独立、互不影响。OSPF 协议为每条物理通道分配一个接口索引,称为控制链路接口,但与先前提及的控制通道接口不同。

注意:控制链路可以洪泛,形成控制链路拓扑图,而控制通道仅用于两个相邻的节点之间。

在 ASON 网络中,一般使用点对点链路,它是 OSPF 协议中最简单、最容易掌握的一种链路。OSPF 协议为每块 SDH 单板的 D4～D12 通道分配一个 IF Indexe 号(即索引),它们在智能网元范围内是唯一的,<路由器 ID＋ IF Index>可以确保控制链路在整个 ASON 网络中是唯一的。

相邻节点之间通过在 D4～D12 通道上发送和接收 Hello 数据包,建立智能网元之间的邻居关系,同时确定控制链路两端接口的对应关系,并将这条控制链路以 LSA 的结构保存到控制链路状态数据库中。

相邻节点之间通过发送和接收 Database Description 数据包,相互交换控制链路状态数据库中 LSA 的首部信息,如果一致,则它们之间的 LSA 完全同步,则两个相邻智能网元形成邻接关系。

如果不一致,则相邻节点之间通过发送和接收 Link State Request、Link State Update、Link State Acknowledgment 数据包进行同步,直到形成邻接关系。

当两个智能网元正在建立邻接关系时,会产生新的控制链路;当已经建立的邻接关系出现障碍时,原有的控制链路状态将会中断。节点会实时将这些新增或删除的 LSA 通告给区域中的其他路由器,这个通告的过程称为洪泛。

ASON 网络中的所有智能网元通过相互之间形成邻接关系来建立 LSA 数据库,同时通过洪泛进程将 LSA 通告给网络中的其他智能网元,最终获得一个全网的控制链路拓扑图,网络中所有智能网元保存的控制链路拓扑图完全相同。

(3)TE 链路拓扑

OSPF 协议从 LMP 协议建立的数据库中读取 TE 链路和其所属数据链路的信息,并将它们编译成 TE LSA,像常规 LSA 一样,通过 OSPF 数据包洪泛给 ASON 网络中的其他智能网元,网络中的所有智能网元最终也会获得一个完全相同的 TE 链路数据库。

3. RSVP 信令协议

RSVP 即资源预留协议,是 QoS 信令的一种,主要用于为特定的数据流请求指定 QoS,路由器通过 RSVP 向数据流传输路径上的所有节点传递 QoS 请求,同时建立和维护软状态以提供所请求的服务。RSVP 协议虽不是路由协议,但它与路由协议协同工作。

无论是 RSVP 协议,还是 MPLS 基于流量工程扩展的资源预留协议(RSVP-Traffic Engineering,RSVP-TE)协议、通用多协议标签交换基于流量工程扩展的资源预留协议(General Multi-Protocol Label Switching RSVP-Traffic Engineering,GMPLS RSVP-TE)协议,它们使用的消息格式都是相同的,只是在消息中使用的对象不同,本节主要介绍 RSVP 协议创建 LSP 的过程。

RSVP-TE 协议分发标签的过程就是创建 LSP 的进程,在 ASON 网络中通常称为配置智能业务。对于单向业务,RSVP-TE 建立 LSP 的过程是采用下游按需分发标签机制。源节点发起 Path 消息,它携带标签请求对象,通过中间节点向下游逐跳转发 Path 消息,标签由宿节点分配,并通过 Resv 消息分发,Resv 消息从宿节点逐跳转发到源节点;对于双向业务,则在处理 Path 消息时,直接建立反向路径(即分发反向标签)连接,而正向路径连接由 Resv 消息建立

（即分发正向标签）。在 ASON 网络中，全部为双向业务。

（1）常用术语

①LSP：指将 SDH 的时隙以标签的形式加入 Path 消息中，并由 Path 消息在传播过程中所建立起来的业务路径。在 ASON 网络中，将 LSP 路径称为智能业务。

②源宿节点：指 LSP 路径在 ASON 网络中的起始节点和终结节点。在两个节点之间创建一条 LSP 时，源宿节点的选择由网管确定，无特定要求，只是 LSP 路径选择和创建均由源节点发起。

③中间节点：指 LSP 路径经过的所有节点。

④TE 链路：也称绑定链路。

⑤数据链路：也称成员链路。

⑥链路资源：包括工作时隙、保护时隙和无保护时隙。

（2）创建 LSP 的基本过程

创建 LSP 由源节点发起。当两个节点之间需要建立一条 LSP 路径时，可以任意确定源宿节点。

①网管。选择源宿节点，并向源节点发送建立 LSP 的请求。

②源节点。通过 TE 链路拓扑图，在源宿节点之间计算出一条最佳路径，并根据 TE 链路的所属的数据链路，选择具体的 VC‐4 资源。将路径上所选择的 VC‐4 资源，按序建立 EXPLICIT_ROUTE 对象，并将这个对象信息加入 Path 消息中。

根据 Path 消息中的 UPSTREAM_LABEL 对象执行反向交叉配置命令和正向交叉预留命令。

查询控制链路拓扑图，通过控制链路向目的网元发送 Path 消息。

③中间智能网元。中间网元收到 Path 消息后，保存 Path 消息中的相关数据，并根据 Path 消息中的 UPSTREAM_LABEL 对象，执行反向交叉配置命令和正向交叉预留命令。

查询控制链路拓扑图，继续通过控制链路向目的网元发送 Path 消息。

④宿智能网元。宿网元收到 Path 消息后，保存 Path 消息中的相关数据，并根据 Path 消息中的 UPSTREAM_LABEL 对象，执行反向交叉配置命令。此时，从宿节点到源节点的单向 LSP 创建成功。

根据 Path 消息，编制 Resv 消息，并通过消息中的 LABEL 对象执行正向交叉配置命令。

查询控制链路拓扑图，通过控制链路向目的网元发送 Resv 消息。

⑤中间智能网元。中间网元收到 Resv 消息后，保存 Resv 消息中的相关数据，并根据 Resv 消息中的 LABEL 对象，执行正向交叉配置命令。

查询控制链路拓扑图，继续通过控制链路向目的网元发送 Resv 消息。

⑥源智能网元。源网元收到 Resv 消息后，保存 Resv 消息中的相关数据，并根据 Resv 消息中的 LABEL 对象，执行正向交叉配置命令。此时，从源节点到宿节点的单向 LSP 创建成功。

经过以上进程后，才能成功创建一条双向 LSP。

（3）重路由进程

当 LSP 路径上的数据链路或节点发生故障时，源节点将发起重路由，即源节点使用 TE 链路拓扑图，重新计算出一条新的 LSP 路径，并通过一对新的 Path 和 Resv 消息来创建这条

LSP,一旦新的 LSP 创建成功,则将原 LSP 上的业务倒换到新建的 LSP 上来,并删除原 LSP。

对于可恢复式的 LSP,则继续保留原有 LSP,一旦原 LSP 路径恢复,则将新建 LSP 上的业务倒回,然后再删除新建的 LSP。

当 LSP 发起重路由时,为了加快业务的恢复时间,一般会在 Path 消息中加入 SUG-GESTED_LABEL 对象,此时,Path 消息经过所有节点时,将同时执行正向和反向交叉配置命令,当 Path 消息到达宿节点时,新的 LSP 立即创建成功。

2.2.2　ASON 智能业务

2.2.2.1　ASON 保护与恢复

1. Mesh 组网

Mesh 组网是智能光交换系统的主要组网方式之一,这种组网方式具有灵活、易扩展的特点;和传统组网方式相比,Mesh 组网不需要预留 50% 的带宽,在带宽需求日益增长的情况下,节约了宝贵的带宽资源;而且在这种组网方式下,一般存在 2 条或 2 条以上的保护路径,提高了网络节点的安全性,最大程度地利用整网资源。

2. ASON 的保护与恢复

对多种保护恢复机制的支持是 ASON 的重要特性,也是目前 ASON 技术研究的一个重点。在网状网络拓扑结构下,保护和恢复机制能够提供给用户更加可靠的业务传输,特别是在光网络中进行信息传输尤为重要。

ASON 的保护与 SDH 的保护相似,但它的恢复功能却是独有的;恢复可以动态地使用网络中的备用资源,所以不仅可以提高资源的利用率,而且具有更高的可靠性。

ASON 网络支持的保护机制分为基于传送平面的保护和基于控制平面的保护两种类型。基于传送平面的保护,其配置由管理平面完成,控制平面不参与;基于控制平面的保护,其配置由控制平面完成,包括建立一个或多个保护连接,为保护提供连接配置信息等。基于控制平面的保护,发生在被保护链路的源节点与宿节点之间,它仅涉及源节点与宿节点中的连接控制器,并不涉及中间节点的连接控制器。

而恢复则是利用共享冗余容量建立新连接来代替发生故障的连接,通常会涉及动态的资源查找和路由计算,正是由于能够对共享冗余容量进行动态使用,使得恢复机制的资源利用率较保护机制要高。

这里需要重点介绍一下恢复机制中的重路由方式。重路由是一种业务恢复方式。当 LSP 中断时,首节点计算出一条业务恢复的最佳路径,然后通过信令建立起一条新的 LSP,由新的 LSP 来传送业务。在建立了新的 LSP 后,删除原 LSP。当同首节点的多条 LSP 同时进行重路由时,优先级高的 LSP 优先发起重路由,重路由成功的机会比低优先级的 LSP 要大。重路由优先级有三种类型:高、低和延时。其中"延时"的级别最低。

2.2.2.2　基于 SLA 的智能业务

ASON 网络可以根据客户需求的不同层次,提供不同服务等级的业务。

SLA 即服务等级协定,它是从智能业务的"保护"、"恢复"、"无保护不恢复"和"可抢占"的角度将智能业务分成五种级别,业务等级如表 2.6 所示。

表 2.6　业务等级

智能业务	保护和恢复策略	实现方式	倒换和重路由时间
钻石级业务	保护与恢复	SNCP 和重路由	倒换时间＜50 ms 重路由时间＜2 s
金级业务	保护与恢复	MSP 和重路由	倒换时间＜50 ms 重路由时间＜2 s
银级业务	恢复	重路由	重路由时间＜2 s
铜级业务	无保护不恢复	—	—
铁级业务	可抢占	MSP	—

1. 钻石级业务

钻石级业务指源宿节点之间有两条 LSP，并且具有 1＋1 保护属性的智能业务，每条路径都具有重路由能力，是保护能力最强的业务。

钻石级业务是 SDH 的 SNCP 技术与 LSP 的结合。它在源节点和宿节点之间同时建立起两条 LSP，这两条 LSP 的路由尽量分离，一条称为主 LSP，另一条称为备 LSP。源节点和宿节点同时向主 LSP 和备 LSP 发送相同的业务，宿节点在主 LSP 正常的情况下，从主 LSP 接收业务；当主 LSP 失效后，从备 LSP 接收业务。

2. 金级业务

金级业务建立在复用段保护工作链路上，首先提供 SDH 的 1：1 MSP 保护，同时具有重路由能力。当前的 ASON 网络中不常用。

创建金级业务通常使用 TE 链路的工作资源，如果部分链路无工作链路，也可以使用无保护链路资源，此时的金级业务也称为"降级金级业务"。金级业务经过的复用段环或者链第一次断纤时，启动复用段保护倒换实现业务保护；如果复用保护段倒换失效，或复用段保护倒换后再次中断时，再触发重路由进行业务恢复。

金级智能业务建立在复用段保护工作链路上，首先提供 SDH 的 1：1MSP 保护，同时具有重路由能力。创建金级业务时，优先使用 TE 链路工作资源；如果 TE 链路工作资源不足，可以用 TE 链路无保护资源创建金级业务。建议创建金级业务之前，确保网络中有足够的工作资源。

3. 银级业务

银级业务也叫重路由业务。如果银级业务的 LSP 失效，源节点将周期性地发起重路由，直至重路由成功。如果网络资源不足，仍然会造成业务中断。银级业务恢复时间为几百毫秒至数秒，是 ASON 网络中最主要的业务。

4. 铜级业务

铜级业务就是无保护业务，如果业务中断，它不会发起重路由。铜级业务应用很少，它与传统静态业务的区别在于：传统静态业务是通过网管下发命令来建立；铜级业务是网管下发请求，信令自动建立，同时它还具有智能业务的一些特征。铜级业务应用很少，一般适用于配置临时业务。

5. 铁级业务

铁级业务又叫可抢占业务，是额外业务，可以被抢占，无保护能力，应用极少。铁级业务使用 TE 链路的保护资源。如果 LSP 失效，业务中断不会发起重路由。

当铁级业务使用 TE 链路保护资源时，如果发生复用段倒换，铁级业务将被抢占，业务中断。当复用段恢复后，铁级业务将随之恢复。铁级业务中断、被抢占和恢复的时候，都将上报网管。

2.3　MSTP 网络

由于传统的 SDH 技术主要为话音业务传送设计，虽然也可以传输几乎所有的数据格式（IP、ATM），但存在传送突发数据业务效率低下、保护带宽至少占用 50% 的资源、传输通道不能共享等问题，导致资源利用率低。对于 SDH 技术的未来走向，业界有两种声音：一是 SDH 技术需要不断增强和完善，以确定其作为下一代网络架构基础的地位；二是 IP 网络架构才是通信的未来，简化或放弃 SDH 网络架构才是明智之举。

多业务传送平台（MSTP）是为下一代 SDH 技术应运而生的。MSTP 技术就是依托 SDH 技术平台，进行数据和其他新型业务的功能扩展，并对网络业务支撑层加以改造，以适应多业务应用，实现对二层、三层的数据智能支持。MSTP 构建统一的城域多业务传送网，将传统话音、专线、视频、数据、IP 电话（Voice over Internet protocol，VoIP）和互联网电视（Internet Protocol Television，IPTV）等业务在接入层分类收敛，并统一送到骨干层对应的业务网络中集中处理，从而实现所有业务的统一接入、统一管理、统一维护，提高了端到端电路的 QoS 能力。

2.3.1　网络技术基础

2.3.1.1　以太网技术原理

以太网这个术语起源于 1982 年数字设备公司、英特尔公司和 Xerox 公司联合公布的一个标准，是当今 TCP/IP 采用的主要局域网技术。它采用一种称作带冲突检测的载波监听多路访问（Carrier Sense Multiple Access with Collision Detection，CSMA/CD）的媒体接入方法。

以太网可以分为标准以太网（10 Mb/s）、快速以太网 FE（100 Mb/s）、千兆以太网 GE（1000 Mb/s）、万兆以太网 10 GE（10000 Gb/s）4 种类型。随着 Internet 的不断发展，一些传统的网络设备，比如路由器，其间的带宽已经不能满足需求，需要更高、更有效率的互联技术来连接这些网络设备构成 Internet 的骨干，Gb/s 以太网成了首选的技术。传统的百兆以太网也可以应用在这些场合，因为这些 100 Mb/s 的快速以太网链路可以经过聚合形成快速以太网通道，速度可以达到 100 Mb/s～1000 Mb/s 的范围。

以太网的物理介质通常有网线和光纤两种类型，根据使用的介质不同，传输距离和带宽也有所不同。表 2.7 为百兆以太网的物理介质类型。

100Base - T4 采用三类非屏蔽双绞线时，信号频率是 25 MHz，只比标准以太网信号 20 MHz 的频率快 25%。为了达到 100 Mb/s 的速率，100Base - T4 必须使用 4 对双绞线。

对于采用五类双绞线的 100Base - TX，其时钟频率高达 125 MHz，只需使用 2 对双绞线。100Base - TX 和 100Base - T4 可以统称为 100Base - T。

100Base-FX 采用两根光纤，一收一发，两个方向都是 100 Mb/s 的速率，传输距离可达 2 km（多模光纤）和 15 km（单模光纤）。

表 2.7　百兆以太网的物理介质类型

类型	物理介质	传输距离
100Base－T4	4 对三类或五类非屏蔽双绞线	100 m
100Base－TX	2 对五类非屏蔽双绞线	100 m
100Base－FX	多模光纤	550 m～2 km
	单模光纤	2～15 km

1. 以太网工作机理

以太网的工作机理为 CSMA/CD。CSMA/CD 是以太网中使用的介质访问协议，其中，"多路访问"的意思是多个设备都可以访问同一网络，"载波监听"实际上是指以太网采用基带传输，并没有载波信号。以太网中的载波只是表示网络中的业务信号，以太网可以感知共享介质中是否有信号在传输，如果网络中有设备正在发送数据，其他设备必须等待一段时间，直至共享介质空闲时才可以发送数据。

当两个设备都检测到共享介质空闲而同时决定发送数据时，此时双方数据包碰撞，导致冲突，并使双方数据包都受到损坏。发送设备检测到冲突后，发生冲突的发送设备都知道它们需要重新传送数据。重新传送数据的等待时间是由一种随机算法得出的，基于 CSMA/CD 算法的限制，标准以太网帧帧长不应小于 64 个字节，这是由最大传输距离和冲突检测的工作机制所决定的。

2. 以太网端口技术

以华为传输设备为例，以太网端口可分为外部端口和内部端口两种类型。外部端口就是物理端口，与物理介质相连接，类型可以分为 10/100Mb/s、GE、10GE 等。内部端口为逻辑端口，称为 VC Trunk，相当于以太网单板内部的带宽通道。一个物理端口可以对应多个 VC Trunk，一个 VC Trunk 也可以对应多个物理端口。

以太网端口可以被设置为不同的属性，不同属性设置对于处理客户侧信号的结果影响是不同的。一般端口的属性有 3 种，分别是 Tag aware、Access 和 Hybrid，3 种端口对数据包的处理如表 2.8 所示。

表 2.8　3 种端口对数据包的处理

端口	数据包	
	带 VLAN	不带 VLAN
Tag aware（入）	透传	丢弃
Tag aware（出）	透传	—
Access（入）	丢弃	添加默认 VLAN ID
Access（出）	剥离 VLAN ID	—
Hybrid（入）	透传	添加默认 VLAN ID
Hybrid（出）	如果 VLAN ID 相同，则剥离 VLAN ID，反之则透传	—

①Tag aware：端口设置成 Tag aware 后，该端口可对带有虚拟局域网 ID 号（VLAN ID）的信号包进行透传；如果信号不带 VLAN ID，则被丢弃；

②Access:端口设置成 Access 后,该端口会把端口的虚拟局域网 ID 号(Port-base Vlan ID,PV ID)加到不带 VLAN ID 的信号包上;如果信号本身带有 VLAN ID,则被丢弃;

③Hybrid:端口设置成 Hybrid 后,该端口会把默认的 VLAN ID 加到不带 VLAN ID 的信号包上;如果该信号带有 VLAN ID,则透传。

3. 二层交换工作原理

二层交换相当于在以太网单板内部实现交换机的功能,可以让用户通过虚拟线路并行通信,并使网络段处于无冲突的环境。交换机的工作过程分为 3 个步骤:接收数据并缓冲→缓冲发送的数据→利用总线完成接口交换。

(1)基于端口的学习

每一台交换机都有一个介质访问控制(Media Access Control,MAC)表,这个表决定交换机的转发过程。在最初的时候,交换 MAC 表是空的,当交换机接收到第一个数据帧的时候,查找 MAC 表失败,于是向所有端口(不包括源端口)转发该数据帧。在转发数据帧的同时,交换机把接收到的数据帧的源 MAC 地址和接收端口进行关联,形成一项记录填写到 MAC 表中,这个过程就是学习的过程。

(2)基于宿端口的转发

交换机转发以太网报文的方式为基于宿端口的转发,交换机接收到数据帧后,根据目的地址查询 MAC 地址表,找到出口后,把数据包从该出口整体发送出去。

2.3.1.2　VLAN 技术

VLAN 是一种在交换局域网的基础上,采用网络管理软件构建的可跨越不同网段、不同网络的端到端的逻辑网络,逻辑上把网络资源和网络用户按照一定的原则进行划分,把一个物理的局域网(Local Area Network,LAN)在逻辑上划分成多个广播域(即多个 VLAN)。VLAN 内的主机间可以直接通信,而 VLAN 间不能直接互通,可以有效地控制广播报文。

由于 VLAN 是从逻辑上划分的,而不是从物理上划分的,所以同一个 VLAN 内的各个工作站没有限制在同一个物理范围中,即这些工作站可以在不同的物理 LAN 网段。由 VLAN 的特点可知,一个 VLAN 内部的广播和单播流量都不会转发到其他 VLAN 中,从而有助于控制流量,减少设备投资,简化网络管理,提高网络的安全性。

1. VLAN 帧格式

为实现 VLAN 功能,IEEE 802.1q 协议定义了包含 VLAN 信息的以太网帧格式。VLAN 帧比普通以太网帧增加了 4 个字节的 802.1q 帧头,VLAN 帧格式如图 2.29 所示。

DA 和 SA 分别表示目的地址(Destination Address)和源地址(Source Address)。Type/Length 表示该以太网帧的类型,当该段帧长大于 1500 字节时,该以太网类型为以太网Ⅱ型,当该段帧长小于等于 1500 字节时,该以太网类型为 IEEE 802.3。Data 表示净荷,长度为 46~1500字节。FCS 表示帧检测序列(Frame Check Sequence)。

4 字节的 802.1q 帧头被分成标签协议标识(Tag Protocol Identifier,TPID)和标签控制信息(Tag Control Information,TCI),TCI 又分为优先级(Priority,Pri)、标准格式指示位(Canonical Format Indicator,CFI)和 VLAN ID(VLAN Identifier)。TPID 是一个 2 字节的字段,用来标识以太网帧是 Tagged Frame。TPID 字段值固定为 0x8100。无法识别 VLAN 帧的网络设备收到该帧后,就会直接丢弃该帧。Pri 用来标识以太网帧的优先级,利用该字段可以提供一定的服务质量要求,其优先级范围为 0~7。CFI 是一个 1 位的字段,用在一些环形结构

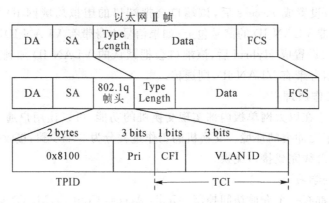

图 2.29　VLAN 帧格式

的物理介质网络中，在以太网中该字段不做处理。VLAN ID 是一个 12 位的字段，表示该数据帧所属的 VLAN 由于受字段长度限制，VLAN ID 取值范围为 1～4095。

2. VLAN 的划分

（1）基于端口划分

基于端口的 VLAN 划分如图 2.30 所示，是最常用的划分方式。顾名思义，该方式是根据以太网交换机的端口来划分的。这种划分方法的优点是定义 VLAN 成员时非常简单，只需要对所有端口指定 VLAN 即可。它的缺点也很明显，如果用户离开了原来的端口，到了一个新的交换机的某个端口，那么就必须重新定义新端口的 VLAN ID。

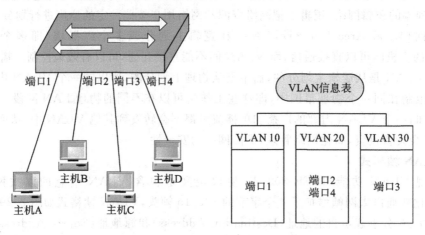

图 2.30　基于端口的 VLAN 划分

（2）基于 MAC 地址划分

基于 MAC 地址的 VLAN 划分如图 2.31 所示。基于 MAC 地址的划分方法是根据每个主机的 MAC 地址来划分的，即对每个 MAC 地址的主机都配置它属于哪个 VLAN 域。这种划分 VLAN 方法的最大优点就是当用户物理位置移动时，即从一个交换机移动到其他交换机时，不需要重新配置 VLAN。但是这种方法也存在缺点，例如初始化设备时，所有用户都必须重新进行配置，如果有几百个甚至上千个用户，配置量是很大的。而且这种划分方法也可能导致交换机执行效率的降低，因为在每一个交换机的端口都可能存在很多个 VLAN 组的成员，这样就无法限制广播包了。

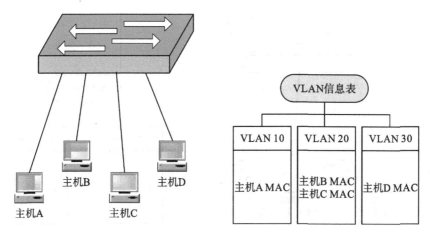

图 2.31　基于 MAC 地址的 VLAN 划分

（3）基于协议划分

基于协议的 VLAN 划分如图 2.32 所示。基于三层协议的划分方法是基于协议的 VLAN 通过识别报文的协议类型和封装格式进行 VLAN 划分的，如 IP、互联网络数据包交换（Internet work Packet Exchange，IPX）、Apple Talk 协议族，及以太网Ⅱ、802.3、802.3/802.2 LLC、802.3/802.2 SNAP 等封装格式。这种实现方式的优缺点与上述实现方式类似，但是效率不高。

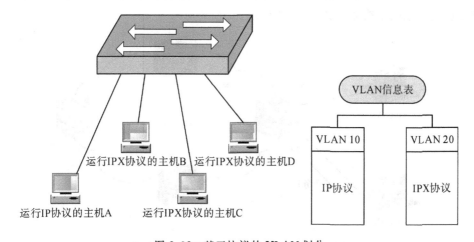

图 2.32　基于协议的 VLAN 划分

（4）基于子网划分

基于子网的 VLAN 划分如图 2.33 所示。这种划分 VLAN 的方法是根据每个主机的网络层地址划分的，比如 IP 地址，与网络层的路由毫无关系。这种方法的优点是，如果用户的物理位置改变了，不需要重新配置所属的 VLAN；还有，它不需要附加的帧标签来识别 VLAN，这样可以减少网络的通信量。这种方法的缺点是效率低，因为检查每一个数据包的网络层地址是需要消耗处理时间的，一般的交换机芯片都可以自动检查网络上的数据包的以太网帧头，但要让芯片能检查 IP 帧头需要更高的技术，同时更费时。

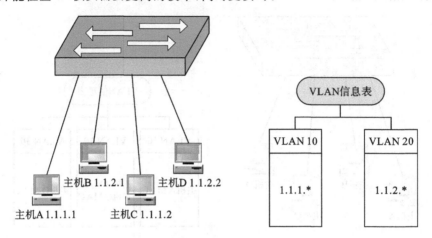

图 2.33　基于子网的 VLAN 划分

3. VLAN 的应用

VLAN 的应用场景主要有 3 种，分别是基于点到点透明传输的专线业务、基于 VLAN 的专线业务以及点到多点的基于 802.1q 网桥的专网业务。

（1）基于点到点透明传输的专线业务

点到点透明传输是专线业务量基本的传输方式，它不需要进行业务带宽共享，也不对传输的业务进行隔离和区分，而是直接对两个业务接入点间的所有以太网业务进行透明传送。基于点到点透明传输的专线业务如图 2.34 所示。

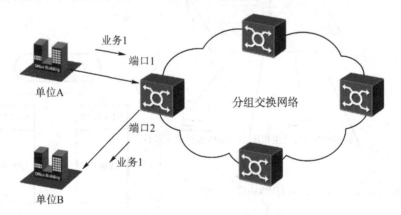

图 2.34　基于点到点透明传输的专线业务

单位 A 和单位 B 位于同一个城市，它们之间需要进行相互通信，未携带 VLAN ID 或携带未知 VLAN ID 的以太网业务 1 通过端口 1 接入设备，端口 1 直接将业务 1 透明传送到端口 2，端口 2 再将业务 1 传输到单位 B。

（2）基于 VLAN 的专线业务

在专线业务中，可以通过 VLAN 进行业务隔离，从而实现多条 E-Line 业务共享物理通道，这样的业务称为基于 VLAN 的专线业务。基于 VLAN 的专线业务如图 2.35 所示。

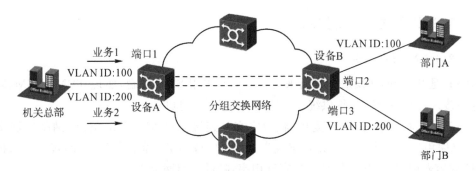

图 2.35　基于 VLAN 的专线业务

图 2.35 所示示例将实现机关总部分别与其下属部门 A 和部门 B 进行通信,携带不同 VLAN ID 的以太网业务 1(VLAN ID:100)和业务 2(VLAN ID:200),接入设备 A 到设备 B 的传输过程中共享传输通道,并通过 VLAN 进行业务隔离。设备 B 收到业务后分别将业务传送到对应的端口(端口 2 的 VLAN ID 为 100,端口 3 的 VLAN ID 为 200)。

(3)基于 802.1q 网桥的专网业务

在专网业务中,通过 VLAN 进行业务隔离,可以将一个网桥划分成若干个相互隔离的子交换域,这样的业务就是基于 802.1q 网桥的专网业务。基于 802.1q 网桥的专网业务如图 2.36 所示。

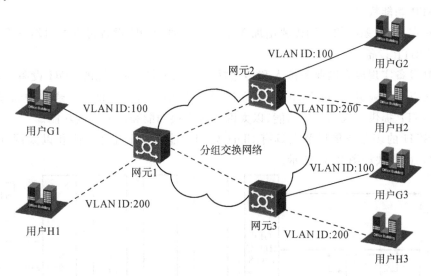

图 2.36　基于 802.1q 网桥的专网业务

图 2.36 中用户 G1 分别与用户 G2 和用户 G3 进行通信,用户 H1 分别与用户 H2 和用户 H3 进行通信。传输网络需要承载由网元 2 和网元 3 接入的 G 和 H 两种业务,两种业务在节点网元 1 实现汇聚和交互。G 和 H 两种业务采用了不同的 VLAN 规划,因此在各网元采用 802.1q 网桥,按 VLAN 划分子交换域,对两种业务实现区分和隔离。

2.3.2 MSTP 原理与关键技术

2.3.2.1 MSTP 原理

MSTP 是基于 SDH 发展演变而来的。MSTP 采用 SDH 平台，实现 TDM、ATM、以太网等业务的接入、处理和传送，提供统一网管的多业务节点接口。

MSTP 可以将传统的 SDH 复用器、数字交叉连接器（DXC）、TM 终端、网络二层交换机和 IP 边缘路由器等多个独立的设备集成为一个传输或网络设备的处理单元，优化了数据业务对 SDH 虚容器的映射，从而提高了带宽利用率，降低了组网成本。

MSTP 的关键点是除应具有标准 SDH 传送节点所具有的功能外，在原 SDH 上增加了多业务处理能力，其具有以下主要功能特征。

支持多种业务接口：支持话音、数据、视频等多种业务，提供丰富的业务（TDM、ATM 和以太网业务等）接入接口，将业务映射到 SDH 虚容器的指配功能，并能通过更换接口模块，灵活适应业务的发展变化。

带宽利用率高：具有以太网和 ATM 业务的点到点透明传输和二层交换能力，支持带宽统计复用，传输链路的带宽可配，带宽利用率高。

组网能力强：支持链、环（相交环、相切环），甚至无线网络的组网方式，具有很强的组网能力。

1. MSTP 功能模型

以太网在 SDH 系统的应用需要增加 MSTP 的特性，SDH 设备可以通过增加数据处理单板升级为 MSTP 设备。

MSTP 设备实现以太网业务接入和传送功能的原理是：在传统的 SDH 设备上增加以太网接口接入以太网业务，经过 MAC 处理后进行封装，然后在指定的 VC 通道中通过 SDH 线路传输。MSTP 提供以太网透传功能、以太网二层交换功能和以太环网功能。

基于 SDH 的多业务传送节点具有 SDH 处理功能、PDH 处理功能和以太网/IP 处理功能，其基本功能模块如图 2.37 所示。

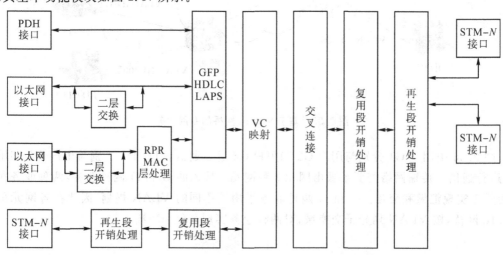

图 2.37 基于 SDH 的多业务传送节点基本功能模块

从图中可见,MSTP 设备是由多业务处理模块(含 ATM 处理模块、以太网处理模块等)和 SDH 设备构成的。多业务处理模块端口分为用户端口和系统端口,用户端口和 SDH 接口、ATM 接口、以太网接口连接,系统端口与 SDH 设备的内部电接口连接。下面以以太网处理模块为例进行说明。

以太网信号的处理过程对应到具体设备上,显示的主要功能模块有以太网接口模块、业务处理模块、封装/映射模块和接口转换模块。图 2.38 是某厂家以太网单板的功能结构图。

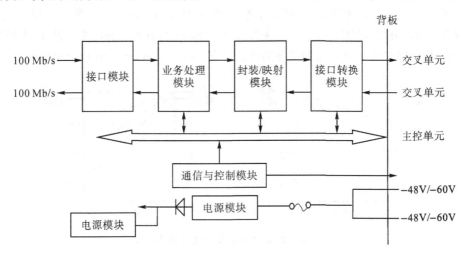

图 2.38　以太网单板的功能结构图

发送方向:将交叉单元送来的信号经接口映射模块送往封装/映射模块进行解映射和解封装。业务处理模块根据设备所处的级别确定路由。完成帧定界、添加前导码、计算循环冗余校验码(Cyclic Redundancy Check,CRC)和以太网性能统计等功能。最后经过接口模块进行并/串变换和编码由以太网接口送出。

接收方向:接口模块接入外部以太网设备(如以太网交换机、路由器等)送来的信号,进行解码和串/并转换。然后进入业务处理模块,进行帧定界、剥离前导码、终结 CRC 校验码和以太网性能统计等功能。在封装模块完成以太网帧的封装,然后送往映射模块进行映射,最后经接口转换模块送入交叉单元。

通信与控制模块:通信与控制模块主要实现单板的通信、控制和业务配置功能。

电源模块:电源模块为单板的所有模块提供所需的直流电压。

2. 各种业务在 MSTP 上的传送

(1)PDH/SDH 业务在 MSTP 上传送

MSTP 的用户端口提供了标准的 PDH 和 SDH 接口,支持 VC-12/3/4 级别的连续级联与虚级联。对从 PDH 接口输入到用户端口的 PDH 各等级信号可通过系统端口直接进行映射复用定位和加开销处理,最终形成 STM-N 帧结构,以线路信号发送出去。对从 SDH 接口输入到用户端口的 SDH 各等级信号,进行去复用段开销和再生段开销处理后,通过系统端口映射至 VC 虚容器中,再经过 VC-n 交叉连接,加入复用段开销和再生段开销,最终形成 STM-N 的帧结构以线路信号发送出去。

（2）以太网业务在 MSTP 上传送

以太网处于 OSI 模型的物理层和数据链路层,遵从网络底层协议。以太网业务是指在 OSI 第二层采用以太网技术来实现数据传送的各种业务。

MSTP 对 SDH 设备的改造主要体现在对以太网业务的支持上。就以太网业务在 MSTP 上的传送实现过程来看,以太网处理模块能提供以太网点到点透传功能、支持以太网二层交换功能,并且可实现多个用户端口业务占用一个系统端口带宽的共享和多个系统端口业务占用一个用户端口带宽的汇聚功能,以太网多业务处理模块的端口如图 2.39 所示。以太网处理模块不仅融合了弹性分组环(RPR)技术,还在以太网和 SDH 间引入智能的中间适配层 RPR 和多协议标签交换(MPLS)来处理以太网业务的按需带宽(Bandwidth on Demand,BoD)和 QoS 要求。

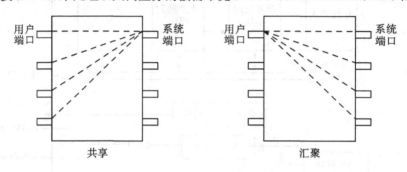

图 2.39　以太网多业务处理模块的端口

以太网的透传方式是指以太网接口的信号不经过二层交换,直接映射进 SDH 的 VC 虚容器中,再通过 SDH 设备实现点对点传输;以太网的二层交换方式则是在用户侧的以太网数据通过以太网端口进入,经过业务处理,选择在进入 VC 映射之前进行二层交换、环路控制,再通过 PPP/LAPS/GFP 协议封装、映射至 SDH 的 VC 中,并经过 VC-n 交叉连接,再加入复用段开销和再生段开销,最终形成 STM - N 的帧结构以线路信号发送出去。

3. ATM 业务在 MSTP 上传送

对于 ATM 接口,在映射入 VC 之前,MSTP 系统还能提供统计 ATM 复用功能和 VP、VC 交换功能。可对多个 ATM 业务流中的非空闲信元进行抽取,复用进一个 ATM 业务流,从而节约了 ATM 交换机的端口数,提高了 SDH 通道的利用率。对于宽带数据业务的映射,MSTP 还应该支持低阶和高阶 VC 级联功能,包括相邻级联和虚级联。

2.3.2.2　MSTP 关键技术

1. 封装技术

对于以太网承载,应满足透明性,映射封装过程应支持带宽可配置。我国行业标准中规定以太网数据帧的封装方式可以选用以下三种技术:

一是通过点到点协议(Point to Point Protocol,PPP)转换成 HDLC 帧结构,再映射到 SDH 的 VC 中;二是 SDH 链路接入规程(Link Access Procedure for SDH,LAPS)将数据包转换成 LAPS 帧结构映射到 SDH 的 VC 中;三是通过通用成帧规程(Generic Frame Procedure,GFP)协议进行封装。其中 PPP 和 LAPS 封装帧定位效率不高,而 GFP 封装采用高效的帧定位方法是以太网帧向 SDH 帧映射的比较理想的方法。

GFP 封装协议可透明地将上层的各种数据信号封装映射到 SDH/OTN 等物理层通道中

传输。对以太网业务帧的处理是在每个以太网帧结构上增加 GFP-Header(8 bit)，用以标识以太网帧的长度和类型，用 GFP 空闲帧(4 bit)填充帧间的空隙。

　　GFP 协议帧可以分成业务帧和控制帧两类。业务帧又分为业务数据帧(Client Data Frame,CDF)和业务管理帧(Client Management Frame,CMF)，CDF 用来传输业务数据，CMF 用来传输跟业务信号和连接管理有关的信息。当没有数据包时，GFP 插入空闲帧，空闲帧是一种特殊的控制帧。GFP 业务帧的帧结构如图 2.40 所示。

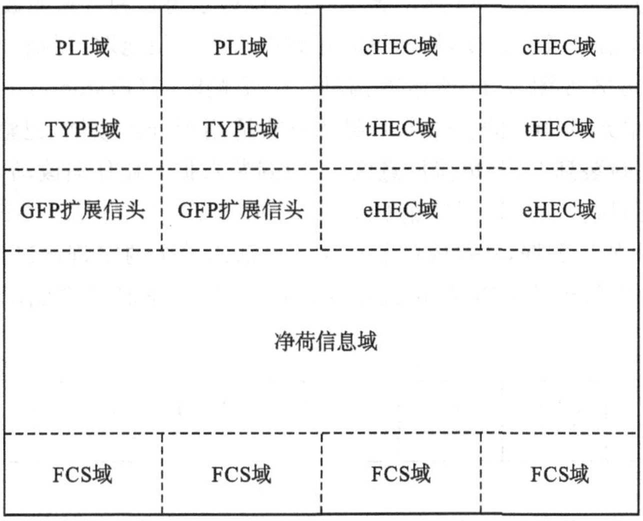

PLI域	PLI域	cHEC域	cHEC域
TYPE域	TYPE域	tHEC域	tHEC域
GFP扩展信头	GFP扩展信头	eHEC域	eHEC域
净荷信息域			
FCS域	FCS域	FCS域	FCS域

图 2.40　GFP 业务帧的帧结构

　　GFP 业务帧包含核心信头和净荷区两个区域。

　　GFP 的核心信头包括两个字节长度的净荷长度指示(Payload Length Indicator,PLI)域和两个字节长度的核心信头循环冗余校验(core Header Error Check,cHEC)域。PLI 表示 GFP 净荷区的大小，用于指示核心信头的最后一个字节到下一个帧的开头的偏移量。cHEC 域为 CRC-16 序列，用于帧头的检错和纠错。

　　GFP 净荷区分为净荷信头、净荷信息域和净荷帧校验序列三个区域。净荷信头包含类型(TYPE)域、类型信头差错检测(Type Header Error Check,tHEC)域和一个可选的扩展信头域。GFP 的净荷类型域为 2 个字节长，表示净荷信息的内容和格式。TYPE 域包括净荷类型指示符(Payload Type Indicator,PTI)、净荷 FCS 指示符(Payload FCS Indicator,PFI)、扩展信头指示符(Extension Header Indicator,EXI)和用户净荷指示符(User Payload Indicator,UPI)等四个指示符。PTI 长度为 3 bit，表示 GFP 业务帧的类型。PFI 长度为 1 bit，表示是否有净荷 FCS 域。EXI 长度为 4 bit，表示扩展信头的类型。UPI 长为 8 bit，表示净荷信息域中净荷的类型。tHEC 域长度为 2 个字节，为 CRC-16 序列，通过对类型信头计算来生成。净荷扩展信头是一个 0~60 字节的扩展域，用来支持面向技术的数据链路信头。扩展信头的类型由 TYPE 域中的 EXI 指定，目前定义了三种扩展信头，分别是空白扩展信头、线性扩展信头和环扩展信头。空白扩展信头就是没有信头扩展域，这是 GFP 帧的缺省设置。线性扩展信头的长度为 2 个字节，用于支持点到点配置中多个客户对 GFP 净荷的共享。线性扩展信头由一个 8 bit 的通道 ID(CID)域和一个预留的 8 bit 空白域组成。CID 可以标识 256 个 GFP 终端。

环扩展信头的建议长度是 18 字节,用于支持环形拓扑配置中多个客户对 GFP 净荷的共享。扩展信头差错检测(extension Header Error Check,eHEC)域长度为 2 个字节,是对扩展信头进行 CRC - 16 运算的结果。净荷信息域放置协议数据单元(Protocol Data Unit,PDU)。GFP 净荷区的长度在 0～65535 个字节内变化,净荷信息域的长度为净荷区除去净荷信头和净荷 FCS 域之后的大小。TYPE 域中 PFI 的值为 1 时净荷区包含净荷 FCS 域,净荷 FCS 域的长度为 4 个字节,是对净荷区 CRC - 32 运算的结果。GFP 采用基于差错控制的帧定界方式,利用 PLI 和 cHEC 来实现 PDU 的定界与同步,可用于定长和变长的数据分组。GFP 帧用 PLI 开销指明净负荷信息区的长度,从而可以在数据流中方便地取出封装好的 PDU。

GFP 封装映射方式如图 2.41 所示有两种。一是帧映射(Frame mapped GFP,GFP-F),它是面向协议数据单元(PDU)的。GFP-F 封装方式适用于分组数据,把整个分组数据(PPP、IP、RPR、以太网等)封装到 GFP 负荷信息区中,对封装数据不做任何改动,并根据需要来决定是否添加负荷区检测域。二是透明映射(Transparent GFP,GFP-T)。GFP-T 封装方式适用于采用 8B/10B 编码的块数据,从接收的数据块中提取出单个的字符,然后把它映射到固定长度的 GFP 帧中。映射得到的 GFP 帧可以立即进行发送,而不必等到此用户数据帧的剩余部分完成全部映射。

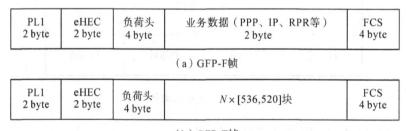

（a）GFP-F帧

（b）GFP-T帧

图 2.41 GFP 封装映射方式

GFP 适用于点到点、环形、全网状拓扑,无须特定的帧标识符,安全性高,可以在 GFP 帧里标示数据流的等级,可用于拥塞处理。具有通用、简单、灵活和高效等特点,标准化程度高,是目前正在广泛应用的、先进的数据封装协议。大多数厂商的 MSTP 产品都采用 GFP 封装方式。

2. 级联技术

SDH 是着眼于话音业务而设计的信息传送技术,适合于传送固定比特率的业务。然而,随着互联网业务的迅速发展,骨干网上出现了大量可变比特率和任意比特率的数据业务,这些业务和 SDH 净负荷的速率不匹配,致使 SDH 不能有效地进行传输。SDH 承载的最大容器是 VC - 4,容量是 150 Mb/s。当要传输的负荷大于单个 VC - 4 的容量时,就要将负荷按照字节交错方式映射入多个 VC - 4 的净负荷区中,再将多个 VC - 4 组成 STM - N 复帧传输。使用这种方式传输数据业务时,虽然可以保证数据的顺利传送,但缺点很多。首先数据业务在收发两端的拆装重组非常复杂,其次 STM - N 复帧中有 N 个 AU - 4 指针和 N 个 POH 开销,增加了管理和操作的复杂性,最后带宽利用率低。由于 STM - N 复帧以 4 为倍数对 STM - 1 进行复用,当负荷的速率刚刚比 STM - 1 大却远小于 STM - 4 时,带宽浪费非常严重。由于传统的 SDH 技术无法很好地传输数据业务,出现了新的适应数据业务传输的级联技术。

级联就是将多个虚容器联合起来创建承载业务的逻辑实体,合成容量仍保留比特序列的完整性,实质上是虚容器的联合过程。SDH 支持两种级联技术,分别是相邻级联和虚级联。相邻级联和虚级联都能在传输通道的终端提供数倍于容器 C-n 的带宽容量,两者的主要差别在于逻辑实体的传送方式不同。

(1)相邻级联技术

相邻级联技术要求所有级联容器在时隙上连续相邻排列,组成单一的逻辑传送实体在 SDH 网络中进行复用、交叉和传输。VC-4 的相邻级联记为 VC-4-Xc,其中 X 的值为 4、16、64 或 256。VC-4-Xc 帧结构的第 1 列作 POH,为整个 VC-4-Xc 作为单个文体在网络中传送提供支持功能。VC-4-Xc 帧结构的第 2 列至第 X 列规定为固定填充字节。根据 ITU-T G.707 建议,位于 AU-4 指针内的 H1 和 H2 字节主要用来指示 SDH 净负荷的起始位置,还可以为接收机提供相邻级联指示。

相邻级联的容器保留单一的通道开销沿相同的路径传输,数据的各部分之间不存在延迟差,信号传输质量高,同时避免复杂的信息拆装过程,实现起来相对简单,传输效率高。但是相邻级联方式的应用存在着一定的局限性,首先它要求传输通道的所有网络节点均须支持相邻级联方式,其次相邻级联技术提供的传输容量系列跨度大,提供不了较细的带宽颗粒度。

(2)虚级联技术

当前在 SDH 中广泛应用的多业务平台技术多采用虚级联方式来完成级联业务的传输。虚级联是一种逆向复用技术,以得到 ITU-T G.707 建议的规范定义。虚级联技术有利于资源的充分利用和负载均衡,能将多个物理流合并为单个逻辑流,实现传送层的链路汇聚。通常来说,虚级联需要执行发送和接收两个方向上的功能。在发送方向,终端设备将用户信号分装至若干个高阶或低阶虚容器中,使级联业务转化为可在现有网络设备上传输的虚级联业务。在接收方向,将线路上传过来的虚级联业务重新组装成级联业务,获取原始的用户信号。虚级联允许任意数目时隙上不相邻的 VC-n 级联。虚级联用符号 VC-n-Xv 表示,式中 X 表示级联的虚容器的数目。对于 VC-3 和 VC-4X 的取值范围是 1~256,而对于 VC-12X 的取值范围是 1~64。虚级联是将多个 VC 捆绑在一起作为一个虚级联组(Virtual Concatenation Group,VCG)形成逻辑链路。VCG 中每一个 VC-n 都有完整的帧结构。对 VC-4 的虚级联和对 VC-3 的虚级联利用 POH 中的 H4 作为复帧指示和序列号,对 VC-12 的虚级联利用 K4 字节进行控制。虚级联最大的优点是可以为数据业务提供大小合适的带宽通道,避免了带宽的浪费。每个虚级联的虚容器在网络上的传播路径是各自独立的,这样当物理链路有一个路径出现中断,不会影响从其他路径传输的虚容器。

虚级联在技术上首先要考虑的问题是延迟。VCG 中每个虚容器在网络中独立传送,这就导致各成员虚容器到达接收端时存在传播延迟差,在极端情况下,甚至可能出现序列号偏后的虚容器比序列号偏前的虚容器先到达接收端,这对信号的还原带来了困难。为正确提取原始用户信号,接收端必须对收到的虚级联信号进行同步对其处理,这是虚级联功能硬件实现过程的重点和难点,目前的解决途径是利用容量足够大的延迟补偿存储器缓存数据并实施序列重排。序列重排处理必须至少允许 125 μs 的时延差。为使各成员虚容器之间的时延差最小,应尽量让它们沿相同的网络路由传输。如果能保证延迟差获得补偿,也允许各成员虚容器在网络中通过不同的路由传输。复帧指示符(Multiple Frame Indicator,MFI)与序列号(Sequence,SQ)是接收端对各成员虚容器进行序列重排以接入相邻净荷区的依据。这两种控制信息都由 SDH 帧结构中的通道开销字节承载。

　　MFI 是复帧计数器，SDH 每发送一帧其值就会跟着增加 1。MFI 主要用来确定同一 VCG 成员的延迟差。在进入 SDH 网络前，在同一时间点的各个 VC 具有相同的 MFI 值，但当各个 VC 在通过 SDH 网络时，虚级联中的每个 VC 都是独立通过网络。由于每个 VC 通过网络时的不同时延，在各个 VC 间必然产生时延差，因此，接收端各个 VC 在同一时间点的 MFI 值通常情况下并不相同。为了能将发送端间插在各个 VC 中的字节按正确的顺序恢复出来，必须将各个 VC 重新排列对齐，MFI 值正是在接收端正确排列 VC 的依据。125 μs 的 VC-4 帧只允许处理 62.5 μs 的时延差，复帧指示 MFI 分为两级，共 12 bit。第一级复帧指示在所有的 VC-4 的 H4 字节的 5～8 bit 传送，复帧指示的编号为 0～15。第一级复帧共 16 帧，其处理时延差的能力可达 1 ms。当第一级复帧指示值为 0 和 1 时，H4 字节中的 1～4 bit 分别传送第二级复帧指示的高四位和低四位。总长 12 bit 的 MFI 能补偿 256 ms 的传输时延差。MFI 在 VC-3 和 VC-4 复帧结构中的安排如表 2.9 所示。

表 2.9　MFI 和 SQ 在 VC-3 和 VC-4 复帧结构中的安排

H4 字节								第一级复帧序列	第二级复帧序列
bit1	bit2	bit3	bit4	bit5	bit6	bit7	bit8		
第一级复帧指示 MFI1									
序列号 SQ(HSB)(bit1～bit4)				1	1	1	0	14	N-1
序列号 SQ(LSB)(bit5～bit8)				1	1	1	1	15	
第二级复帧指示 MFI2(HSB)				0	0	0	0	0	N
第二级复帧指示 MFI2(LSB)				0	0	0	1	1	
CTRL				0	0	1	0	2	
GID("000x")				0	0	1	1	3	
Reserved("0000")				0	1	0	0	4	
Reserved("0000")				0	1	0	1	5	
CRC-8				0	1	1	0	6	
CRC-8				0	1	1	1	7	
成员状态 MST				1	0	0	0	8	
成员状态 MST				1	0	0	1	9	
RS-Ack("000x")				1	0	1	0	10	
Reserved("0000")				1	0	1	1	11	
Reserved("0000")				1	1	0	0	12	
Reserved("0000")				1	1	0	1	13	
序列号 SQ(HSB)(bit1～bit4)				1	1	1	0	14	
序列号 SQ(LSB)(bit5～bit8)				1	1	1	1	15	
第二级复帧指示 MFI2(HSB)				0	0	0	0	0	N+1
第二级复帧指示 MFI2(LSB)				0	0	0	1	1	
CTRL				0	0	1	0	2	
GID("000x")				0	0	1	1	3	

SQ 是 VCG 中各成员虚容器的身份标识,每个成员在组内具有唯一的 SQ 号码。序列指示表示 VC-4-Xv 中的 VC-4 以什么样的顺序来组合成相邻的容器。以 VC-4 的虚级联为例。VC-4-Xv 中的每个 VC-4 具有一个唯一的序列号,其编号范围为 $0 \sim (X-1)$。传送 C-4-Xv 中第 1 个时隙的 VC-4 具有序列号 0,传送 C-4-Xv 中第 2 个时隙的 VC-4 具有序列号 1,依次类推,传送 C-4-Xv 中第 X 个时隙的 VC-4 具有序列号 $X-1$。序列号是固定指派的并且不可配置。有了序列号就允许不用寻迹即可检查 VC-4-Xv 的结构是否正确。总长 8 bit 的序列号可支持的 X 值达 256。用复帧中的第 14 帧的 H4 字节的 $1 \sim 4$ bit 传送 SQ 的高 4 位,用复帧中的第 15 帧的 H4 字节的 $1 \sim 4$ bit 传送 SQ 的低 4 位。SQ 在 VC-3 和 VC-4 复帧结构中的安排如表 2.9 所示。

对于低阶虚级联,控制信息则由低阶通道开销字节 K4 中 bit2 的 32 复帧来承载。K4 是 4 帧的复帧结构,重复周期为 500 μs,因此完成一组低阶虚级联控制信息的单向传送需要的时间为 16 ms。

对用户而言,虚级联技术有利于他们根据实际需求来选择合适的服务。对运营商而言,能够更灵活地利用传送网的资源,提高资源利用率。虚级联技术能够很好地解决传统 SDH 网络承载宽带业务时带宽利用率低的问题。虚级联能将任意数量的虚容器在逻辑上连接起来,构建容量适当的字节同步传送通道,以更有效地匹配业务速率,同时允许以更精细的增量调谐链路带宽。

采用相邻级联和虚级联两种方式承载业务的带宽效率的对比如表 2.10 所示。

表 2.10 采用相邻级联和虚级联两种方式承载业务的带宽效率对比

业务类型	比特率(Mb/s)	相邻级联(带宽效率)	虚级联(带宽效率)
以太网	10	VC-3(20%)	VC-12-5v(92%)
快速以太网	100	VC-4(67%)	VC-3-2v(100%)
吉比特以太网(GE)	1000	VC-4-16c(42%)	VC-4-7v(95%)
低速 ATM	25	VC-3(50%)	VC-12-12v(96%)
光纤通道(FC)	200	VC-4-4c(33%)	VC-3-4v(100%)
	1000	VC-4-16c(42%)	VC-4-7v(95%)
企业系统互连(ESCON)	200	VC-4-4c(33%)	VC-3-4v(100%)

虚级联技术还将增强 SDH 网络承载业务时带宽分配的灵活性。虚级联组中的各条成员链路可沿不同的路由独立进行网络传送,不苛求时隙相邻的传送带宽,也不存在虚容器碎片问题,允许更为有效地利用网络中零散可用的带宽。

良好的兼容性是虚级联技术得以应用的基本原因。虚级联对网络中间节点透明,即中间节点无需支持虚级联功能。采用虚级联方式传输,只需在接入业务的源宿端设备上添置支持虚级联的板卡,网络的其他部分均可保持不变,从而最大限度地保留运营商已有的网络投资,数据业务也可以在需要的地方快速展开。

3. 链路容量调整方案 LCAS

(1)链路容量调整方案(LCAS)协议

虚级联技术的优点固然很多,但是它也对 SDH 的健壮性带来冲击。假设参与虚级联的某个成员链路出现故障,这将意味着整个 VCG 都不可用。当各成员虚容器通过不同的传输路径承载时，发生 VCG 不可用的概率会成倍增长。

在实际应用中，用户的带宽需求往往是随着时间的推移而改变的。虚级联并不能为网络提供动态带宽分配的能力，用户带宽仍是基于峰值速率分配的，即在给定时间内是固定的。也就是说传输管道容量的调整是静态进行的，原有的业务将会被中断甚至丢失。对于具有多种服务等级协定的网络而言，链路带宽的可动态调整能力是不可或缺的。

链路容量调整方案（Link Capacity Adjustment Scheme，LCAS）技术是由美国朗讯公司提出的可变带宽分配技术发展而来，目前已经形成 ITU-T G.7042 建议。LCAS 是对虚级联技术的补充，允许无损伤地调整传送网中虚级联信号的链路容量，而且链路调整时不中断现有业务或预留带宽资源，是一种收发双方握手的传送层信令协议。LCAS 的实施是以虚级联技术的应用为前提，能够实现在现有带宽基础上动态地增减带宽容量。LCAS 还能增强虚级联业务的健壮性，提高业务的传输质量；可根据业务要求，通过网管调整链路带宽，并保证带宽变化时数据传输的连续性；可以通过网管的控制增减虚级联组（VCG）中 VC 的数量而不影响业务，实现在线增加或者减少带宽。可以自动地去掉 VCG 中出现故障的 VC 通道。VCG 中部分 VC 成员失效时可以通过自动去掉失效成员并降低 VCG 带宽，使其他成员仍能传输数据。

LCAS 是位于虚级联信号通道终端设备的功能，收发双方相互交换信令信息以确定级联信道的数量与状态。LCAS 控制分组负责描述通道状态并控制收发两端的动作，以保证网络发生变化时收发双方能及时响应并保持同步。每个控制分组都是描述下一控制分组持续期间的链路状态，容量变化信息事先送出，以便接收机可尽快倒换到新的配置状态。为了保证时序关系一致，LCAS 控制分组应在接收机完成差分延迟补偿后进行处理。

LCAS 控制分组和虚级联控制信息都由 SDH 帧结构中同一开销字节携带。LCAS 是一种带内信令机制，其控制分组中各域的意义和用途如下。

①复帧标识符域（MFI）域。在发送端，VCG 所有成员的 MFI 在同一个时间点均相同，并且逐帧增加。在接收端，MFI 用来重排 VCG 中所有成员的净荷。

②序列号（SQ）域。SQ 用于标识成员在 VCG 中所处位置的序列号码。VCG 中各成员被分配唯一的序列号，从 0 开始赋值。控制域状态为 IDLE 的成员的 SQ 值没有实际意义。从当前 VCG 中删除的成员的 SQ 应被分配比 EOS 的成员具有的最高序列号码更大的数值。

③控制域（Control，CTRL）。CTRL 域用来传递从发送端到接收端的信息，实现收发两端的同步，并提供 VCG 中各成员的状态。LCAS 控制域如表 2.11 所示。在 VCG 发送端初始化时，所有成员都应发送 CTRL＝IDLE，直到被添加至 VCG 中为止。

表 2.11　LCAS 控制域

数值	指令	注释
0000	FIXED	指示终端采用固定的带宽（非 LCAS 模式）
0001	ADD	该成员即将添加到 VCG 中
0010	NORM	处于正常传输状态
0011	EOS	序列指示的结尾且处于正常传输状态
0101	IDLE	该成员不属于 VCG，或者即将从中删除
1111	DNU	净荷不可用，接收端报告失效状态

④组标识符(Group ID,GID)。GID 被用作 VCG 的标识符。所有 VCG 成员的相同的 MFI 复帧中,GID 的比特位的数值是相同的。GID 为接收机提供验证信息,用于验证所有到达的成员通道是否来自同一发送端。GID 的内容是伪随机的,但接收机不需与输入流同步,采用的伪随机图案有 $2^{15}-1$ 种。控制域状态为 IDLE 的成员的 GID 无效。

⑤CRC 域。为简化虚级联开销中变化的确认,采用 CRC 来保护各个控制分组。CRC 校验是在每个控制分组被接收后进行。若校验失败,信息内容将被丢弃。如果控制分组通过 CRC 校验,将会立即使用该内容。

⑥成员状态(Member Status,MST)域。用于承载接收端传送至发送端的同一 VCG 中所有成员的状态信息(OK=0,FAIL=1)。每个成员占用一个状态比特位。VCG 初始化时,所有成员将报告 MST=FAIL,所有未使用 MST 将被置为 FAIL。当接收到控制域状态为 ADD、NORM 或者成员被添加后状态为 EOS 的控制分组时,MST 状态就转变至 OK。

⑦重新排序确认比特(Re-sequence Acknowledgment,RS-ACK)。接收端检测到任何有关成员序列号码的变化后,就通过反转 RS-ACK 比特以 VCG 为单位报告给发送端。RS-ACK 比特的反转只有在所有 VCG 成员状态均被评估且序列号已有变化后方可发生。RS-ACK 比特的触发会证实前述的复帧的正确性。该反转过程可以作为发送端的指示,表明发送端发起的序号变化已被接受和完成,并准备接受新的 MST 信息。

(2)带宽调整过程

虚级联功能的实现相对比较简单,主要是成员虚容器 MFI 和 SQ 的传送。而 LCAS 中更多的是要实现双向通信的控制信息的传送。LCAS 的操作是单向的,这意味着要双向增加或减少 VCG 成员数目,该操作进程在相反方向也必须进行,两个方向的操作是相互独立的,并不要求同步,这在多个厂家 MSTP 产品互通方面应引起高度重视。

①利用 LCAS 增加多个 VC 成员。系统新增一个成员时,应该给新增成员分配一个比当前 CTRL 状态为 EOS 的成员的最高序列号码大 1 的序列号;新增多个成员时,必须给每个新成员分配全局唯一的序列号,以便每一个请求加入的成员均有唯一的 MST 响应。接收端收到 ADD 命令后,最先响应 MST=OK 的成员应该分配给下一个最高序列号,同时应把该成员的 CTRL 状态改为 EOS。当 CTRL=ADD 时,新增成员通道将不断地送出发起新成员的 CTRL=ADD 信息,直到接收到 MST=OK 为止。

当新增的成员不止一个,而且发送端同时收到多个成员 MST=OK 的信息时,序列号码的分配是任意的,顺序选取当前最高序列号之后的数值。新增成员中有一个被分配最高序列号,其对应的控制域 CTRL=EOS,原先的最高序列号成员和其他新增成员的 CTRL 域都设置为 NORM。

成员增加的过程中必须进行连通性检测,包括对控制分组的 CRC 校验、新增成员通道相对原有成员通道的传输延迟是否在允许的范围内、新增成员通道的误码率是否在可接受的程度内,接收端可用的容量等。只有在连通性检测成功后,接收端才向新成员通道发送 MST=OK 信息,并将相对应的控制分组 CTRL 域设置为 NORM 或 EOS。接收端收到 CTRL=NORM 命令后,开始在该成员通道上接收用户数据并执行信息的重组,同时向发送端送出 RS-ACK 反转的控制分组。发送端接收到 RS-ACK 反转的控制信号后,即认为成员增加的操作完成。

②利用 LCAS 减少多个非最高序列号 VC 成员。网管向 LCAS 控制器发布 Decrease 指

令,被删除的 VC 成员向目的端发送 CTRL＝IDLE,目的端收到该控制指令后立即将该成员从 VCG 中删除,被删除的成员发送 MST＝FAIL,接着 RS-ACK 比特反转。

VCG 的 SQ 将重新分配。所有处于空闲状态的成员,SQ 的值要比组中正在使用的成员的最高序列号要大。VCG 中有成员被删除时,其他成员的序列号也将被重新配置。

③删除最高序列号成员。删除最高序列号成员的过程与上述删除非最高序列号成员过程类似。删除最高序列号成员时,被删除的成员发送 CTRL＝IDLE,序列号比最高序列号小 1号的成员发送 CTRL＝EOS。

④LCAS 自动删除出现故障的成员。当一条成员通道发生故障或出现告警指示信号时,LCAS 可以暂时将该成员通道从 VCG 中移出,自动降低此时的业务承载带宽,同时保证所承载的业务不会有太大的损伤。当告警消失或故障恢复后,故障成员通道将被重新加入 VCG中,承载带宽恢复初始配置。

小　结

随着传输网络的不断发展,为了确保网络的生存性,网络的保护机制也在随之改进。专题一从 SDH 网络的角度出发,介绍了传统 SDH 网络的各种保护方式,包括线形网络保护、环形网络保护和子网连接保护;专题二从 ASON 网络的角度出发,介绍了各种智能业务的不同恢复方式;专题三则针对以太网业务介绍了 MSTP 网络的关键技术。

思考题

1. 试分析比较路径保护中四种环网保护方式的优缺点。
2. 请解释 SNCP 保护原理。
3. 已知某子网中网元 NE1、NE2、NE3 和 NE4 依次构成 2.5 Gb/s 速率的二纤单向复用段保护环,在 T2000 网管软件上配置保护,容量级别设置为 STM－8,分析其可用容量。
4. ASON 网络体系结构中包括哪几部分?
5. ASON 网络主要使用了几种协议? 它们的主要功能是什么?
6. 请简述以太网端口属性及应用场景。
7. 虚级联和相邻级联的区别是什么?
8. LCAS 的含义是什么? 它在 MSTP 中的作用是什么?
9. 什么是 MSTP? MSTP 有哪些关键技术?
10. MSTP 设备的总体架构是怎样的? 其框图与 SDH 相比有何区别?

模块三　电接口测试

应用场景

电接口测试是光纤通信系统最重要的测试项目之一。无论在设备出厂、工程竣工和验收时，还是在系统的日常运维过程中，都需要对电接口进行测试。在日常运维中，尤其在业务开通的过程中，最常用到的电接口测试就是误码性能测试。通过对电接口指标的测试，能够迅速地判断设备运行状态、传输系统的性能等，为光通信系统维护保障、障碍定位和处理提供直接的参考数据。

学习目标

1. 了解同轴线缆和双绞线的基本原理、结构特性和应用场合。
2. 了解误码的概念和产生的机理，理解误码性能的参数和指标。
3. 了解抖动和漂移的概念和产生原因，理解抖动性能规范。
4. 理解以太网测试参数和指标。
5. 会使用和操作常用的电接口测试仪表，能快速搭建误码测试系统、抖动测试系统和以太网测试系统。
6. 会利用网管进行在线误码监测。

3.1　纤缆认知

用于电力、通信及相关传输用途的材料都可以叫做线缆，在光传输系统中，光纤、电缆、双绞线、电话线和被覆线都可以看作是线缆，其中光纤是传输光信号的主要介质，而电缆、双绞线、电话线和被覆线则是电信号的传输介质。本模块主要介绍同轴线缆和双绞线的基本原理、结构特性等知识内容。

3.1.1　同轴电缆认知

同轴线是由两根同轴的圆柱导体构成的导行系统。同轴电缆就是可以在传输系统中传导电磁能量的同轴线，即用来传输电信号且内外导体轴线相同的一种电缆线。

1. 基本原理

同轴线是一种屏蔽且非色散的结构，而且同轴线中导波的主模是 TEM 波（Transverse Electromagnetic Wave），即电磁波的电场和磁场都在垂直于传播方向的平面上的一种电磁波,同时也可以传输横电波(Transverse Electric,TE)模和横磁波(Transverse Magnetic,TM)模,其截止频率为零,对应截止波长趋向于无穷大。它是由同轴的两根内、外导体及中间的电介质构成的双导体传输线。一般同轴线外导体接地,电磁场被限定在内外导体之间,所以同轴线基本没有辐射损耗,几乎不受外界信号干扰。

2. 结构特性

同轴电缆结构示意图如图 3.1 所示,由外到内依次为护套、外导体、绝缘介质和内导体四个部分。

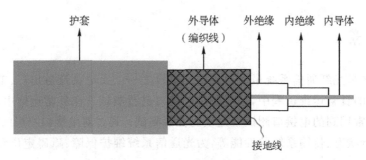

图 3.1　同轴电缆结构示意图

内导体通常为一根实心铜导体,呈圆柱状,具有较高的电导率、足够的机械强度和必要的柔韧性。

绝缘介质目前主要使用聚乙烯塑料,具有较高的绝缘性能和良好的机械性能。

同轴电缆的外导体有双重作用,既是传输回路的一根导线,同时又具有屏蔽作用。

护套的主要材料是聚乙烯,具有耐腐蚀、抗老化、高绝缘的特点和良好的机械性能。

3. 常用同轴电缆及接头

目前,光传输系统中常见的 75 Ω(2 M/45 M/155 M)b/s 中继线,均采用同轴电缆,最常使用的有 SYV - 75 - 2 - 1(线径 0.36 mm、衰减常数 0.021 dB/m)和 SYV - 75 - 2 - 2(线径 0.40 mm、衰减常数 0.021 dB/m)。其命名规则:分类代号-绝缘介质材料代号-护套材料代号-派生特性-特性阻抗-绝缘介质芯线外径整数值-屏蔽层,具体含义如下:

①分类代号:S—同轴射频,SE—射频对称电缆,ST—特种射频电缆。通常我们传输机房所使用的 2Mb/s 线就是同轴射频的一种。

②绝缘介质材料代号:Y—聚乙烯,F—聚四氟乙烯(F46),X—橡皮,W—稳定聚乙烯,D—聚乙烯空气,U—氟塑料空气。

③护套材料代号:V—聚氯乙烯,Y—聚乙烯,W—物理发泡,D—锡铜,F—氟塑料。

④派生特性:Z—综合/组合电缆(多芯),P—多芯再加一层屏蔽铠装。

⑤特性阻抗:50 Ω、75 Ω、120 Ω。

⑥绝缘介质芯线外径整数值:1、2、3、4,…,以毫米为单位。

⑦屏蔽层:一般屏蔽层有一层、两层、三层及四层。

图 3.2 是比较常见的一种同轴电缆,"S"表示为同轴射频电缆,"Y"表示绝缘介质为聚乙烯,"V"表示保护套材料为聚氯乙烯,"75"表示特性阻抗为 75 Ω。"－2"代表绝缘外径为 2 mm,"－1"代表线芯,导体序列号为 1(一般为单股)。

同轴电缆只有配合合适的接头才能将需要的电信号从 DDF 架引接到指定仪表或终端用

图 3.2　同轴线缆实物图

户。DDF 架上标准物理接头阻抗有 75 Ω 非平衡和 120 Ω 平衡两种,其中 75 Ω 非平衡的有 L9、BNC、SMB、CC4 和 CC3 这几种类型的接头。L9 接头通常在 DDF 侧使用,是具有螺纹锁定机构的同轴连接器,国际上称作 1.6/5.6 同轴连接器,常见的 L9 接头(如图 3.3 所示)有 3 种,主要区别是使用场景不同。SMB 插头(如图 3.4 所示)又叫直式压接连接器,配合 SYV - 75 - 2 - 1 同轴电缆传输 2 Mb/s 信号时可达 280 m,具有快速连接和断开的特点,是传输系统中最常见的连接器。BNC 接头(如图 3.5 所示)为卡口形式,又称 Q9 接头,具有安装方便、价格低廉的特点,自环线、测试线和配线架中经常使用。

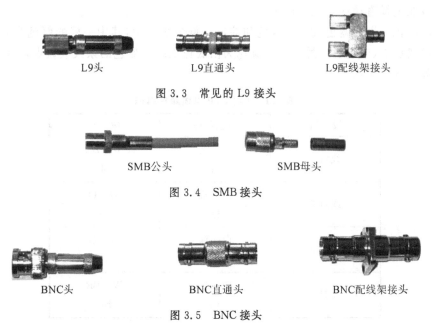

L9头　　　　　　　L9直通头　　　　　　L9配线架接头

图 3.3　常见的 L9 接头

SMB公头　　　　　　SMB母头

图 3.4　SMB 接头

BNC头　　　　　　BNC直通头　　　　　BNC配线架接头

图 3.5　BNC 接头

如果 DDF 架上标准物理接头阻抗是 120 Ω,其接头只有 RJ48,且只能使用 8 芯的双绞线传输信号,这种接头在传输机房中非常少见。

3.1.2　双绞线认知

双绞线(Twisted Pairwire,TP)是布线工程中最常用的一种传输介质,由两根具有绝缘保护层的铜导线组成。把两根绝缘的铜导线按一定密度互相绞在一起,可以降低信号干扰的程度。一般双绞线由两根 22～26 号绝缘铜导线相互缠绕而成,"双绞线"的名字也是由此而来。

1. 基本原理

双绞线是由一对相互绝缘的金属导线绞合而成。采用这种方式,不仅可以抵御一部分来自外界的电磁波干扰,还可以降低多对绞线之间的相互干扰。把两根绝缘的导线互相绞在一起,干扰信号作用在这两根相互绞缠在一起的导线上是一致的(此时这个干扰信号为共模信号),在接收信号的差分电路中可以将共模信号消除,从而提取出有用信号(差模信号)。

在双绞线电缆(也称双扭线电缆)内,不同线对具有不同的扭绞长度(Twist Length,TL)。一般地,多股扭绞长度在 38.1 mm 至 140 mm 内,标准双绞线中的线对均按逆时针方向扭绞,相邻线对的扭绞长度在 12.7 mm 以内。双绞线一个扭绞周期的长度也叫作节距,节距越小(扭线越密),抗干扰能力越强。

与其他传输介质相比,双绞线在传输距离、信道宽度和数据传输速度等方面均受一定限制,但价格较为低廉,布线成本较低。近年来,双绞线技术和生产工艺不断发展,在传输距离、信道宽度和数据传输速率等方面都有较大的突破,因此,在网络布线中的应用也越来越广泛。

2. 结构特性

按美国线缆标准(American Wire Gauge,AWG),双绞线的绝缘铜导线线芯大小有 22、24 和 26 等规格,常用的 5 类和超 5 类非屏蔽双绞线是 24AWG,直径约为 0.51 mm,加上绝缘层的铜导线直径约为 0.92 mm,规格数字越大,导线越细。典型的加上塑料外部护套的超 5 类非屏蔽双绞线电缆直径约为 5.3 mm。

电缆的颜色分别为蓝色、橙色、绿色和棕色。每个线对中,其中一根的颜色为线对颜色加上白色条纹或斑点(或纯色),另一根的颜色为白底色加线对颜色的条纹或斑点,4 对 UIP 电缆颜色编码如表 3.1 所示。

表 3.1　4 对 UTP 电缆颜色编码

线　对	颜色色标	缩　写
线对 1	白—蓝 蓝	W—BL BL
线对 2	白—橙 橙	W—O O
线对 3	白—绿 绿	W—G G
线对 4	白—棕 棕	W—BR BR

电缆护套外皮有非阻燃(Communications Risen cable,CMR)、阻燃(Communications Plenum cable,CMP)和低烟无卤(Low Smoke Zero Halogen,LSZH)三种材料。阻燃电缆一般是在护套中采用含卤素的阻燃材料,阻燃效果好,但在燃烧过程中所释放气体的毒性大。低烟无卤电缆采用的是不含卤素的交联聚乙烯阻燃材料,不仅具有好的阻燃特性,在燃烧过程中所释放气体的毒性也小。

3. 双绞线分类

(1)按外部包缠分类

双绞线结构如图 3.6 所示,可分为非屏蔽双绞线(Unshielded Twisted Pair,UTP)和屏蔽双绞线(Shielded Twisted Pair,STP)。

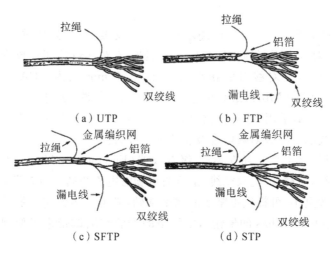

图 3.6　双绞线结构

①非屏蔽双绞线。非屏蔽双绞线是由一对或多对扭绞在一起的双绞线对外部包缠一层塑橡护套组成。这种电缆的优点在于：轻、薄、易弯曲，安装非常容易；无屏蔽外套，较细小，节省空间；平衡式传输，避免外界干扰；可将串扰减至最小或消除；可支持高速数据的应用；通过EMC测试；使用保持独立，具有开放性。因此，它是目前在网络安装上使用最为广泛的电缆。图 3.6(a)所示为 4 对非屏蔽双绞线的结构。

②屏蔽双绞线。屏蔽双绞线和非屏蔽双绞线一样，只是在塑橡护套内增加了金属层。该金属层对线对的屏蔽作用，使其免受外界电磁干扰。按照金属层数量和金属屏蔽层绕缠的方式，可分为金属箔双绞线(Foil Twisted Pair，FTP)、屏蔽金属箔双绞线(Shielded Foil Twisted Pair，SFTP)、屏蔽双绞线(STP)3 种。其中，FTP 是在多对双绞线外纵包铝箔，其 4 对双绞线结构如图 3.6(b)所示；SFTP 是在多对双绞线外纵包铝箔，再加金属编织网，其 4 对双绞线结构如图 3.6(c)所示；STP 是在每对双绞线外纵包铝箔，再将纵包铝箔的多对双绞线加金属编织网，其 4 对双绞线结构如图 3.6(d)所示。

从图 3.6 中可看出，非屏蔽双绞线和屏蔽双绞线都有一根用来撕开电缆保护层的拉绳。屏蔽双绞线还有一根漏电线，把它连接到接地装置上，可释放金属屏蔽的电荷，消除线间的静电感应。

(2)按性能指标分类

双绞线电缆可分为 1 类、2 类、3 类、4 类、5 类、5e 类、6 类、6A 类、7 类等类型。目前较为常用的是 3 类、5e 类、6 类、7 类双绞线。

①1 类双绞线 CAT1。CAT1 电缆最高带宽是 750 kHz，用于报警系统或只用于语音系统。

②2 类双绞线 CAT2。CAT2 电缆最高带宽是 1 MHz，用于语音和 EIA － 232 系统。

③3 类双绞线 CAT3。3 类/C 级电缆的最高带宽为 16 MHz，主要应用于语音、10 Mb/s 的以太网和 4 Mb/s 令牌环，最大网段长 100 m，采用 RJ 连接器，目前已很少使用。市场上的 3 类双绞线产品只有用于语音主干布线的 3 类大对数电缆及相关配线设备。

④4 类双绞线 CAT4。CAT4 电缆最高带宽为 20 MHz，最高数据传输速率为 20 Mb/s，主要应用于语音、10 Mb/s 的以太网和 16 Mb/s 令牌环，最大网段长 100 m，采用 RJ 连接器，未

被广泛采用。

⑤5 类双绞线 CAT5。5 类/D 级电缆增加了绕线密度,外套为高质量的绝缘材料。在双绞线电缆内,不同线对具有不同的扭绞长度。一般地,4 对双绞线扭绞周期在 38.1 mm 长度内,按逆时针方向扭绞,一对线对的扭绞长度在 12.7 mm 以内。CAT5 电缆最高带宽为 100 MHz,传输速率为 100 Mb/s(最高可达 1000 Mb/s),主要应用于语音 100 Mb/s 的快速以太网,最大网段长 100 m,采用 RJ 连接器,用于数据通信的 5 类产品已淡出市场。目前主要有应用于语音主干布线的 5 类大对数电缆及相关配线设备。

⑥超 5 类双绞线 CAT 5e。超 5 类/D 级双绞线(Enhanced CAT 5)也称为"5 类增强型""增强型 5 类"双绞线,简称 5e 双绞线,是目前市场的主流产品。与 5 类双绞线相比,超 5 类双绞线的衰减和串扰更小,可提供更坚实的网络基础,满足大多数应用的需求(与 CAT5 类相比,能够更好地支持 1000 Mb/s 的传输),给网络的安装和测试带来了便利,成为目前网络应用中的主流产品。

超 5 类 UTP 的性能超过 5 类,与普通的 5 类 UTP 相比,其衰减更小,同时具有更高的衰减串音比(Attenuation Crosstalk Ratio,ACR)和回波损耗(Return Loss,RL),更小的时延和衰减。

⑦6 类双绞线 CAT6。6 类/E 级双绞线是 1000 Mb/s 数据传输的最佳选择,是目前市场的主流产品,性能超过 CAT 5e,标准规定电缆带宽为 250 MHz。6 类电缆的扭绞比超 5 类更密,线对间的相互影响更小。为了减少衰减,电缆绝缘材料和外套材料的损耗应最小。在电缆中通常使用聚乙烯(Polyethy Lene,PE)和聚四氟乙烯两种材料。6 类电缆的线径比 5 类电缆要大,其结构有两种,一种结构和 5 类电缆类似,采用紧凑的圆形设计及中心平行隔离带技术,可获得较好的电气性能,其结构如图 3.7(a)所示。另一种结构采用中心扭十字技术,电缆采用十字分隔器,将线对进行分隔,可阻止线对间串扰,其物理结构如图 3.7(b)所示。

（a）　　　　　　　　　　　（b）

图 3.7　6 类 UTP 结构

⑧超 6 类双绞线 CAT6A。超 6 类双绞线概念最早是由厂家提出的,由于 6 类双绞线标准规定电缆带宽为 250 MHz,而有的厂家的 6 类双绞线带宽超过了 250 MHz,如为 300 MHz 或 350 MHz,为表明自己的产品性能超过了 6 类双绞线,自定义了"超 6 类""CAT6A""CAT6E"等类别。

在 TIA/EIA 568 B.2-10 标准中已规定了 6A 类(超 6 类)布线系统支持的传输带宽为 500 MHz,其传输距离可以达到 100 m。

⑨7 类双绞线 CAT7。7 类双绞线的带宽为 600 MHz 以上。基于 7 类/F 级标准开发的 STP 布线系统,可以在一个连接器和单根电缆中,同时传送独立的视频、语音和数据信号,其

至支持在单对电缆上传送全带宽的模拟视频(一般为 870 MHz),并且在同一护套内的其他双绞线对上也能同时进行语音和数据的实时传送。

7 类/F 级标准定义的传输媒质是线对屏蔽(也称全屏蔽)的 STP 电缆,它在传统护套内加裹金属屏蔽层/网的基础上又增加了每个双绞线对的单独屏蔽。7 类/F 级电缆的特殊屏蔽结构保证了它既能有效隔离外界的电磁干扰和内部向外的辐射,也可以大幅度削弱护套内部相邻线对间的信号耦合串扰,从而在获得高带宽传输性能保障的同时,增加了并行传输多种类型信号的能力。

4. 双绞线接头

通常情况下,信息模块或 RJ45 连接头与双绞线端接有 T568A 或 T568B 两种结构,每一种信息模块引针与线对的分配如图 3.8 所示。从引针 1 至引针 8 对应的线序为:

T568A:白—绿、绿、白—橙、蓝、白—蓝、橙、白—棕、棕。

T568B:白—橙、橙、白　绿、蓝、白—蓝、绿、白—棕、棕。

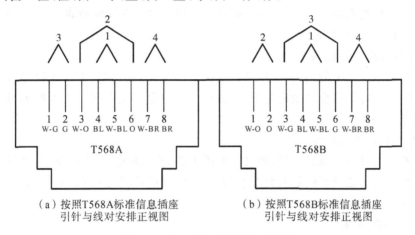

(a)按照T568A标准信息插座引针与线对安排正视图　　(b)按照T568B标准信息插座引针与线对安排正视图

图 3.8　信息模块引针与线对分配

双绞跳线分为直通跳线和交叉跳线。一根跳线两端采用相同的线序称为直通跳线,在实际制作直通跳线时两端可以都采用 T568A 标准或 T568B 标准。一根跳线一端线序采用 T568A 标准,另一端线序采用 T568B 标准称为交叉跳线。

在进行网络连接时需要正确选择跳线。设备的 RJ45 接口分为介质相关接口(Medium Dependent Interface,MDI)和(Medium Dependent Interface cross-over,MDIX)两类。当同种类型的接口(两个接口都是 MDI 或 MDIX 类型)通过双绞线互连时使用交叉跳线;当不同类型的接口(一个接口是 MDI 类型,另一个接口是 MDIX 类型)通过双绞线互连时使用直通跳线。通常主机和路由器的接口是 MDI,交换机和集线器的接口是 MDIX。随着技术的发展,现在大多数网络设备能够自动识别连接的网线类型,因此不管采用直通网线或交叉网线均可正确连接设备。

同理,当我们在传输设备上加载以太网信号之前,首先要确认设备的 RJ45 接口类型,然后确定使用何种双绞线,以免由于线缆的使用错误造成业务信号的中断。

3.2 误码性能测试基础

3.2.1 误码的概念和产生

1.误码的概念

误码就是指经接收、判决、再生后,数字码流中的某些比特发生了差错,使传输信息的质量下降。误码是影响传输系统质量的重要因素,轻则使系统稳定性下降,重则导致传输信号中断。实际上,误码的出现往往呈突发性,且带有极大随机性,误码对各种业务的影响主要取决于业务的种类和码流的分布。例如,随机误码在语音通信中的影响远不如在数据通信中那么严重,但数据通信更能容忍突发性错误。因此,不同的误码分布对通信质量的影响是不一样的。

2.误码产生的机理

理想的光纤传输系统是十分稳定的,但实际运行中常受突发脉冲的干扰。因此,从网络性能角度来看,可以将误码分为两类。

(1)内部机理产生的误码

包括各种噪声源产生的误码,如定位抖动产生的误码,复用器、交叉连接设备和交换机产生的误码,此外,光纤色散会产生码间干扰,码间干扰也会产生误码。这类误码可由系统长时间的误码性能反映。

(2)脉冲干扰产生的误码

一些具有突发性质的脉冲干扰,如外部电磁干扰、静电放电、设备故障、电源瞬态干扰和人为活动会产生误码。这类误码具有突发性和大量性,往往系统在突然间出现大量误码,可通过系统的短期误码性能反映。

3.误码性能的度量

传统上常用传输系统误码率(Bit Error Rate,BER)来衡量系统的误码性能。BER 即在某一规定的观测时间内(如 24 h)发生差错的比特数和传输比特总数之比,如 1×10^{-10}。

传输系统误码率是一个长期参数,它只给出一个平均累积结果,实际上误码的出现往往呈突发性质,且具有极大的随机性。因此,除了传输系统误码率之外还应该有一些短期度量误码的参数,即误码秒与严重误码秒等。

ITU-T 规定误码性能的建议有两个:一是 G.821 建议,它适用于低于基群比特率并构成综合业务数字网(Integrated Services Digital Network,ISDN)之一部分的国际数字连接;二是 G.826 建议,它适用于基群及更高速率国际固定比特率数字通道。这两个建议的目的是提出一个适当的误码性能指标,以满足现有和将来的大多数业务的需要。

G.821 建议是以误码事件为基础的规范,而 G.826 建议是以误块事件为基础。所谓"块"是指多个连续比特的集合,即一组比特,每个比特属于且仅属于唯一的一个块。不同速率的数字通道"块"的大小是不一样的。

3.2.2　G.821 建议

1. 性能事件

(1)误码秒(ES)

如果在 1 s 时间周期内有 1 个或多个误码,这 1 s 就是误码秒(Errored Second,ES)。

(2)严重误码秒(SES)

如果在 1 s 时间周期内的误码率 BER$\geqslant 10^{-3}$,那么这 1 s 就是严重误码秒(Severely Errored Second,SES)(严重误码秒也是误码秒)。

2. 测试时间分类

(1)不可用时间

如果在 10 s 的连续时间里,每一秒都是 SES,那么此时的数字连接便处于不可用状态,这 10 s 就都属于不可用时间。

(2)可用时间

如果在 10 s 的连续时间内,每一秒都不是 SES,那么此时的数字连接就处于可用状态,这 10 s 就都属于可用时间。

如果用 t_{total} 表示总的测试时间,t_{avail} 表示可用时间,t_{uavail} 表示不可用时间,则 $t_{total} = t_{avail} + t_{uavail}$。式中 t_{avail} 包含 ES 和 EFS,t_{uavail} 即 UAS,EFS 表示无误码的秒。

$$t_{total}\begin{cases} t_{avail}\begin{cases} \text{ES(含 SES)} \\ \text{EFS} \end{cases} \\ t_{uavail}\text{—UAS} \end{cases}$$

注意,此处关于可用时间和不可用时间的分类方法不仅适用于 G.821 建议,同时也适用于 G.826 建议。

3. 性能参数

(1)误码秒比(ESR)

误码秒比(Errored Second Ratio,ESR)指在一个固定测试时间间隔上的可用时间内,ES 与可用时间(s)之比。

(2)严重误码秒比(SESR)

严重误码秒比(Severely Errored Second Ratio,SESR)指在一个固定测试时间间隔上的可用时间内,SES 与可用时间(s)之比。

4. 性能指标

ITU-T 规定了 27500 km 的假设参考连接(Hypothesis Reference Connection,HRX),其误码性能总指标如表 3.2 所示。

表 3.2　ITU-T 规定 27500 km 的 HRX 误码性能总指标

参数	指标
ESR	<0.08
SESR	<0.002

3.2.3　G.826 建议

1. 性能事件

（1）误块（BE）

如果在 1 个块中有 1 个或多个差错比特，那么这整个块就是 1 个误块（Block Error，BE）。

（2）误块秒（ES）

如果在 1 s 中有 1 个或多个误块，那么这 1 s 就是误块秒。

（3）严重误块秒（SES）

如果在 1 s 中误块的比例大于或等于 30％或者至少有一个缺陷，则这 1 s 就是严重误块秒。

（4）背景误块（BBE）

背景误块（Background Block Error，BBE）是指测量时间内所有的块扣除不可用时间内所有的块以及严重误块秒期间出现的误块后所剩下的误块，即在可用时间内出现的所有误块扣除严重误块秒期间出现的误块后所剩下的误块。

2. 性能参数

（1）误块秒比（ESR）

ESR 指在一个固定测试时间间隔上的可用时间内，ES 与总的可用时间（s）之比。

（2）严重误块秒比（SESR）

SESR 指在一个固定测试时间间隔上的可用时间内，SES 与总的可用时间（s）之比。

（3）背景误块比（BBER）

背景误块比（Background Block Error Ratio，BBER）指在一个确定的测试期间，在可用时间内的背景误块与总块数扣除 SES 中的所有块后剩余块数之比。

3. 性能指标

根据 G.826 建议，27500 km 的假设参考数字通道（Hypothetical Reference Path，HRP）端到端的误码性能总指标如表 3.3 所示。

表 3.3　G.826 建议 27500 km 的 HRP 端到端的误码性能总指标

速率/(Mb·s⁻¹)	1.5～5	>5～15	>15～55	>55～160
Bits/块	800～5000	2000～8000	4000～20000	6000～20000
ESR	0.04	0.04	0.075	0.16
SESR	0.002	0.002	0.002	0.002
BBER	2×10^{-4}	2×10^{-4}	2×10^{-4}	2×10^{-4}

3.3　抖动性能测试基础

SDH 网络的抖动性能对整个电信网的通信质量起着至关重要的作用，因此必须对其进行规范。抖动也是光同步传输网的主要传输损伤之一。

3.3.1　抖动和漂移的概念

定时抖动（简称抖动）定义为数字信号的特定时刻（例如最佳抽样时刻）相对其理想时间位

置的短时间的非累积性的偏离。所谓短时间偏离是指变化频率高于 10 Hz 的相位变化。抖动的定义如图 3.9 所示。

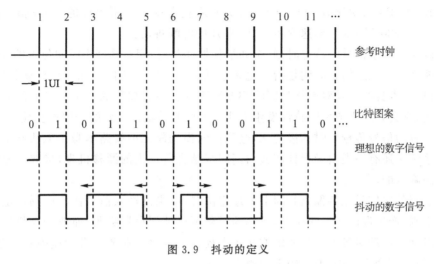

图 3.9　抖动的定义

定时抖动对网络的性能损伤表现在以下几个方面：

①对数字编码的模拟信号，在解码后数字流的随机相位抖动使恢复后的样值具有不规则的相位，从而造成输出模拟信号的失真，形成所谓的抖动噪声。

②在再生器中，定时的不规则性使有效判决偏离接收眼图的中心，从而降低了再生器的信噪比余度，直至发生误码。

③在 SDH 网中，像同步复用器等配有缓存器的网络单元，过大的输入抖动会造成缓存器的溢出或取空，从而产生滑动损伤。

抖动的大小将对数字系统的质量产生重要影响。因此 ITU-T 对数字网的抖动指标有具体的限制，一般用抖动的峰-峰值来表示(即数字信号单元脉冲超前或滞后其理想位置之差的最大值，常用 Jp-p 表示)抖动幅度。其单位为单位间隔(UI)，即两个相邻有效瞬时之间的标称时间差。对于码元速率为 B 的信号，其 1 个单位间隔相对应的时间可按下式计算：

$$1UI = \frac{1}{B}(s)$$

不同速率等级 1UI 对应的时间，如表 3.4 所示。

表 3.4　不同速率等级 1UI 对应的时间

速率/(kb · s^{-1})	1UI
2048	488 ns
34368	29.1 ns
139264	7.18 ns
155520	6.43 ns
622080	1.61 ns
2488320	0.402 ns

抖动对各类业务的影响不同。数字编码的语声信号能够忍受很大的抖动，允许均方根抖动达 1.4 μs。然而，由于人眼对相位变化的敏感性，数字编码的彩色电视对抖动的容忍性就差得多，例如帕尔（Phase Alteration Line，PAL）制彩色电视信号所允许的峰-峰抖动值大约仅 5 ns，对于 155.520 Mb/s 传输速率相当 0.78UI 的峰峰抖动。

漂移定义为数字信号的特定时刻（例如最佳抽样时刻）相对其理想时间位置的长时间的非累积性的偏离。这里所谓长时间是指变化频率低于 10 Hz 的相位变化。与抖动相比，漂移无论从产生机理、本身特性及对网络的影响都有所不同。引起漂移的一个最普遍的原因是环境温度的变化，它会导致光缆传输特性发生变化从而引起传输信号延时的缓慢变化，因此漂移可以简单地理解为信号传输延时的慢变化，这种传输损伤靠光缆线路本身是无法解决的。在光同步线路系统中还有一类由于指针调整与网同步结合所产生的漂移机理，采取一些额外措施是可以设法降低的。

漂移引起传输信号比特偏离时间上的理想位置，结果使输入信号比特在判决电路中不能被正确地识别，产生误码。一般说来，较小的漂移可以被缓存器吸收，而那些大幅度漂移最终将转移为滑动。滑动对各种业务的影响在较大程度上取决于业务本身的速率和信息冗余度。速率愈高，信息冗余度愈小，滑动的影响越大。

3.3.2　抖动和漂移的产生原因

SDH 网中，除了具有其他传输网的共同抖动源，如各种噪声源，定时滤波器失谐，再生器固有缺陷（码间干扰、限幅器门限漂移）等，还有两个特有的抖动源。

①在支路装入虚容器时，加入了固定填充比特和控制填充比特，分接时，移去这些比特会导致时钟产生缺口，经过滤波器以后，产生残余抖动，即脉冲塞入抖动。

②指针调整抖动。对于脉冲塞入抖动，与 PDH 系统正码速调整产生的抖动情况类似，已有一些较成熟的方法，如门限调整法，可将它降低到可接受的程度，而指针调整抖动由于其频率低，幅度大，用一般的方法就很难解决。

对于漂移的产生，从原理上看，数字网内有多种漂移源。首先，基准主时钟系统中的数字锁相环受温度变化的影响，将引入不小的漂移。同理，从时钟也会引入漂移。特别是光纤折射率会受环境温度变化的影响，从而引起光在光纤中传输速度的变化，进而引起传输时延的变化。最后，SDH 网络单元中由于指针调整和网同步的结合也会产生很低频率的抖动和漂移。一般说来，只要选取容量合适的缓存器并对低频段的抖动和漂移进行合理规范，特别对网关的解同步器作合适的设计后，由于指针调整引进的漂移可以控制在较低的水平，整个网络的主要漂移是由各级时钟和传输系统引起的，特别是传输系统。

3.3.3　抖动性能规范

为了控制网络抖动带来的损伤，ITU-T 有三个重要建议。G.823 建议：以 2048 kb/s 系列为基础的数字网内抖动和漂移的控制（1988 年制定，1993 年修订）。G.824 建议：以 1544 kb/s 系列为基础的数字网内抖动和漂移的控制（1984 年制定，1993 年修订）。G.825 建议：以同步数字体系为基础的数字网内抖动和漂移的控制（1993 年制定）。ITU-T 在 1997—2000 年研究期间对这三个建议再次修订，修订后的新建议补充了漂移的指标，比原建议更加严密和完整。目前传输网中使用的设备、网络运行和维护指标还是 1993 年版的 G.823 和 G.825 建议以及

G.824 建议中的有关规定,这些规定已被国内标准采用,可以参见 YDN099(光同步传送网技术体制)。

1. SDH 网络输出口允许的最大抖动

SDH 网络输出口允许的最大抖动如表 3.5 所示。为了保证不同 SDH 网元之间的互连而不影响网络的传输质量,SDH 网络输出接口允许的最大抖动不应超过表 3.5 中所规定的数值。为减小输出抖动的测试误差,测量时间一般设置为 60 s。

表 3.5 SDH 网络输出口允许的最大抖动

SDH 等级	速率/ (kb·s^{-1})	网络接口限值		测量滤波器参数		
		B_1 UI$_{P-P}$	B_2 UI$_{P-P}$	f_1	f_3	f_4
STM－1 电	155520	1.5	0.075	500 Hz	65 kHz	1.3 MHz
STM－1 光	155520	1.5	0.15	500 Hz	65 kHz	1.3 MHz
STM－4	622080	1.5	0.15	1 kHz	250 kHz	5 MHz
STM－16	2488320	1.5	0.15	5 kHz	1 MHz	20 MHz

在表 3.5 中,f_1 和 f_3 分别为两种高通滤波器的低截止频率点,f_4 为低通滤波器的高截止频率点。将由截止频率点为 f_1 的高通滤波器和截止频率为 f_4 的低通滤波器组成的带通滤波器定义为 B_1,将由截止频率点为 f_3 的高通滤波器和截止频率为 f_4 的低通滤波器组成的带通滤波器定义为 B_2。

2. SDH 输入口的输入抖动容限

为了使任何数字设备都可以接到数字网内建议的系列接口上,要求数字设备的输入口应有适应一定数字信号抖动的能力。SDH 输入口抖动和漂移容限如图 3.10 所示,其各参数值如表 3.6 所示。抖动容限越大,该数字设备适应抖动的能力就越强,SDH 网络的输入口至少能容忍按图 3.10 模框所施加的输入抖动和漂移。

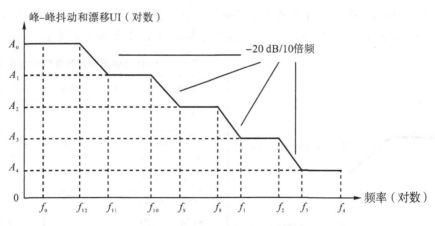

图 3.10 SDH 输入口抖动和漂移容限

表 3.6　SDH 输入口抖动和漂移容限参数值

SDH 等级		STM-1	STM-4	STM-16
UI$_{P\text{-}P}$	$A_0(18\ \mu s)$	2800	11200	44790
	$A_1(2\ \mu s)$	311	1244	4977
	$A_2(0.25\ \mu s)$	39	156	622
	A_3	1.5	1.5	1.5
	A_4	0.15	0.15	0.15
频率	$f_0/\times10^{-5}\,\mathrm{Hz}$	1.2	1.2	1.2
	$f_{12}/\times10^{-4}\,\mathrm{Hz}$	1.78	1.78	1.78
	$f_{11}/\times10^{-3}\,\mathrm{Hz}$	1.6	1.6	1.6
	f_{10}/Hz	1.56	1.56	1.56
	f_9/Hz	0.125	0.125	0.125
	f_8/Hz	19.3	9.65	12.1
	f_1/Hz	500	1000	5000
	f_2/kHz	6.5	25	100
	f_3/kHz	65	250	1000
	f_4/MHz	1.3	5	20

3. SDH 再生器抖动转移特性

再生器抖动转移特性为再生器中 STM-N 输出信号的抖动与再生器输入 STM-N 信号的抖动之比的值随频率变化的关系，即抖动增益 G。即：

$$G=10\lg\frac{输出抖动}{输入抖动}$$

ITU-T 目前只对 SDH 再生器的抖动转移特性作了规范，尚未对数字段的抖动转移特性作出规范。SDH 再生器抖动转移特性及参数值分别如图 3.11 和表 3.7 所示。

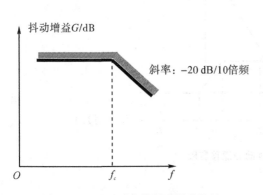

图 3.11　SDH 再生器抖动转移特性

表 3.7　SDH 再生器抖动转移特性参数值

STM 等级	f_c/kHz	G/dB
STM-1(A)	130	0.1
STM-1(B)	30	0.1
STM-4(A)	500	0.1
STM-4(B)	30	0.1
STM-16(A)	2000	0.1
STM-16(B)	30	0.1

注：表中括号内 A 表示 A 型中继器，其定时滤波器
　　为声表面滤波器或陶磁谐振器等无源器件；B
　　表示 B 型中继器，其定时滤波器为锁相环等有
　　源器件。

4. PDH/SDH 网络边界输出口允许的最大抖动

PDH 信号在 SDH/PDH 边界处应满足原有 PDH 网的抖动性能要求。PDH 网络输出口允许的最大抖动如表3.8所示。

表3.8　PDH 网络输出口允许的最大抖动

速率/(kb·s⁻¹)	网络接口限值		测量滤波器参数		
	$B_1(UI_{p-p})$	$B_2(UI_{p-p})$	f_1	f_3	f_4
2048	1.5	0.2	20 Hz	18 kHz	100 kHz
34368	1.5	0.15	100 Hz	10 kHz	800 kHz
139264	1.5	0.075	200 Hz	10 kHz	3500 kHz

为了保证各种业务不受抖动损伤的影响,PDH 网络输出接口允许的最大抖动不应超过表3.8中所规定的数值,滤波器频响按 20 dB/10 倍频程滚降。

5. PDH 输入口的输入抖动容限

SDH 设备的 PDH 支路输入口的抖动和漂移容限定义为不产生误码的最大输入正弦抖动和漂移的峰-峰值。PDH 支路输入口抖动和漂移容限及参数值分别如图3.12和表3.9所示。为了确保数字设备(包括 PDH 和 SDH 设备)能够连至 PDH 网络接口而不会引起网络传输质量的下降,必须使数字设备的输入口都能至少容忍上述网络接口的最大允许抖动,即数字设备输入口应能容忍电特性符合 G.703 接口;但要求受正弦抖动和漂移调制的数字信号,SDH 设备的 PDH 支路输入口的抖动和漂移容限应符合图3.12所示的模框要求。

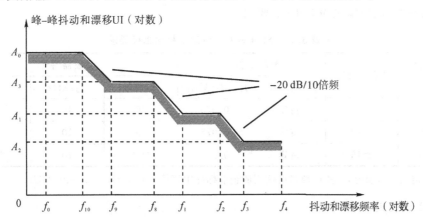

图3.12　PDH 支路输入口抖动和漂移容限

表3.9　PDH 输入口抖动和漂移容限参数值

PDH 速率/(kb·s⁻¹)		2048	34368	139264
UI_{P-P}	$A_0(18 \mu s)$	36.9	618.6	2506.6
	A_1	1.5	1.5	1.5
	A_2	0.2	0.15	0.15
	A_3	18	—	—

续表

PDH 速率/(kb·s⁻¹)		2048	34368	139264
频率	$f_0/\times10^{-5}$ Hz	1.2	—	—
	$f_{10}/\times10^{-3}$ Hz	4.88	—	—
	f_9/Hz	0.01	—	—
	f_8/Hz	1.667	—	—
	f_1/Hz	20	100	200
	f_2/kHz	2.4	1	0.5
	f_3/kHz	18	10	10
	f_4/kHz	100	800	3500

6. PDH 接口的抖动转移特性容限

为了控制线路系统的抖动积累,有必要对单个再生器和整个数字段的转移特性进行规范,目的主要是为了限制抖动增益,以防抖动的迅速积累。在 PDH 网中,目前 ITU-T 并没有对再生器的转移特性进行规范,对数字段也只规定了整个数字段的最大抖动增益不得超过 1 dB。

7. SDH 设备的解映射抖动

SDH 设备的解映射抖动指标要求如表 3.10 所示。当 DXC、TM 和 ADM 设备有 PDH 接口时,在 PDH 输出口产生的抖动有两项指标要求,即解映射抖动和结合抖动。解映射抖动主要是由异步映射过程、码速调整等机理引入的抖动。当 SDH 设备输入信号无指针活动时,在 PDH 输出口的抖动应满足表 3.10 的要求。

表 3.10　SDH 设备的解映射抖动指标要求

PDH 接口/(kb·s⁻¹)	容差/×10⁻⁶	解映射抖动		滤波器特性		
		$f_1\sim f_4$(UI$_{\text{p-p}}$)	$f_3\sim f_4$(UI$_{\text{p-p}}$)	f_1/Hz	f_3/kHz	f_4/kHz
2048	±50	待定	0.075	20	18	100
34368	±20	待定	0.075	100	10	800
139264	±15	待定	0.075	200	10	3500

注:表中待定值有待研究,一些厂商自己使用的企业标准中该值为 0.15UI、0.2UI、0.25UI。

8. SDH 设备的结合抖动

结合抖动是指解映射抖动和指针调整产生的抖动二者结合的结果。指针测试序列及 SDH 设备的结合抖动指标要求分别如图 3.13 和表 3.11 所示。当 SDH 设备输入信号有指针活动时,并按图 3.13 规定的序列进行指针调整时,在 PDH 输出口的抖动应满足表 3.11 的要求。

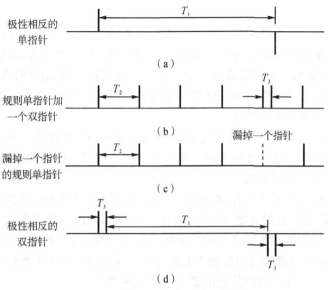

图 3.13 指针测试序列

表 3.11 SDH 设备的结合抖动指标要求

PDH 接口/	容差/	结合抖动				滤波器特性			测试序列参数		
(kb·s⁻¹)	×10⁻⁶	$f_1 \sim f_4 \mathrm{UI}_{p-p}$		$f_3 \sim f_4 \mathrm{UI}_{p-p}$		f_1/Hz	f_3/kHz	f_4/kHz	T_1/s	T_2/ms	T_3/ms
2048	±50	0.4	—	0.075	—	20	18	100	≥10	≥750	2
34368	±20	0.4	0.75	0.075	0.075	100	10	800	≥10	34	0.5
139264	±15	0.4	0.75	0.075	0.075	200	10	3500	≥10	34	0.5
测试序列		a b c	d	a b c	d	—	—	—	—	—	—

3.4 以太网测试基础

3.4.1 以太网测试参数

以太网中衡量一个设备或网络的性能参数主要有四个,分别是吞吐量(Throughput)、时延(Latency)、丢包率(Packet Loss Rate)、背靠背(Back-to-Back),这些参数是在 RFC 1242 中定义的,在日常维护和测试中最常见的参数是吞吐量、时延和丢包率。

1. 吞吐量

现场最关注是是吞吐量,吞吐量的含义是对于某一个固定长度的 MAC 帧,一个传送通道允许通过的最大帧速率,通俗地讲就是指在没有帧丢失的情况下,设备能够接受的最大速率。局域交换机/路由器(LAN Switch/Router)主要使用此指标衡量设备的帧转发能力,而对于 EOS 系统,除了衡量 EOS 单板的帧转发能力外,还能衡量 EOS 单板所能提供的实际传送带宽。

网络吞吐量测试是网络维护和故障查找中最重要的手段之一，尤其是在分析与网络性能相关的问题时吞吐量的测试是必备的测试手段。典型的吞吐量测试方法就是在确定的发送流量和时间条件下，网络的一个设备向另一个设备发送测试帧，测试结束时系统计算接收率——吞吐速率。这种测试也被称作端到端网络性能测试，它被广泛地应用在局域网内、局域网间和通过广域网互联的网络测试环境中。

对具体的以太网特性单板，通道绑定的虚通道的数量和级别决定了通道的吞吐量（封装技术的不同对吞吐量也有一定程度的影响），表示传输网络给某个以太网网络业务提供的最大传送能力，也就是通常所说的"带宽"。

下面通过分析给出太网单板在绑定的虚通道的数量和级别条件下的理论计算方法。在SDH 中，C 是封装传输信息的容器，C-12 的速率为 2176 kb/s，那么在这么大的信息空间里能够装载多少以太网信息？我们以 MAC 帧为 64 字节为例，其信息帧的字节长度是 80，其中，4 字节为以太网数据帧处理部分增加的 VLAN，12 字节为 EOS 部分增加的 GFP 封装。这样可获得单个 C-12 对上述以太网信息的最大帧转发速率为

$$\frac{2176}{8\times(64+4+12)}=3400(帧/秒)$$

在 100 Mb/s 以太网接口中，最大的 64 字节帧转发速率为 148810 帧/秒，此时如果我们仍然使用一个 VC-12 传输此百兆业务，系统吞吐量的理论值是 3400/148810＝2.28%。那么，怎样获得 100% 的吞吐量呢？首先要知道 148810 帧/秒的信息速率，通过计算可知此信息速率为 148810×(64+4+12)×8＝95.24 Mb/s，也就是只要 SDH 绑定的容器速率超过 95.24 Mb/s，理论上可获得 100% 的吞吐量。

同理，对于 1518 字节的 MAC 帧，需要提供 8127×(1518+4+12)×8＝99.73 Mb/s 的传输带宽，理论上可获得 100% 的吞吐量。

2. 时延

由于光传输设备需要对以太网帧进行必要的封装、传输、重组等操作，必然引入一定的时延。对于存储转发设备来说，时延指输入帧的最后一位到达输入端口，到该帧的第一位出现在输出端口的时间间隔；对于位转发设备来说，时延指输入帧的第一位到达输入端口到该帧的第一位出现在输出端口的时间间隔。如在 MSTP 的以太网单板中，时延的测试路径是指从单板的以太网接口到本设备的光口。

3. 丢包率

丢包率是指测试中所丢失的数据包量占所发送数据组的比率，计算公式如下：

$$丢包率=\frac{输入报文-输出报文}{输入报文}\times100\%$$

丢包率与数据包的长度及发包的频率有关，一般情况下，千兆网卡在流量大于 200 Mb/s 时，丢包率小于 5/10000，百兆网卡在流量大于 60 Mb/s 时，丢包率小于 1/10000。

丢包率指标可以不用测试，因为在最高 MAC 接口速率下，被测试系统的丢包率＋吞吐量＝100%。

3.4.2 以太网性能指标

以太网性能指标直接表征以太网业务的处理和传输质量，是传输系统最重要的维护指标

之一。日常维护工作中一般要对吞吐量、时延和丢包率实时关注,当指标不合格或超限时,可选择其他测试项目(如光接口特性指标)。

　　以太网指标测试可采用 7 个典型的 MAC 帧长,分别是 64 B、128 B、256 B、512 B、1024 B、1280 B 和 1518 B,测试流量一般为固定流量的 90%,测试时长可选择 30 min 或 24 h(24 h 测试时 MAC 帧长为 1518 B)。以太网专线通过性测试 30 min 和 24 h 分别如表 3.12 和表 3.13 所示。需要注意的是,延时测试由于与业务类型及用户需求有关系,测量结果仅供参考。

表 3.12　以太网专线通过性测试(30 min)

测试项目	通过标准	设置帧长/B
吞吐量	100%	64
		128
		256
		512
		1024
		1280
		1518
丢包率	<0.01%	64
		128
		256
		512
		1024
		1280
		1518
时延	测量结果供参考	64
		128
		256
		512
		1024
		1280
		1518

表 3.13　以太网专线通过性测试(24 h)

测试项目	通过标准	设置帧长/B
吞吐量	100%	1518
丢包率	<0.01%	1518
时延	测量结果供参考	1518

小　结

本模块主要介绍完成电接口测试所需的原理知识；介绍了同轴线缆、双绞线等常用纤缆的基本原理和特性；重点阐述了 SDH 传输网电接口的主要参数和性能指标，包括 G.821、G.826 建议的误码性能事件和参数、抖动性能规范、以太网参数和性能指标等。

思考题

1. 在某一电接口进行误码性能测试，采用 G.821 建议，其测试结果为：ES＝20 s，SES＝4 s，EFS＝180 s，UAS＝5 s。计算：S_{avail}，S_{total}，ESR，SESR。

2. 在某一 STM－1 电接口进行 2Mb/s 通道误码性能测试，采用 G.826 建议，其测试结果为：ES＝10 s，SES＝5 s，EFS＝990 s，UAS＝15 s。计算：S_{avail}，S_{total}，ESR，SESR。

3. 什么是抖动？什么是漂移？抖动和漂移有什么不同？

4. 以太网性能测试参数都有哪些？

模块四　光接口测试

应用场景

光接口参数测试是光纤通信系统最重要的测试项目之一。在日常运维中,尤其在障碍处理的过程中,最常用到的光接口测试就是光功率的测试,它主要包括平均发送光功率的测试和平均接收光功率的测试。在障碍处理过程中,通过对光功率的测试,可以了解系统的发送光功率和接收光功率,从而迅速地对障碍进行定位和处理。需要注意,对于以 SDH 为代表的大多数光纤通信设备类型,当系统正常工作时,都能通过网管系统在线查询发送和接收光功率,只有在离线的情况下才利用仪表进行测试。灵敏度的测试一般只在设备出厂时进行,通过对它的学习,能够加深对光接口参数含义的理解。

学习目标

1.说出 SDH 光接口的分类方式,正确理解光接口应用类型代码的含义。

2.会辨认光接口的位置。

3.阐述平均发送光功率、接收机灵敏度和过载光功率的定义,知道这三个参数在典型光接口类型中的规范,说出其他光接口参数的类型和基本含义。

4.熟练使用相关仪表。

5.掌握平均发送光功率、平均接收光功率和接收机灵敏度的基本测试方法,规范地使用仪表测试这些光接口参数。

4.1　光接口测试基础

光接口标准化的基本目的是为了在再生段上实现横向兼容性,即允许不同厂家的产品在再生段上互通,并保证再生段的各项性能指标。同时,具有标准光接口的网络单元可以经光路直接相连,既减少了不必要的光电转换,又节约了网络运行成本。

4.1.1　光接口分类

依据系统中是否包括光放大器(功放和前放)及线路速率是否达到 STM - 64,可将 SDH 系统光接口分为两类:第Ⅰ类系统是不包括任何光放且速率低于 STM - 64 的系统;第Ⅱ类系统包括有光放(光放或前放,没有线放)及速率达到 STM - 64 的系统。这两种系统的光接口及其参数有显著的差别,本模块只介绍第Ⅰ类系统。

第Ⅰ类系统光接口的分类方式如下：

1. 根据实际应用场合分类

①相应于互连距离小于 2 km 的局内通信；

②相应于互连距离近似于 15 km 的短距离局间通信；

③相应于互连距离在 1310 nm 窗口近似 40 km、在 1550 nm 窗口近似 80 km 的长距离局间通信。

2. 根据传输速率分类

①传输设备 STM-1，即传输速率 155 Mb/s 的传输设备；

②传输设备 STM-4，即传输速率 622 Mb/s 的传输设备；

③传输设备 STM-16，即传输速率 2.5 Gb/s 的传输设备。

3. 根据光纤的类型和使用的工作波长分类

①使用 G.652 光纤，使用工作波长为 1310 nm；

②使用 G.652 光纤，使用工作波长为 1550 nm；

③使用 G.653 光纤，使用工作波长为 1550 nm。

4. 光接口类型

光接口的类型通常用代码表示：应用类型-STM 等级.尾标数。表 4.1 为光接口的分类及相应的应用类型代码。

表 4.1　光接口的分类及相应的应用类型代码

应用类型		局内	局间				
			短距离		长距离		
标称波长/nm		1310	1310	1550	1310	1550	
光纤类型		G.652	G.652	G.652	G.652	G.652	G.653
距离/km		<2	～15		～40	～80	
STM 等级	STM-1	I-1	S-1.1	S-1.2	L-1.1	L-1.2	L-1.3
	STM-4	I-4	S-4.1	S-4.2	L-4.1	L-4.2	L-4.3
	STM-16	I-16	S-16.1	S-16.2	L-16.1	L-16.2	L-16.3

注：表内距离用于分类而不适用于规范。

其中应用类型符号：I 表示互连距离小于 2 km 的局内通信，S 表示互连距离近似于 15 km 的短距离局间通信，L 表示互连距离在 1310 nm 窗口近似 40 km、在 1550 nm 窗口近似 80 km 的长距离局间通信。

STM 等级分别用 1、4、16 来表示设备的传输速率为 155 Mb/s、622 Mb/s 和 2.5 Gb/s。

尾标数表示为：空白或 1 表示标称工作波长为 1310 nm，所用光纤为 G.652 光纤；2 表示标称工作波长为 1550 nm，所用光纤为 G.652；3 表示标称工作波长为 1550 nm，所用光纤为 G.653。

各种应用类型中，除局内通信只考虑使用符合 G.652 建议的光纤，标称波长为 1310 nm 的光源，其他各种应用类型还可考虑使用符合 G.652、G.653 建议的光纤，标称波长为 1550 nm 的光源。

4.1.2　光接口位置

光接口的位置如图 4.1 所示。图中发送机参考点 S 是紧靠着光发送机（Transmitter，TX）活动连接器（Connect Transmitter，CTX）后光纤上的参考点，光接收机参考点 R 是紧靠着光接收机（Receiver，RX）活动连接器（Connect Receiver，CRX）前光纤上的参考点。若使用光分配架（Optical Distribution Frame，ODF），ODF 架上附加的光连接器则作为光纤链路（即光通道）的一部分，并位于 S 点和 R 点之间。

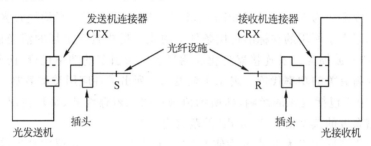

图 4.1　光接口的位置

4.1.3　测试单位

电信测试常用的电信传输单位是分贝（dB），分贝是一种对数单位，严格地说，只用于度量功率比，如果两个功率 P_1 和 P_2 是同一单位表示的，那么它们的比值是无量纲的量，并定义如下：

$$D = 10\lg \frac{P_1}{P_2}(\text{dB})$$

式中：D 为两个功率的相对大小，单位为 dB。一般用 dB 作为光衰减的单位。

如果取 1 mW 为参考基准，即 $P_2 = 1$ mW，那么 D 称为 P_1 的绝对功率电平，在 dB 之后加 m。

$$D = 10\lg \frac{P_1}{1\ \text{mW}}(\text{dBm})$$

dBm 为光功率的对数功率值，可以压缩瓦特值的数据位数，方便读数。常用功率的换算值如下：

$$0 \text{ dBm} = 1.000 \text{ mW}; -3 \text{ dBm} = 0.501 \text{ mW};$$
$$-5 \text{ dBm} = 0.316 \text{ mW}; -7 \text{ dBm} = 0.199 \text{ mW}; -10 \text{ dBm} = 0.100 \text{ mW}$$

4.2　光接口参数规范

4.2.1　平均发送光功率

光发送机的平均发送光功率定义为当发送机发送伪随机序列信号时，在参考点 S 所测得的平均光功率。典型光接口的平均发送光功率规范如表 4.2 所示，具体规范如表 4.4 至表4.6所示。

表 4.2　典型光接口平均发送光功率规范

光接口类型	I-1	S-1.1	L-1.2	S-4.2	L-4.2	L-16.2	L-16.3
最大平均光功率/dBm	−8	−8	0	−8	+2	+3	+3
最小平均光功率/dBm	−15	−15	−5	−15	−3	−2	−2

4.2.2　接收机灵敏度和过载光功率

接收机灵敏度定义为 R 点处为使 BER 达到 1×10^{-10} 所需要的平均接收光功率可允许的最小值。它考虑了由于所用的在标准运用条件下的光发送机具有最坏的消光比、脉冲上升和下降时间、S 点的回波损耗以及连接器劣化和测量容差所引起的功率代价，而不包括与色散、抖动或光通道反射有关的功率代价。表 4.4 至表 4.6 列出了各应用类型最差接收机灵敏度的要求，这些规范中均包括老化的影响，即所示值为接收机寿命终止、最坏情况时应达到的值。接收机灵敏度富余度的典型值在 2~4 dB 的范围内。

接收机过载光功率定义为 R 点处为使 BER 达到 1×10^{-10} 所需要的平均接收光功率可接受的最大值。灵敏度和过载光功率是帮助判断平均接收光功率是否正常的重要依据。表 4.3 为典型光接口的接收机灵敏度和过载光功率规范。具体规范如表 4.4 至表 4.6 所示。

表 4.3　典型光接口的接收机灵敏度和过载光功率规范

光接口类型	I-1	S-1.1	L-1.2	S-4.2	L-4.2	L-16.2	L-16.3
最差灵敏度/dBm	−23	−28	−34	−28	−28	−28	−27
最小过载点/dBm	−8	−8	−10	−8	−8	−9	−9

4.2.3　其他光接口参数规范

1. 光线路码型

光接口的线路码型为加扰不归零（Non Return Zero，NRZ）码，采用 7 级扰码器，生成多项式为 $X^7 + X^6 + 1$。

2. 系统工作波长范围

系统的工作波长范围取决于光纤类型、光源特性、系统衰减范围及光通道的色散等因素。允许系统使用的波长范围部分地由光纤或光缆的截止波长值来确定。对于 G.652 和 G.653 光纤，允许光缆在 1260 nm 或其之上单模运用。可允许的工作波长范围进一步由光纤衰减来确定。G.652 光纤有一个衰减较小的、中心波长在 1310 nm 附近的波长区（有时称为窗口）和另一个衰减值更小的、中心波长在 1550 nm 附近的波长区，同样 G.653 光纤也可以工作在 1550 nm 的波长区。

除了受光纤或光缆的截止波长和衰减因素决定外，允许的波长范围也由光发送机的光谱特性与光纤色散的相互作用来确定。这个范围与由截止波长、衰减确定的范围的重叠部分是系统工作允许的波长范围。SDH 各等级光接口的允许工作波长范围如表 4.4 至表 4.6 所示。

对于再生段距离要求较高的干线应用场合，表中工作波长范围需另加限制。例如 L-4.1 系统，采用多纵模激光器（Multiple Longitudinal Mode，MLM）时，为了达到 50 km 的距离，波长范围应控制在(1310±8) nm 范围内。这类加强型光接口,只要求保证纵向兼容性。

3. 光发送机

(1)光源类型

光发送器件与衰减特性及光接口的应用类型有关,可选用发光二极管(Light Emitting Diode,LED)、多纵模(MLM)激光器和单纵模(Single Longitudinal Mode,SLM)激光器。对于每一种应用类型,规范(表 4.4 至表 4.6)中列出了一种标称光源类型,但不一定是唯一的光源类型。例如 SLM 器件可以替代表 4.4 至表 4.6 中以 LED 和 MLM 作为标称光源的任何应用,MLM 器件可以替代 LED 作为标称光源的任何应用,而系统性能不会有任何降低。

(2)光谱特性

最大均方根宽度(σ):对于 LED 和 MLM 激光器,用在标准条件下的最大均方根(Root Mean Square,RMS)宽度(σ)来表征其光谱宽度。

最大 20 dB 谱宽度:RMS 激光器光谱宽度定义为最大峰值功率跌落 20 dB 的最大全宽。详细规范如表 4.4 至表 4.6 所示。

最小边模抑制比(Side Mode Suppression Ratio,SMSR):对于 SLM 激光器,SMSR 定义为最坏反射条件时,全调制条件下,主纵模的平均光功率与最显著的边模的光功率之比的最小值。SMSR 应大于 30 dB。

(3)消光比(Extinction Ratio,EXT)

消光比定义为最坏反射条件时,全调制条件下传号平均光功率与空号平均光功率比值的最小值。即:

$$EXT = 10\lg\left(\frac{A}{B}\right)$$

式中:A 为逻辑"1"的光功率;B 为逻辑"0"的光功率。

4. 光通道

(1)衰减

光通道的衰减是指 S-R 点间光传输通道对光信号的衰减值,为最坏情况下的数值。这些数值包括由接头、连接器、光衰减器或其他无源光器件及任何附加光缆余度引起的总衰减。光缆余度中考虑了如下因素:

①日后对光缆配置的修改如附加接头、增加光缆长度等;

②由环境因素引起的光缆性能变化;

③S-R 点间使用了任何连接器、光衰减器或其他无源光器件引起性能的劣化。

各应用类型光通道衰减的具体范围见表 4.4 至表 4.6。

(2)最大色散值

受色散限制的应用类型所规定的光通道最大色散值示于表 4.4 至表 4.6 中。

受衰减限制的应用类型不规定光通道最大色散值,在表 4.4 至表 4.6 中用"NA"表示。

(3)反射

光通道的反射是由通道上的不连续性引起的,如果不加控制,由于它们对激光器工作的干扰影响或由于多次反射在接收机上导致干涉噪声而使系统性能劣化。通常用下述两个参数来规范通道的反射。

①回波损耗。回波损耗定义为入射光功率与反射光功率之比。表 4.4 至表 4.6 规范了各

表 4.4 STM-1 光接口参数规范

项目		单位	I-1	I-1	S-1.1	S-1.2	S-1.2	L-1.1	L-1.1	L-1.2	L-1.2	L-1.3	L-1.3
			数值 STM-1 155520										
标称比特率		kb/s	155520										
应用分类代码			I-1		S-1.1	S-1.2		L-1.1		L-1.2		L-1.3	
工作波长范围		nm	1260~1360		1261~1360	1430~1576	1430~1580	1263~1360		1534~1566	1480~1580	1523~1577	1480~1580
光源类型			MLM	LED	MLM	MLM	SLM	MLM	SLM	MLM	SLM	MLM	SLM
发送机在 S 点特性	最大 RMS 谱宽	nm	40	80	7.7	2.5	—	3	—	3	—	2.5	—
	最大 20 dB 谱宽	nm	—	—	—	—	1	—	1	—	1	—	1
	最小边模抑制比	dB	—	—	—	—	30	—	30	—	30	—	30
	最大平均光功率	dBm	−8	−8	−8	−8	−8	0	0	0	0	0	0
	最小平均光功率	dBm	−15	−15	−15	−15	−15	−5	−5	−5	−5	−5	−5
	最小消光比	dB	8.2	8.2	8.2	8.2	8.2	10	10	10	10	10	10
S-R 点间光通道特性	衰减范围	dB	0~7	0~7	0~12	0~12	0~12	10~28	10~28	10~28	10~28	10~28	10~28
	最大色散	ps/nm	18	25	96	296	NA	246	NA	246	NA	296	NA
	S 点的最小回波损耗（含有任何活接头）	dB	NA	NA	NA	NA	NA	NA	NA	NA	20	NA	NA
	S-R 间最大反射系数	dB	NA	NA	NA	NA	NA	NA	NA	NA	−25	NA	NA
接收机在 R 点特性	最差灵敏度	dBm	−23	−23	−28	−28	−28	−34	−34	−34	−34	−34	−34
	最小过载点	dBm	−8	−8	−8	−8	−8	−10	−10	−10	−10	−10	−10
	最大光通道代价	dB	1	1	1	1	1	1	1	1	1	1	1
	R 点的最大反射系数	dB	NA	NA	NA	NA	NA	NA	NA	NA	−25	NA	NA

注：NA 表示不作要求。

表 4.5 STM-4 光接口参数规范

数值栏标称比特率（kb/s）：STM-4 = 622080

特性	项目	单位	I-4	I-4	S-4.1	S-4.1	S-4.2	L-4.1	L-4.1	L-4.1	L-4.1(JE)	L-4.2	L-4.3
	应用分类代码		I-4	I-4	S-4.1	S-4.1	S-4.2	L-4.1	L-4.1	L-4.1	L-4.1(JE)	L-4.2	L-4.3
	工作波长范围	nm	1261~1360	1261~1360	1293~1334	1274~1356	1430~1580	1300~1325	1296~1330	1280~1335	1302~1318	1480~1580	1480~1580
发送机在 S 点特性	光源类型		MLM	LED	MLM	MLM	SLM	MLM	MLM	SLM	MLM	SLM	SLM
	最大 RMS 谱宽	nm	14.5	35	4	2.5	—	2	1.7	—	<1.7	—	—
	最大 20 dB 谱宽	nm	—	—	—	—	1	—	—	1	—	<1*	1
	最小边模抑制比	dB	—	—	—	—	30	—	—	30	—	30	30
	最大平均光功率	dBm	-8	-8	-8	-8	-8	2	2	2	2	2	2
	最小平均光功率	dBm	-15	-15	-15	-15	-15	-3	-3	-3	-1.5	-3	-3
	最小消光比	dB	8.2	8.2	8.2	8.2	8.2	10	10	10	10	10	10
S-R 间光通道特性	衰减范围	dB	0~7	0~7	0~12	0~12	0~12	10~24	10~24	10~24	27	10~24	10~24
	最大色散	ps/nm	13	14	46	74	NA	92	109	NA	109	*	NA
	S 点的最小回波损耗（含有任何活接头）	dB	NA	NA	NA	NA	24	20	20	20	24	24	20
	S-R 间最大光反射系数	dB	NA	NA	NA	NA	-27	-25	-25	-25	-25	-27	-25
接收机在 R 点特性	最差灵敏度	dBm	-23	-23	-28	-28	-28	-28	-28	-28	-30	-28	-28
	最小过载点	dBm	-8	-8	-8	-8	-8	-8	-8	-8	-8	-8	-8
	最大光通道代价	dB	1	1	1	1	1	1	1	1	1	1	1
	R 点的最大光反射系数	dB	NA	NA	NA	-27	-27	-14	-14	-14	-14	-27	-14

注1：* 表示将来国际标准确定。

2：NA 表示不作要求。

表 4.6 STM-16 光接口参数规范

项目		单位	数值 STM-16 2488320							
标称比特率		kb/s								
应用分类代码			I-16	S-16.1	S-16.2	L-16.1	L-16.1(JE)	L-16.2	L-16.2(JE)	L-16.3
工作波长范围		nm	1266~1360	1260~1360	1430~1580	1280~1335	1280~1335	1500~1580	1530~1560	1500~1580
发送机在 S 点特性	光源类型		MLM	SLM	SLM	SLM	SLM	SLM	SLM(MQW)	SLM
	最大 RMS 谱宽	nm	4	—	—	—	—	—	2.5	—
	最大 20 dB 谱宽	nm	—	1	<1*	1	<1	<1*	<0.6	<1*
	最小边模抑制比	dB	—	30	30	30	30	30	30	30
	最大平均光功率	dBm	-3	0	0	+3	+3	+3	+5	+3
	最小平均光功率	dBm	-10	-5	-5	-2	-0.5	-2	+2	-2
	最小消光比	dB	8.2	8.2	8.2	8.2	8.2	8.2	8.2	8.2
S-R 点光通道特性	衰减范围	dB	0~7	0~12	0~12	0~24	26.5	10~24	28	10~24
	最大色散	ps/nm	12	NA	*	NA	216	1200~1600	1600	*
	S 点的最小最小回波损耗（含有任何活接头）	dB	24	24	24	24	24	24	24	24
	S-R 间最大反射系数	dB	-27	-27	-27	-27	-27	-27	-27	-27
接收机在 R 点特性	最差灵敏度	dBm	-18	-18	-18	-27	-28	-28	-28	-27
	最小过载点	dBm	-3	0	0	-9	-9	-9	-9	-9
	最大光通道代价	dB	1	1	1	1	1	2	2	1
	R 点的最大反射系数	dB	-27	-27	-27	-27	-27	-27	-27	-27

注1: *表示特格来国际标准确定。

2: NA 表示不作要求。

种应用类型允许的在 S 点上光缆设备(包括任何连接器)的最小回波损耗。

②离散反射。离散反射定义为反射光功率与入射光功率之比,正好与回波损耗相反。表4.4 至表 4.6 规范了各应用类型在 S-R 点之间允许的最大离散反射。

对于认为反射不会影响系统性能的应用类型,对上述反射参数不规定规范值,相应在表4.4 至表 4.6 中以"NA"表示。

5.光接收机

(1)接收机反射系数

接收机反射系数定义为 R 点处的反射光功率与入射光功率之比。

各应用类型允许的最大反射系数如表 4.4 至表 4.6 所示,对于认为反射不会影响接收机性能的应用类型,对该参数不作具体规范,表中以"NA"表示。

(2)光通道功率代价

光通道功率代价定义为由反射、码间干扰、模分配噪声及激光二极管"啁啾"声引起的接收机性能总的劣化。要求接收机允许的光通道代价不超过 1 dB(对于 L-16.2 不超过 2 dB)。

表 4.4 至表 4.6 所规范的数值都是最坏值,即在系统设计寿命终了并处于最恶劣的条件下仍然能满足的数值。

(3)接收机老化余度

接收机在设计寿命期间的老化余度规定为 3 dB,即在系统寿命开始且处于规定温度范围下的灵敏度与系统寿命终了且处于最坏条件下的灵敏度之差不小于 3 dB。

小　结

本模块主要介绍完成光接口测试所需的原理知识;光接口标准化的目的是为了在再生段上实现横向兼容性,并仍保证再生段的各项性能指标;介绍了光接口的分类、位置及测试单位,重点阐述了平均发送光功率、接收光功率的概念及参数规范。

思考题

1.光接口的分类有哪些?

2.简述 S-4.1 和 L-16.2 的含义。

3.测试 SDH 设备的平均发送光功率时,为什么不需要输入测试信号?请阐述理由。

4.SDH 设备报 LOS 告警,为查明故障原因,测试接收光功率,发现光功率为 -38 dBm。已知该系统光接口满足 L-16.2 光接口标准,试分析可能的故障原因。

5.如果测试灵敏度时,从速率为 2048 kb/s 的支路口输入测试信号,请问至少应测试多长时间?

模块五 告警与性能管理

应用场景

光传输系统经过工程安装期间技术人员的精心安装和调测,都能正常稳定地运行。但有时由于多方面的原因,比如受系统外部环境的影响、部分元器件的老化损坏、维护过程中的误操作等,都可能导致系统进入不正常运行状态。当发生故障或出现传输损伤时,一般会伴随大量的告警和性能数据的产生。对告警和性能数据进行实时、有效的管理是了解设备运行情况以及故障定位的主要手段,为了保证网络的正常运行,网络管理维护人员应通过告警以及性能管理措施对网络进行检查和监控,对设备故障进行正确分析、定位和排除,使系统迅速恢复正常,或提前发现网络运行隐患,规避网络故障风险。

学习目标

1.识别段开销及通道开销;说明功能参考模型的组成部分及各部分的具体功能,说出告警信号的产生过程及相互之间的关系。

2.区分当前告警与历史告警;利用网管系统正确进行告警设置操作和告警浏览操作;区分当前性能数据和历史性能数据;说出性能数据上报流程;完成性能监视设置操作及性能浏览操作。

5.1 SDH 开销字节

5.1.1 段开销的安排

在 SDH 的帧结构中,段开销占据着非常重要的位置,段开销中每个字节都有其特殊的含义。对一个合格的光纤技术人员来说,掌握好这些字节的含义对以后的进一步学习起着至关重要的作用,也是以后实际工作中判断故障、解决故障的基础。

STM-1 和 STM-N 的段开销有不同之处。STM-1 的段开销安排如图 5.1 所示。经 N 个 STM-1 逐字节间插复用成的 STM-N 的段开销与 STM-1 段开销的字节安排有所不同,只有第一个 STM-1 的段开销完全保留,其余 $N-1$ 个 STM-1 的段开销仅保留帧定位字节 3 个 A1,3 个 A2 和 3 个 B2 字节,其他的字节全部省略,图 5.2 所示即为 STM-4 的段开销安排,由此可见在 STM-N 的段开销中有 $3N$ 个 A1,$3N$ 个 A2 和 $3N$ 个 B2 字节,各字节的对应位置基本保持不变,只有 M1 字节的位置发生了变化,它位于第九行的 $3N+2$ 列的位置上。

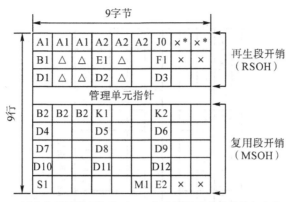

×—国内使用的保留字节；△—与传输媒质有关的特征字节；
*—不扰码字节；所有未标记字节为将来国际标准确定。

图 5.1　STM-1 的段开销安排

5.1.2　段开销功能

1. 再生段开销

(1)帧定位字节 A1、A2

A1、A2 字节用来标识 STM-N 帧的起始位置。即在比特流中只要找到 $3N$ 个 A1 和 $3N$ 个 A2 的特殊比特组合就找到了这一帧的开头，加上随后的 $(270 \times N \times 9 - 6N) \times 8$ bit 为一帧。其中 A1 为"11110110"(F6)，A2 为"00101000"(28)。

(2)再生段踪迹字节 J0

J0 重复发送一个代表某接入点的标志，从而使再生段的接收端能够确认是否与预定的发送端处于持续的连接状态。用连续 16 帧内的 J0 字节组成 16 字节的帧来传送接入点识别符，其第一个字节是该帧的起始标志，它包含对上一帧进行 CRC-7 计算的结果。例如华为公司 OptiX OSN 3500 设备 J0 字节缺省的值是 HuaWei␣SBS，除帧起始标志字节外，还需在字符串末尾添加 5 个空格字符"␣"补足 16 个字节总长。除了 16 字节模式外，J0 字节还有 64 字节模式。

(3)STM-1 识别符 C1

在 ITU-T 老建议中 J0 的位置上安排的是 C1 字节，用来表示 STM-1 在高阶 STM-N 中的位置。采用 C1 字节的老设备与采用 J0 字节的新设备互通时，新设备置 J0 为"00000001"表示"再生段踪迹未规定"。

(4)再生段误码监视字节 B1

B1 字节用作再生段误码在线监测，它是采用偶校验的比特间插奇偶校验 8 位码(Bit Interleaved Parity 8 Code Using Evenparity,BIP-8)方法获取的。BIP-8 是将被监测部分的 8 比特看作一组排列，作为一个整体。然后计算每一列中数据为"1"的数量是奇偶数，如果为奇数则 BIP-8 中相应比特置"1"，如果为偶数则 BIP-8 中相应比特置"0"，即参加检测的所有字节和 BIP-8 放在一起，使每列的数据为"1"的位总数为偶数。例如有一串较短的序列"11010100,01110011,10101010,10111010"，其 BIP-8 的计算结果为"10110111"。

图5.2 STM-4的段开销安排

×—国内使用的保留字节；△—与传输媒质有关的特征字节；*—不扰码字节；所有未标记字节为将来国际标准确定。

　　再生段误码个数的计算,是通过发送端的 B1 和接收端的 B1 比较所得出的。具体方法是在发送端 STM-N 帧中对前一 STM-N 帧扰码后的所有比特进行 BIP-8 运算,将得到的结果置于当前帧扰码前的 B1 位置。接收端将前一帧解扰码前计算得到的 BIP-8 值,与当前帧解扰后的 B1 作比较,如果任一比特不一致,则说明本 BIP-8 负责监测的"块"在传输过程中有差错,B1 字节的误块检测过程如图 5.3 所示。从而实现再生段的在线误码监测。由此可以看出,再生段误码是以 8 比特为一组,比较结果中 1～8 比特差错均视为一个误块,即一帧为一块进行监测的,它只能监测出本再生段的误码性能,而无法监测出上游再生段的误码性能。

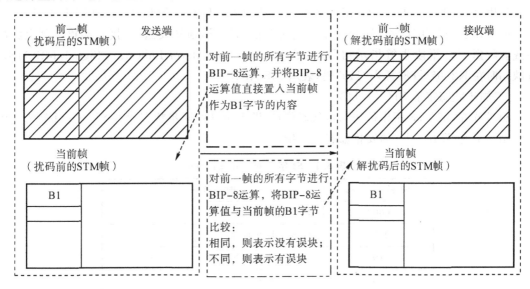

图 5.3　B1 字节的误块检测过程

(5)再生段公务通信字节 E1

E1 字节用于再生段公务联络,提供一个 64 kb/s 通路,它在中继器上也可以接入或分出。

(6)使用者通路字节 F1

F1 字节为网络运营者提供一个 64 kb/s 通路,为特殊维护目的提供临时的数据/话音通道。

(7)再生段数据通信通道字节 D1、D2、D3

再生段数据通信通道字节(Data Communication Channels,DCC)D1、D2、D3 用于再生段上传送再生段的运行、管理和维护信息,可提供速率为 192 kb/s(3×64 kb/s)的通道。

2. 复用段开销

(1)复用段误码监视字节 B2

B2 字节用于复用段的误码在线监测,3 个 B2 共 24 bit,作比特间插奇偶校验,以前为 BIP-24 校验,后改进为 $24\times BIP-1$,其计算方法与 BIP-8 相似,只不过此处的是以 1 个比特为一组,即在比较结果中,任意 1 个比特的差错都计算为 1 个误块,一帧被视为 24 块。

(2)数据通信通道字节 D4～D12

D4～D12 字节构成管理网复用段之间运行、管理和维护信息的传送通道,可提供速率达 576 kb/s(9×64 kb/s)的通道。

(3)复用段公务通信字节 E2

E2 字节用于复用段公务联络,只能在含有复用段终端功能块(Multiplex Section Termination,MST)的设备上接入或分出,可提供速率为 64 kb/s 通路。

(4)自动保护倒换(APS)通路字节 K1、K2(b1~b5)

K1 和 K2(b1~b5)字节用于传送复用段保护倒换(APS)协议。两字节的比特分配和面向比特的协议在 ITU-T G.783 建议的附件 A 中给出。K1(b1~b4)指示倒换请求的原因,K1(b5~b8)指示提出倒换请求的工作系统序号,K2(b1~b5)指示复用段接收侧备用系统倒换开关桥接到的工作系统序号及路径选择方式。

(5)复用段远端缺陷指示(MS-RDI)字节 K2(b6~b8)

复用段远端缺陷指示(Multiplex Section-Remote Defect Indication,MS-RDI)字节 K2(b6~b8)用于向复用段发送端回送接收端状态指示信号,通知发送端,接收端检测到上游故障或者收到了复用段告警指示信号(Multiplex Section-Alarm Indication Signal,MS-AIS)。有缺陷时在 K2(b6~b8)插入"110"码,表示 MS-RDI。

(6)同步状态字节 S1(b5~b8)

S1 字节的 b5~b8 用作传送同步状态信息,即上游站的同步状态通过 S1(b5~b8)传送到下游站。S1 字节 b5~b8 的安排如表 5.1 所示。

表 5.1 S1 字节 b5~b8 的安排

S1 的 b5~b8	时钟等级
0000	质量未知
0010	G.811 基准时钟
0100	G.812 转接局从时钟
1000	G.812 本地局从时钟
1011	同步设备定时源(SETS)
1111	不可用于时钟同步

注:其余组态预留。

(7)复用段远端差错指示(MS-REI)字节 M1

复用段远端差错指示(Multiplex Section-Remote Error Indication,MS-REI)字节 M1 用于将复用段接收端检测到的差错数回传给发送端。接收端(远端)的差错信息由接收端计算出的 $24\times BIP-1$ 与收到的 B2 比较得到,有多少差错比特就表示有多少差错块,然后将差错数用二进制表示放置于 M1 的位置。

M1 的第一比特忽略,STM-1 的 M1 代码(最多 24 个差错)如表 5.2 所示,STM-4 的 M1 代码(最多 4×24 个差错)如表 5.3 所示,STM-16的 M1 代码(最多 16×24 个差错)如表 5.4 所示。

表 5.2 STM-1 的 M1 代码

M1 代码比特 2 3 4 5 6 7 8	代码含义
0 0 0 0 0 0 0	0 个差错
0 0 0 0 0 0 1	1 个差错
0 0 0 0 0 1 0	2 个差错
⋮	⋮
0 0 1 1 0 0 0	24 个差错
0 0 1 1 0 0 1	0 个差错
⋮	⋮
1 1 1 1 1 1 1	0 个差错

表 5.3　STM - 4 的 M1 代码

M1 代码比特 2 3 4 5 6 7 8	代码含义
0 0 0 0 0 0 0	0 个差错
0 0 0 0 0 0 1	1 个差错
0 0 0 0 0 1 0	2 个差错
⋮	⋮
1 1 0 0 0 0 0	96 个差错
1 1 0 0 0 0 1	0 个差错
⋮	⋮
1 1 1 1 1 1 1	0 个差错

表 5.4　STM - 16 的 M1 代码

M1 代码比特 1 2 3 4 5 6 7 8	代码含义
0 0 0 0 0 0 0 0	0 个差错
0 0 0 0 0 0 0 1	1 个差错
0 0 0 0 0 0 1 0	2 个差错
⋮	⋮
1 1 1 1 1 1 1 0	254 个差错
1 1 1 1 1 1 1 1	255 个差错

5.1.3　通道开销功能

从映射复用过程可以看到：VC - 4、VC - 3 和 VC - 12 均加入了通道开销(POH)，用于本通道(VC 路由)的维护和管理。其中高阶虚容器 VC - 4 和 VC - 3 的通道开销相同，均为 9 个字节，即字节 J1、B3、C2、G1、F2、H4、F3、K3 和 N1，称之为高阶通道开销；低阶虚容器 VC - 12 的通道开销为 V5、J2、N2 和 K4 四个字节，称之为低阶通道开销。下面简单介绍通道开销的意义。

1. 高阶通道开销

(1)高阶通道踪迹字节 J1

J1 字节的作用与段开销中 J0 功能相似，用于重复发送高阶虚容器(VC - 4、VC - 3)通道接入点识别符，接收端利用 J1 来确认自己与预定的发送端是否处于持续的连接状态。

(2)高阶通道误码监测字节 B3

B3 字节对 VC - 3 或 VC - 4 进行误码监测，监测方法与 B1 相似，采用 BIP - 8 算法。

(3)高阶通道信号标记字节 C2

C2 字节用来标示高阶通道(VC - 3 或 VC - 4)的信号组成。C2 的代码含义如表 5.5 所示。

表 5.5　C2 的代码含义

高位 1 2 3 4	低位 5 6 7 8	十六进制	含义
0 0 0 0	0 0 0 0	00	未装载或监控未装载信号
0 0 0 0	0 0 0 1	01	已装载,非特殊净荷
0 0 0 0	0 0 1 0	02	支路单元管理组(TUG)结构
0 0 0 0	0 0 1 1	03	支路单元(TU)锁定方式
0 0 0 0	0 1 0 0	04	异步映射 34 Mb/s 进入 C - 3
0 0 0 1	0 0 1 0	12	异步映射 140 Mb/s 信号进入 C - 4
0 0 0 1	0 0 1 1	13	ATM 映射
0 0 0 1	0 1 0 0	14	局域网的分布排队双总线映射
0 0 0 1	0 1 0 1	15	光纤分布式数据接口(FDDI)映射
1 1 1 1	1 1 1 0	FE	O.181 测试信号规定的映射
1 1 1 1	1 1 1 1	FF	VC-AIS(仅用于串联连接)

(4)通道状态字节 G1

G1 字节用于将通道(VC-3 或 VC-4)终端接收器接收到的通道状态和性能回送到通道的始端。G1 字节安排如图 5.4 所示。图中 REI(Remote Error Indication)表示远端差错指示,RDI(Remote Defect Indicatiom)表示远端缺陷指示。

REI				RDI	保留		保留
1	2	3	4	5	6	7	8

图 5.4　G1 字节安排

(5)高阶通道使用者字节 F2、F3

F2、F3 两个字节为使用者提供通道单元之间的通信通路,它们与净荷有关。

(6)位置指示字节 H4

H4 字节为净荷提供一般位置指示,也可作特殊净荷的位置指示,例如作 VC-12 复帧位置指示。

(7)自动保护倒换通路字节 K3

K3 字节的 b1~b4 用于传送高阶通道的自动保护倒换(APS)协议,K3(b5~b8)留用,目前没有定义它的值。

(8)网络运营者字节 N1

N1 字节用来提供串联连接监视(Tandem Connection Monitoring,TCM)功能。

2. 低阶通道开销

(1)V5 字节

V5 字节是 VC-12 复帧的第一个字节,用于误码检测、信号标记和 VC-12 通道的状态指示等功能。V5 字节安排如图 5.5 所示,图中 RFI(Remote Failure Indication)表示远端故障指示(当失效持续期超过传输系统保护机理设定的最大时间时称为故障)。

BIP-2		REI	RFI	信号标记			RDI
1	2	3	4	5	6	7	8

图 5.5　V5 字节安排

(2)低阶通道踪迹字节 J2

J2 字节用于在低阶通道(VC-12)接入点重复发送低阶通道接入点识别符,接收端利用 J2 字节来确认自己与预定的发送端是否处于持续的连接状态。其 16 字节帧结构格式与 J0 字节的 16 字节帧结构格式相同。

(3)网络运营者字节 N2

N2 字节提供串联连接监控(TCM)功能。ITU-T 提出的 G.707 建议的附录 E 规定了 N2 字节的结构和 TCM 协议。

(4)自动保护倒换(APS)通道字节 K4(b1~b4)

K4(b1~b4)字节为低阶通道传送 APS 协议。

(5)保留字节 K4(b5~b7)、K4(b8)

K4(b5~b7)字节可保留(此时设置为"000"或"111")或做他用,K4(b8)目前无确定的值。

5.2 功能参考模型

扎实的 SDH 基础知识为维护和维修 SDH 设备提供了帮助,但要想更好地维护 SDH 设备,就必须要掌握 SDH 设备的特征和基本功能。市场上的 SDH 设备品牌多、型号多,整体上都具有如下特征:

①SDH 提供高度的功能集成,具体物理设备中可以包含不同的功能。例如复接功能与线路终端功能就可以合成在同一设备中,如终端复用设备(TM)。

②SDH 设备在功能实现时具有很大的灵活性,能把各种功能组合在同一设备中,通过软件进行设置。例如一个设备通过网管软件就可以设置为终端复用设备(TM)或分插复用设备(ADM),而无需改变任何硬件配置。

③实现设备功能的方法多种多样,不同厂家对同一功能的实现方法可能各不相同,有的用硬件实现,有的用软件实现,因此设备上不一定能找到每一个独立功能对应的物理电路。

鉴于现在 SDH 设备传输业务种类较多,面对不同的需求,各厂家不断推出新的产品。为了不针对某厂家的具体产品,在研究 SDH 网元设备传输 PDH 信号的规范时,通常采用功能参考模型的方法,将设备分解为一系列基本功能模块,然后对每一基本功能模块的内部过程和输入、输出参考点原始信息流进行严格描述,而对整个设备功能只进行一般化描述。通过组合一系列基本功能块,可以构成实用化的具有一定网络性能的设备。

5.2.1 SDH 设备的功能描述

图是以 2 Mb/s 信号复接成 STM-1 帧为例,画出了设备在完成这一过程时,按逻辑功能划分的功能框图。从图中可以清楚地看到,信号的复接流程和各功能块的具体内容及相互关系。由图可以看出,在信号的映射复用过程中,存在如下功能块类型:

①接口功能,用字母 I 表示,设备与外界的连接接口,包括 SDH 物理接口和 PDH 物理接口。

②终端功能,用字母 T 表示,用来处理各种开销,包括再生段终端、复用段终端、高阶通道终端和低阶通道终端。

③适配功能,用字母 A 表示,实现向各分层信号适配,包括低阶通道适配、高阶通道适配和复用段适配。

④交叉连接功能,用字母 C 表示,针对虚容器 VC 信号进行交叉连接,包括高阶通道交叉连接和低阶通道交叉连接。

⑤保护功能,用字母 P 表示,系统可以进行通道和段层的保护,包括高阶通道保护、低阶通道保护和复用段保护。

按照这个思路可以进一步地扩展到如图 5.7 所示的一般化逻辑功能框图。图中的每一小方块代表一个基本功能,不同功能块之间的连接点是逻辑点,而非内部接口点。该图概括了所有 SDH 设备的功能,将来出现的任何一种 SDH 设备都可能是图 5.7 所示的部分或全部功能的组合。对于系统中运行的设备,只有处理信号的这些功能块是远远不够的,还需要大量的辅助功能块,例如管理功能块、时钟功能块等,如图 5.7 所示。

从图 5.7 中可以看到,各功能块中都有一系列的参考点。

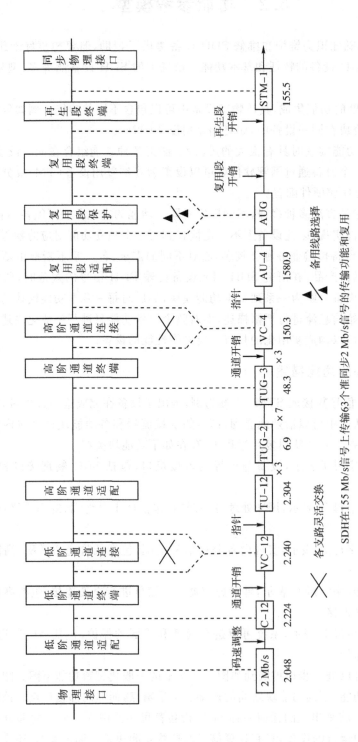

图5.6 2/155过程中逻辑功能划分的功能框图

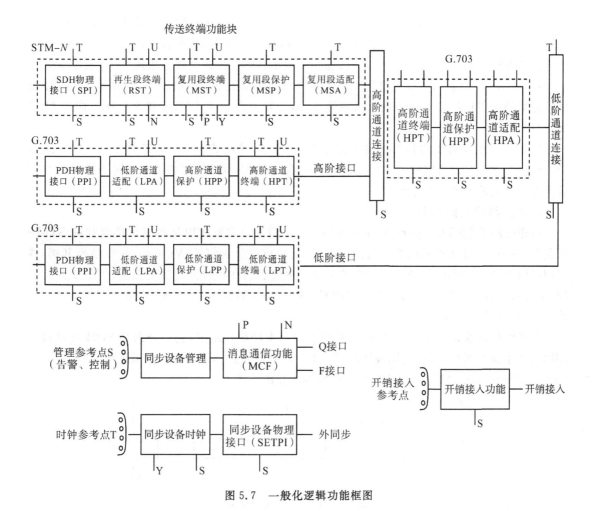

图 5.7　一般化逻辑功能框图

S 参考点是管理参考点,即用于系统告警和控制的参考点。通过 S 参考点各个功能块将告警信息发送至同步设备管理功能块(Synchronous Equipment Management Function,SEMF),SEMF 功能块将收集到的信息进行处理,经消息通信功能块(Message Communication Function,MCF)将该设备的管理信息置于系统应用的数据通道,反向地,SEMF 可以将控制信息发送至各个功能块。

T 参考点称为输入/输出时钟参考点,可以通过不同的参考点从接收的信号中提取的定时信号发送至同步设备定时源(Synchronous Equipment Timing Source,SETS)作为定时参考信号,也可以根据需要将内部定时参考信号发送至外部需要定时的设备,或 SETS 将经过选择和变换的定时信号发送至除 SDH 物理接口(Synchronous Physical Interface,SPI)以外的所有功能块。

U 参考点称为开销接入参考点。通过 U 参考点,各个接收方向的功能块将 E1、E2 及一些空白字节发送至开销接入接口(Overhead Access,OHA)接收,而 OHA 则将 E1、E2 及一些空白字节发送至发送方向的各个功能块。

N 参考点和 P 参考点分别称为再生段(DCC)的参考点和复用段 DCC 的参考点,通过 N 参考点,接收方向的再生段终端(Regenerator Section Termination,RST)功能块将再生段

DCC 字节发送至 MCF 接收（经 Q 接口发送至 TMN 或经 F 接口发送至工作站），而 MCF 则将形成（TMN 经 Q 接口发送来的或工作站经 F 接口发送来的）再生段 DCC 的字节发送至发送方向的 RST 功能块。通过 P 参考点，接收方向的 MST 功能块将复用段 DCC 的字节发送至 MCF 接收（经 Q 接口发送至 TMN 或经 F 接口发送至工作站），而 MCF 则将 TMN 经 Q 接口发送来的或工作站经 F 接口发送来的信息，形成复用段 DCC 字节发送至发送方向的 MST 功能块。

Y 参考点称为同步质量参考点，通过 Y 参考点，接收方向的 MST 将 S1 字节发送至 SETS，作为 SETS 进行定时参考信号优先级选择的依据，而 SETS 将 T0 的同步质量信息发送至发送方向的 MST 功能块。

1. 传送终端功能（TTF）

传送终端功能（Transport Terminal Function，TTF）主要作用是将网元接收到的 STM－N 信号（具有 SDH 帧结构的光信号或电信号）转换成净负荷信号（VC－4），并终结段开销，或作相反的变换，是 SDH 设备必不可少的部分。主要表现在各种类型的光板上，例如华为公司的 SL1、SL4、SL16 等单板，富士通公司的 CHSD－1S、CHSD－1L、CHSD－4S、CHSD－4L 等单板，只是各单板处理的速度不同而已。

传送终端功能是一个复合功能，主要由五个基本功能块组成，它们分别是 SDH 物理接口（SPI）、再生段终端（RST）、复用段终端（MST）、复用段保护（MSP）和复用段适配（Multiplexer Section Adaptation，MSA）。TTF 功能块的组成如图 5.8 所示。

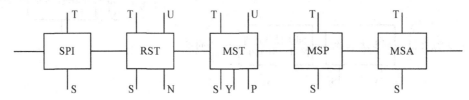

图 5.8　TTF 功能块的组成

（1）SDH 物理接口（SPI）

SPI 主要实现 STM－N 线路接口信号和内部 STM－N 逻辑电平信号之间的相互转换。SPI 功能块如图 5.9 所示。

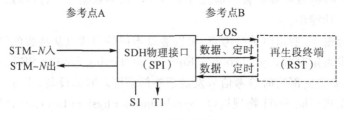

图 5.9　SPI 功能块

接收侧，SPI 功能块主要完成线路送来的 STM－N 信号（光）在本功能块中转换成内部逻辑电平信号（电），并恢复出时钟，一起发送至再生段终端功能块，同时恢复出来的时钟经参考点 T1 发送至同步设备时钟源（SETS）。

如果 SPI 功能块收不到线路送来的 STM－N 信号，SPI 功能块产生接收信号丢失（LOS）

告警指示,经参考点 S1 发送至 SEMF 功能块,同时也发送至 RST 功能块一个告警电平,如果 SPI 功能块恢复不出时钟,则会产生时钟丢失(LOT)告警指示,经参考点 S1 发送至 SEMF。

发送侧,RST 送来的带定时信号的 STM-N 逻辑电平信号在此处转换为线路信号(光信号或电信号),同时,在激光器失效(TF)或寿命告警(TD)时,产生相应的告警信号,经参考点 S 发送至 SEMF 功能块。

体现 SPI 性能的主要因素是两大光电器件的性能:光电检测器和光源。

(2)再生段终端(RST)

RST 功能块如图 5.10 所示,其主要作用是产生和终结再生段开销(RSOH)。

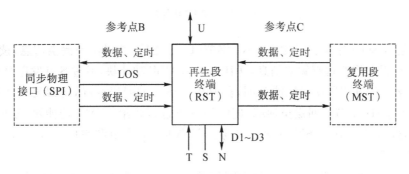

图 5.10　RST 功能块

发送侧,来自 MST 功能块的信号是带有有效复用段开销(MSOH)的 STM-N 信号,但 RSOH 字节是未定的,此时 RST 功能块的重要功能就是确定 RSOH 字节。包括计算出 B1 字节;由参考点 U 插入 E1 及空白字节;经过参考点 N 消息通信功能块插入 D1、D2 和 D3 字节;产生帧定位字节 A1 和 A2 等。在 RSOH 字节确定后,RST 功能块将 STM-N 信号(除第一行的前 9×N 个字节外)进行扰码,再将完整的 STM-N 逻辑电平信号发送至 SPI 功能块。如果 MST 功能块送来的是全"1"数据,则 RST 功能块往 SPI 功能块发出复用段告警指示信号 MS-AIS。

接收侧,SPI 功能块输出的逻辑电平和定时信号正常时,RST 功能块通过搜索 A1 和 A2 进行帧定位,提取 J0 字节,进行再生段踪迹判断,然后对除再生段开销第一行外所有字节进行解扰码,提取 E1、F1、D1~D3 以及其他未使用的字节送至系统内部开销数据接口,进行 B1 字节的再生段误码性能监测,并将监测到的结果通过 S 参考点报告给 SEMF。如果连续 5 帧 (625 μs)以上,找不到正确的 A1 和 A2 图案,则进入帧失步(Out Of Frame,OOF)状态;如果 OOF 状态持续一定的时间(3 ms),则设备进入帧丢失状态 LOF,此时,OOF 事件和 LOF 事件均将通过参考点 S 报告给 SEMF 功能块,并在 2 帧内产生全"1"信号送往下游;如果 J0 字节不匹配,则产生再生段踪迹失配(TIM)事件,通过参考点 S 报告给 SEMF 功能块,并在 2 帧内产生全"1"信号送往下游;如果 SPI 功能块送来的信号就是 LOS,则 RST 功能块就产生全"1"信号代替正常信号。

(3)复用段终端(MST)

MST 功能块如图 5.11 所示,主要作用是产生复用段开销并构成完整的复用段信号,以及终结(读出并解释)复用段开销。

接收侧,从 RST 功能块发送来已经恢复了 RSOH 字节的 STM-N 信号,在 MST 功能块

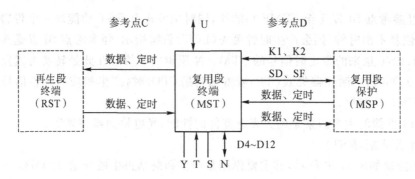

图 5.11　MST 功能块

中进一步恢复 MSOH 字节。读出 K1、K2 字节（1～5 比特）获得保护倒换信息，读取 K2 字节（6～8 比特）获得复用段远端缺陷信息，送往下游的 MSP 功能块，通过 S 点发送至 SEMF 功能块；进行 B2 字节的复用段误码性能监测，获取接收信号的误码情况，将误码数放置在发送侧（D→C 方向）的 M1 字节中回送至远端，同时经 S 点也报告给 SEMF 功能块；读出 S1 字节获得同步信息，经 Y 点发送至 SETS；通过参考点 U 提取 E2 字节和空白字节；通过参考点 P 提取 D4～D12 字节。

如果接收到的 K2 字节第 6～8 比特连续三帧为"111"，则判为 MS-AIS，连续 3 帧为"110"时认为检测到 MS-RDI；如果 B2 字节误码缺陷超过 10^{-3} 或 10^{-6} 门限（此门限也可以重新设置），则分别报误码超限缺陷和信号劣化（SD）送到 MSP 功能块，并经 S 点发送至 SEMF 功能块。当检测到 MS-AIS 或超限的误码缺陷时，2 帧内往下游发送全"1"信号和信号失效（SF）指示，并将发送侧（D→C 方向）的 K2 字节的第 6～8 比特置"110"，回送至远端，并告之远端，本端接收到的复用段信号失效，直至 MS-AIS 和 SF 结束。

发送侧，从 MSP 功能块送来的信号 MSOH 字节和 RSOH 字节未确定，MST 功能块的部分功能就是确定 MSOH 字节，并放置在相应的位置上，形成完整的复用段信号送给 RST。在 MST 功能块中，对上一帧除 RSOH 以外的所有比特进行 BIP-1×24 的计算，计算的结果置入 B2 字节；从复用段保护（MSP）功能来的自动保护倒换信息置入 K1 字节和 K2 字节的第 1～5 比特位置；E2 和一些未用字节经 U 点加入开销字节；经过参考点 P 和消息通信功能块插入 D4～D12 字节。

通常信号的扰码和解扰码功能在 RST 功能块实现。

（4）复用段保护（MSP）

MSP 功能块如图 5.12 所示，其用于复用段内 STM - N 信号的失效保护。当 MST 给 MSP 发送出 SF 或 SD 告警信号，或者经过 S 点接收到 SEMF 功能块的倒换命令时，MSP 功能块将被保护的 MSA 功能块切换到保护通路的 MST 功能块上。并且本端复用设备和远端复用设备的 MSP 功能块通过 K1、K2 字节规定的协议进行联络，协调倒换动作。从故障条件到自动倒换协议启动的倒换时间在 50 ms 以内。完成自动保护倒换后，经 S 点将保护倒换事件报告给 SEMF 功能块。

（5）复用段适配（MSA）

MSA 功能块如图 5.13 所示，其主要功能是处理 AU - 4 指针，并组合或分解整个 STM - N 帧。

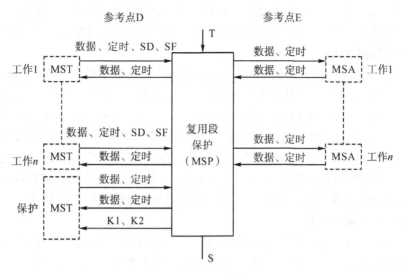

图 5.12　MSP 功能块

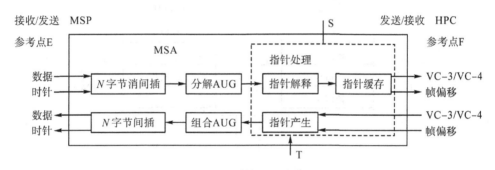

图 5.13　MSA 功能块

来自 MSP 功能块的信号为带定时的 STM－N 信号的净负荷,在 MSA 功能块中首先去掉 STM－N 的字节间插,分成一个个 AU－4,然后进行 AU－4 指针处理,得到 VC－3/VC－4 及帧偏移发送至高阶通道连接(Higher order Path Connection,HPC)功能块。

从 HPC 功能块来的 VC－3/VC－4 数据及帧偏移,先送入指针处理部分,根据帧偏移大小产生指针值,然后映射进 AU,组合为 AUG,N 个 AUG 经字节间插形成 STM－N 净负荷,送往 MSP 功能块。

如果 E→F 方向的信号指针丢失(LOP)或分解出来 AU 告警(如 AU-AIS),则 MSA 功能块向下游(HPC 方向)在 2 帧内发送全"1"信号;如果 F→E 方向发送的信号为全"1",则同样向下游(MSP 方向)发送全"1"信号(AU-AIS);缺陷消失,全"1"信号在 2 帧内消失;这些缺陷(LOP,AU-AIS)和指针调整事件(Pointer Justification Event,PJE)均经 S 点报告给 SEMF 功能块。

2. 高阶通道连接(HPC)

HPC 功能块的核心是一个连接矩阵,它将若干个输入的 VC－4 连接到若干个输出的 VC－4 上,输入和输出具有相同的信号格式,只是逻辑秩序有所不同而已。连接过程不影响信号的信息特征。通过 HPC 功能可以完成 VC－4 的交叉连接、调度,使业务配置灵活、方便。

物理设备上此功能一般由交叉板或时隙分配板完成。例如：华为公司 SBS 系统设备的 X16 单元板，富士通公司 FLX 150/600 设备的 TSCL 单元板，西门子公司光传输设备的 SN 单元板。

3. 高阶组装器（HOA）

高阶组装器（Higher Order Assembler,HOA）的主要功能是按照映射复用路线将低阶通道信号复用成高阶通道信号（例如，将多个 VC－12 或 VC－3 组装成 VC－4），或作相反的处理，是由高阶通道终端（Higher order Path Termination,HPT）和高阶通道适配（Higher order Path Adaptation,HPA）功能块组成。此复合功能在实际的物理设备上有时 HPA 放在低速支路接口盘上，如华为公司 SBS 2500 设备的 PL1 板、PD1 板等,HPT 可以放置在同步线路接口板（如 155/622 设备）或段开销处理板上（如华为公司 SBS 2500 设备的 ASP 板）；有时全部在低速接口板上完成，如富士通公司 FLX 150/600 设备的 CHPD-D12C、CHPD-D3 等。

（1）高阶通道终端（HPT）

HPT 功能块是高阶通道开销的源和宿，即 HPT 功能块产生高阶通道开销，放置在相应的位置上构成完整的 VC－4 信号，以及读出和解释高阶通道开销，恢复 VC－4 的净负荷，HPT 功能块如图 5.14 所示。

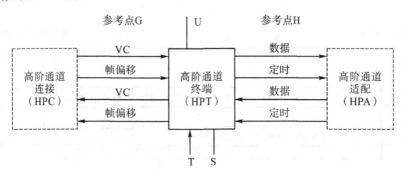

图 5.14　HPT 功能块

从 HPC 功能块来的信号是由 TU－12 或 TU－3 复用而成的 VC－4 和帧偏离，经 HPT 功能块后分离出 VC－4 发送至 HPA 功能块。从 HPC 送来的信号在 HPT 处读出高阶通道开销并解释。读出 J1、C2 字节中的数据，检测高阶通道踪迹识别符、通道信号标记是否与本接收端匹配，如果通道踪迹识别符失配（TIM）或通道信号标记失配（SLM），说明 G 点送过来的信号非本接收端的，此时经 S 点报告给 SEMF 功能块，并在 2 帧时间内往 HPA 功能块方向发送全"1"信号；读出的 G1 字节中的数据有远端的通道状态信息（远端误码指示，远端缺陷指示），经 S 点发送至 SEMF 功能块；校验 B3 字节中的数据，并把发生的错误信息经 S 点报告给 SEMF。

从 HPA 功能块送来的信号有 VC 的结构，但通道开销没有确定，到 HPT 功能块后，将规定的高阶通道接入点识别符放到 J1 字节；根据通道信号的具体情况将代码放入 C2 字节；将计算的 BIP－8 结果放置在 B3 字节中；将 HPC 送来的 B3 字节核验得到的差错数放置在 G1 字节的 b1～b4 上；如果 HPC 功能块方向发送来的信号检出 TIM 或 SLM，则将 G1 字节的 b5 置"1"（RDI 指示），否则 b5 置"0"。确定这些通道开销后，构成完整的 VC－4 发送至 HPC 功能块。

（2）高阶通道适配（HPA）

HPA 功能块如图 5.15 所示，其主要功能是通过 TU 指针处理，分解整个 VC－4，或作相反的处理。

HPT 功能块来的 C-4 数据(其实数据结构还是 VC-4 形式,故有时也称 VC-4 数据)和定时信号,经分解和 TU-12 或 TU-3 指针处理,恢复出 VC-12 或 VC-3 和偏移量发送至低阶通道连接(Lower order Path Connection,LPC)功能块。如果指针丢失(即 LOP,无法取得正确指针值)或 TU 通道告警中的任一种被检测出来,则在 2 帧内以全"1"信号代替正常信号,缺陷消失后,将在 2 帧内去掉全"1"信号。这些事件均经 S 点报告给 SEMF 功能块。对于 TU-12 还有复帧结构,如果连续收不到复帧位置指示字节 H4,则报告复帧丢失(Loss Of Multiframe,LOM)经 S 点发送至 SEMF 功能块。

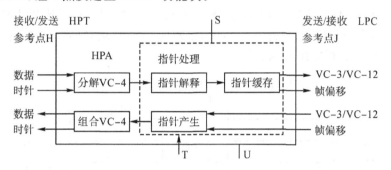

图 5.15　HPA 功能块

从 LPC 功能块送来 VC-12 或 VC-3 及它们的帧偏移量,到达 HPA 功能块后,指针产生部分将帧偏移量转化为 TU-12 或 TU-3 指针,然后将若干 TU 复用成完整 VC-4 信号发送至 HPT 功能块。如果 LPC 功能块送来的某个通道为全"1"信号,则在 H 点相应的支路单元也发送全"1"信号(TU-AIS)。

4. 低阶通道连接(LPC)

LPC 功能块的功能是将输入口的低阶通道(VC-12/VC-3)分配给输出口的低阶通道(VC-12/VC-3),其输入、输出口的信号格式相似,不同的只是逻辑次序不同,连接过程不影响信号的消息特征。在物理设备上,此功能一般与 HPC 一起由交叉板实现。例如,富士通公司 FLX 150/600 设备的 TSCL-1 单元。

5. 高阶接口(HOI)

高阶接口(Higher Order Interface,HOI)功能块的主要功能是将速率为 140 Mb/s 的信号映射到 C-4 中,并加上高阶通道开销(POH)构成完整的 VC-4 信号,或者作相反的处理,即从 VC-4 中恢复出速率为 140 Mb/s 的 PDH 信号,并解读通道开销。高阶接口功能是一项复合功能,主要包括 PDH 物理接口(PDH Physical Interface,PPI)、低阶通道适配(Lower order Path Adaptation,LPA)、高阶通道保护(Higher order Path Protection,HPP)和高阶通道终端(Higher order Path Termination,HPT)等功能块。在物理设备中,这项复合功能一般由速率为 140 Mb/s 的支路接口板完成,如华为公司 SBS 系列设备的 PL4 板,富士通公司 FLX 150/600 设备的 CHPD-D4 板。

(1)PDH 物理接口(PPI)

SDH 设备中 PPI 功能块的主要功能与 PDH 设备中的接口电路一样,主要完成把 G.703 标准的 PDH 信号转换成内部的普通的二进制信号或作相反的处理。

从 PDH 支路来的信号,在 PPI 中提取时钟,并再生出规则信号,经解码(CMI 解码)后发送至 LPA 功能块。提取到的时钟信号经参考点 T 发送至同步设备定时源（SETS）。如果 PPI 检测到输入信号丢失（LOS），则以全"1"信号替代正常信号（即此支路发 AIS），同时经 S 点报告给 SEMF 功能块。

从 LPA 功能块来的数据和定时信号，在此处进行编码（CMI 编码），形成标准的 G. 703 信号送出。

(2)低阶通道适配（LPA）

LPA 功能块的主要功能是把各速率等级的 PDH 信号直接映射进相应大小的容器中，或通过去映射，由 SDH 信号恢复出 PDH 信号。如果是异步映射还包括比特速率调整。例如，将 139.264 Mb/s 的 PDH 信号映射到 C-4 中，或通过去映射，从 C-4 中恢复出 139.264 Mb/s 信号。LPA 功能块如图 5.16 所示。

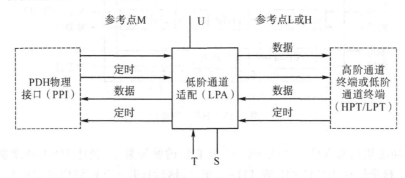

图 5.16　LPA 功能块

从 PDH 物理接口（PPI）功能块来的 PDH 信号映射进相应规格的容器，这里是速率为 140 Mb/s 的 PDH 信号映射进 C-4（POH 此时还未确定，到 HPT 才确定下来）。在字节同步映射时，如果帧定位丢失（Frame Alignment Loss，FAL）还会产生告警，并经 S 点报告给 SEMF。

从高阶通道终端送来的 C-4 信号，在 LPA 功能块中去映射，恢复出 PDH 的速率为 140 Mb/s 的信号。如果 HPT 功能块经 L 点发送来的是全"1"信号（AIS），则 LPA 功能块按规定产生 AIS 发送至 PPI。

(3)高阶通道终端（HPT）

HPT 功能块和高阶组装器（HOA）内的高阶通道终端（HPT）功能块完全一样，不同的是这里的 C-4 是由速率为 140 Mb/s 的 PDH 信号直接映射而成，而 HOA 中的 HPT 的 C-4 是由 TU-12 或 TU-3 复接而成。

6. 低阶接口（LOI）

低阶接口（Lower Order Interface，LOI）功能块的主要功能是将速率为 2 Mb/s 或 34 Mb/s 的 PDH 信号映射到 C-12 或 C-3 中，并加入通道开销（POH），构成完整的 VC-12 或 VC-3；或作相反的处理。低阶接口功能块是由低阶通道终端（Lower order Path Termination，LPT）、低阶通道保护（Lower order Path Protection，LPP）、低阶通道适配（LPA）和 PDH 物理接口（PPI）组成的复合功能块。在实际物理设备中此复合功能一般由低阶支路接口板实现，如富士通公司 FLX 150/600 设备的 CHPD-D12C、CHPD-D3 板，华为公司的 PL1、PD1、PL3 等单板。值得注意的是，2Mb/s 电口板和 34Mb/s 电口板的功能块组成是相同的，但内部电路是不同的,因为信号的映射复用路径不同。

(1)PDH 物理接口(PPI)

此处 PPI 功能块的主要功能与高阶接口的 PPI 功能块一样,只是编译码时,此处的码型为 HDB3 码。

(2)低阶通道适配(LPA)

LPA 功能与高阶接口中的 LPA 功能完全一样,只是处理的信号速率不同而已,此处是把速率为 2 Mb/s 或 34 Mb/s 的 PDH 信号映射进 C-12 或 C-3 中,或作相反的处理。

(3)低阶通道终端(LPT)

LPT 功能块是低阶通道开销(VC-12 或 VC-3 的开销)的源和宿。即对从 LPA 功能块流向 LPC 功能块的信号在 LPT 功能块产生低阶通道开销,加入 C-12 或 C-3 中,构成完整的低阶虚容器(VC-12 或 VC-3)信号;对从 LPC 功能块流向 LPA 功能块的信号,LPT 功能块读出和解释低阶通道开销,恢复 VC-12 或 VC-3 的净负荷 C-12 或 C-3。LPT 功能块如图 5.17 所示,至于对 POH 的处理与 HPT 功能块相似。

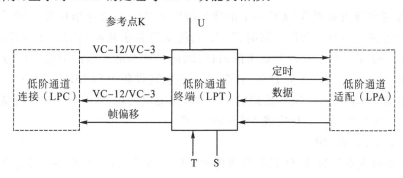

图 5.17　LPT 功能块

由上述信号处理时的功能块在设备单板上的表现可以看出,设备在处理信号过程中需要的单板有光口板、交叉连接板和电口板。

7. 辅助功能块

SDH 设备要实用化,除了主信道的功能块以外,还必须含有定时、开销和管理等辅助功能块。

(1)同步设备管理功能(SEMF)

SEMF 功能块的主要任务是把通过 S 点收集到各功能块的性能数据和具体实现的硬件告警,经过滤后(减少所收到的数据,否则将会使网络管理系统过载)转化为可以在 DCC/或 Q 接口上传输的目标信息,同时它也将与其他管理功能有关的面向目标的消息进行转换,以便经参考点 S 传送。从而实现对网络的管理。

在对各功能块监测到异常或故障时,除了向 SEMF 功能块报告外,还要向上游和下游的功能块送出维护信号。上游、下游示意图如图 5.18 所示。对于 A→B 的信号,A 站为 B 站的上游,B 站则为 A 站的下游;范围再缩小一点,如接收时 B 站对 RST 功能块来说,MST 功能块为其下游,而 SPI 功能块为其上游。例如,假如 B 站的 RST 功能块在一定时间内检测不到帧定位字节 A1 和 A2 的信号,则会报帧丢失(LOF),并向 MST 功能块发全"1"信号(MS-AIS),这就是往下游发的维护信号;再例如对 A→B 方向的信号,到达 B 站的 MST 功能块后,

MST 功能块要校验 B2 字节的数据，从而得到误码缺陷数，此时 MST 功能块要把这个误码缺陷数放到从 B 站往 A 站传送的信号帧中的 M1 字节中，送回到 A 站的 MST 功能块，这就是往上游发的维护信号（有时也称远端维护信号）。

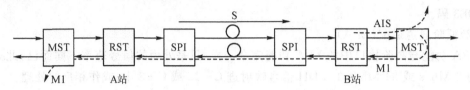

图 5.18　上游、下游示意图

（2）消息通信功能（MCF）

MCF 功能块的主要任务是完成各种消息的通信功能。它与 SEMF 功能块交换各种信息，MCF 功能块导出的 DCC 字节经由参考点 N 置于 RSOH 中的 D1~D3 字节位置，并作为单个 192 kb/s 面向消息的通路提供 RST 功能块之间维护管理消息的通信功能。MCF 功能块还经过 P 参考点导出复用段 DCC 字节的数据放置于 D4~D12 字节位置，实现与 MST 功能之间的维护管理消息的通信功能。同时，MCF 功能块还提供和网络管理系统连接的 Q 接口和 F 接口，接收 Q 接口和 F 接口发送来的消息（地址不是本地局站的消息，按本局选路程序/或经 Q 接口转到一条或几条出局 DCC 字节上）。在物理设备中 SEMF 和 MCF 一般由系统控制和通信板实现，如华为公司 SBS 系列的 SCC 板，富士通公司 FLX 150/600 设备的 MPL－1（完成 SEMF 功能）和 NML－1（完成 MCF 功能）板。

（3）同步设备定时源（SETS）

SETS 功能块主要是为 SDH 设备提供各类定时基准信号，以便设备正常运行。SETS 功能块框图如图 5.19 所示。

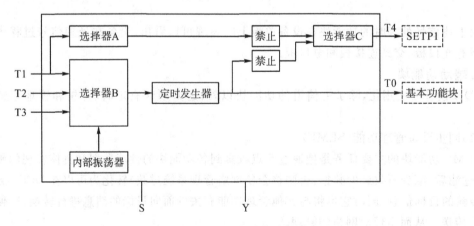

图 5.19　SETS 功能块框图

从图中可以看到，SETS 功能块从外时钟源 T1、T2、T3 和内部振荡器中选择一路基准信号送到定时发生器，然后由此基准信号产生 SDH 设备所需的各种基准时序信号，经参考点 T0 发送至除 SPI 功能块和 PPI 功能块之外的其余各基本功能块。

另一路（选择 T0 或 T1）经参考点 T4 输出，供其他网络单元同步使用。三种外时钟源分别为：从 STM－N 线路信号流中提取的时钟 T1（从 SPI 功能块得到）；从 G.703 支路信号提取的时钟 T2(从 PPI 功能块得到);外同步时钟源,如从大楼综合定时系统(BITS)经同步设备定时物理接口(Synchronous Equipment Timing Physical Interface,SETPI)发送来的速率为 2048 kb/s 的时钟信号 T3。内部定时发生器用作同步设备在自由运行状态下的时钟源。

(4)同步设备定时物理接口(SETPI)

SETPI 功能块的主要功能是为外部同步信号与同步设备定时源之间提供接口,SETPI 功能框图如图 5.20 所示。

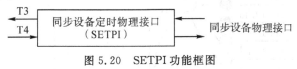

图 5.20　SETPI 功能框图

信号流从 SETS 功能块到同步端接口,SETPI 功能块主要是对信号流进行编码,使其适于在相应传输介质传送。

信号流从同步端接口到 SETS 功能块,SETPI 功能块从接收到的同步信号中提取定时时钟信号,并将其译码,然后将基准定时信息传给 SETS 功能块。

在物理设备上,SETS 和 SETPI 两功能一般由定时板或定时控制板完成。例如华为公司 SBS 系列的同步定时发生板(Synchronous Timing Generator,STG)就是完成此功能,富士通公司 FLX150/600 设备的业务切换及定时控制单元板(TSCL)除完成时隙分配或交叉外,还完成 SETS 和 SETPI 功能。

(5)开销接入接口(OHA)

OHA 通过 U 参考点统一管理各相应功能单元的开销(SOH 及 POH)字节,其中包括公务联络字节 E1 和 E2,使用者通路字节,网络运营者字节及备用或未被使用的开销。在物理设备上,此功能一般对应一块开销处理板,有的设备称公务板,如华为公司 SBS 系列的开销处理板(OverHead Processor,OHP)。

5.2.2　SDH 维护信号之间的关系

前面对设备的主要功能块作了全面的介绍,各公司的实际设备看上去虽各不相同,但万变不离其宗,其基本组成是一样的。对于设备维护人员来说,应着重弄清楚各功能块可能出现的异常和故障,设备中这些异常和故障都经 S 参考点报告给 SEMF 功能块,这在功能块介绍时已经提及。经 S 点向 SEMF 功能块报告的状态信息流如表 5.6 所示。并将出现一个故障后,其维护信号的响应也绘制成图供读者参考。产生 AU-AIS 的相关因素及 SDH 维护信号的相互作用分别如图 5.21 和图 5.22 所示。为帮助读者理解此图,在此举一个例子。例如,在高阶通道终端(HPT)检测到 J1 字节失配时(HP-TIM),一方面要通过 G1 字节回传高阶通道远端缺陷指示,另一方面往下游发送全"1"(AIS),如图 5.22 中粗线所示。

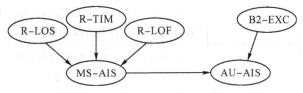

图 5.21　产生 AU-AIS 的相关因素

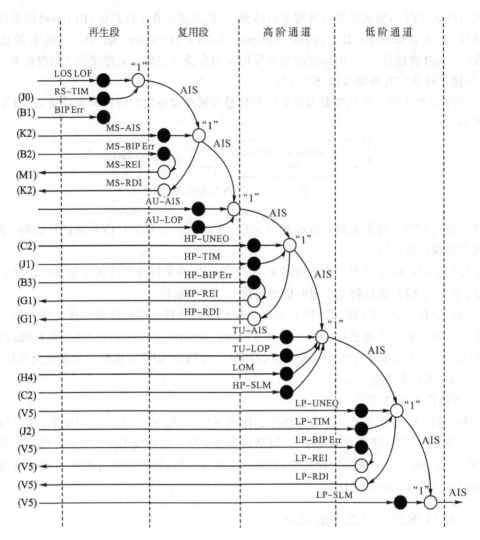

图 5.22　SDH 维护信号的相互作用

表 5.6　经 S 点向 SEMF 功能块报告的状态信息流

单元功能块	信号流向	异常或故障
SPI	A→B B→A	LOS TF,TD
MST	C→D	MS-AIS,EX-BER(B2),SD,B2 中误码计数,MS-FERF
MSA	E→F	AU-LOP,AU-AIS,AU-PJE
HPT	G→H	AU-AIS*,HO-PTI 失配,HO-PSL 失配,TU-LOM, HO-FERF,HO-FEBE,B3 中误码计数
LPT	K→L	AU-AIS*,LO-PTI 失配,LO-PSL 失配,LO-FERF, LO-FEBE,B3/V5 中误码计数

续表

单元功能块	信号流向	异常或故障
PPI	M→支路 支路→M	AIS* 支路 LOS
RST	B→C	LOF,OOF,B1 中误码计数
HPA	H→J	TU-LOP,TU-AIS,TU-PJE
LPA	L→M M→L	AU-AIS* TU-AIS * FAL
SEPI	同步接口→T3	LOS,LOF,AIS,EX-BER

注:* 代表信息由其他参考点转来,不直接经由该功能块的 S 点向 SEMF 功能块报告。

　　LOS 为信号丢失;LOF 为帧丢失;OOF 为帧失步;LOP 为指针丢失;LOM 为复帧丢失;PJE 为指针调整事件;PTI 为通道踪迹识别;SD 为信号劣化;PSL 为通道信号标签;TF 为发射机失效;TD 为发射机劣化。

小　结

本模块主要介绍完成告警与性能管理所需的原理知识。介绍了 SDH 段开销中各开销字节的功能;阐述了 SDH 设备功能参考模型,对每一个模块的内部过程及输入和输出参考点原始信息流进行了描述,并在此基础上对 SDH 维护信号之间的关系进行了描述。

思考题

1. B1 和 B2 字节的信号是用来进行误码监测的,二者有什么区别?

2. 甲、乙两站构成点对点通信,现在乙站接收到的 M1 字节数据为非零值,请问这说明什么问题?

3. 在哪些情况下再生段终端(RST)功能块向下游发送 AIS? 什么情况下向 SPI 功能块发送 MS-AIS?

4. 复用段终端(MST)功能块检测到 MS-AIS,可能会是哪些原因引起的? 并且此时 MST 功能块向远端和下游分别发送什么信号?

5. 当 B2 字节检测到的误码超过 10^{-3} 和 10^{-6} 时,MST 功能块会有什么响应?

6. 在复用段适配功能块中可能会产生哪些告警和性能参数?

7. 速率为 140 Mb/s 的支路口的输入信号中断,PPI 功能块会发送出全"1"信号,这个信号再经过 LPA 和 HPT 功能块以后,还是全"1"信号吗?

8. 同步设备定时物理接口(SETPI)的作用是什么? 请分析:一个网元设备使用 SDH 线路时钟时,网元设备的 SETPI 损坏对业务的影响。

9. 设备正常开通以后,将同步设备管理功能块(SEMF)和消息通信功能块(MCF)去掉,请分析此时对业务的影响。

10. 设备正常开通以后去掉开销接入(OHA)功能块,请分析此时对主业务的影响。

附　录

附录 1　华为 OptiX OSN 3500 设备①介绍

华为公司的 OptiX OSN 3500 设备主要应用于城域传输网中的汇聚层和骨干层,可与 OptiX OSN 9500、OptiX OSN 7500、OptiX OSN 3500T、OptiX OSN 2500、OptiX OSN 2500 REG、OptiX OSN 1500 等光传输设备混合组网,优化网络运营投资、降低建网成本。

OptiX OSN 3500 智能光传输设备(以下简称 OptiX OSN 3500)是华为技术有限公司开发的新一代智能光传输设备,它融合了以下技术:SDH、PDH、Ethernet、ATM、SAN、WDM、DDN、ASON。OptiX OSN 3500 实现了在同一个平台上高效地传送语音和数据业务,其设备外形如附图 1.1 所示。附图 1.2 所示是 OptiX OSN 3500 在传输网络中的应用。

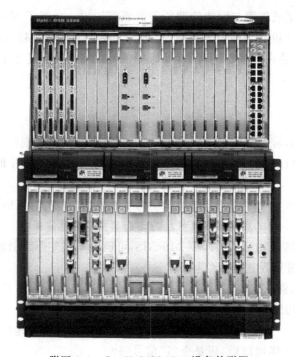

附图 1.1　OptiX OSN 3500 设备外形图

---

① 华为 OptiX OSN 3500 智能光传输系统产品文档(产品版本:V100 R010 C03),2015。

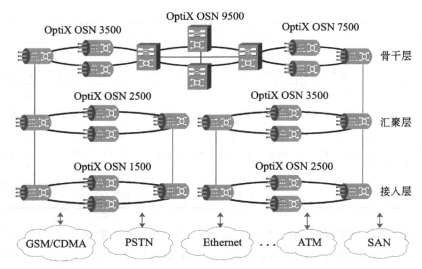

GSM (Global System for Mobile Communications)：全球移动通信系统
CDMA (Code Division Multiple Access)：码分多址
PSTN (Public Switched Telephony Network)：公共交换电话网
SAN (Storage Area Network)：存储区域网
Ethernet：以太网

附图 1.2　OptiX OSN 3500 在网络传输中的应用

1.1　OptiX OSN 3500 的功能

1. 容量

容量包括交叉容量和槽位接入容量。

OptiX OSN 3500 的交叉板有如下类型:普通交叉时钟板 N1GXCSA;增强型交叉时钟板 N1EXCSA;超强型交叉时钟板 N1UXCSA、N1UXCSB、N1SXCSA 和 N1SXCSB;无限交叉时钟板 N1IXCSA 和 N1IXCSB;扩展子架使用的低阶交叉板 N1XCE。OptiX OSN 3500 的交叉能力如附表 1.1 所示。

附表 1.1　OptiX OSN 3500 的交叉能力

交叉时钟板	高阶交叉能力	低阶交叉能力	接入能力	用途
N1GXCSA	40 Gb/s (256×256 VC-4)	5 Gb/s (32×32 VC-4)	35 Gb/s (224×224 VC-4)	用于主子架,不支持 带扩展子架
N1EXCSA	80 Gb/s (512×512 VC-4)	5 Gb/s (32×32 VC-4)	58.75 Gb/s (376×376 VC-4)	用于主子架,不支持 带扩展子架
N1UXCSA	80 Gb/s (512×512 VC-4)	20 Gb/s (128×128 VC-4)	58.75 Gb/s (376×376 VC-4)	用于主子架,不支持 带扩展子架
N1UXCSB	80 Gb/s (512×512 VC-4)	20 Gb/s (128×128 VC-4)	60 Gb/s (384×384 VC-4)	用于主子架,支持带 1.25 Gb/s 的扩展子架
N1SXCSA	200 Gb/s (1280×1280 VC-4)	20 Gb/s (128×128 VC-4)	155 Gb/s (992×992 VC-4)	用于主子架,不支持 带扩展子架

交叉时钟板	高阶交叉能力	低阶交叉能力	接入能力	用途
N1SXCSB	200 Gb/s (1280×1280 VC-4)	20 Gb/s (128×128 VC-4)	156.25 Gb/s (1000×1000 VC-4)	用于主子架,支持带1.25 Gb/s 的扩展子架
N1IXCSA	200 Gb/s (1280×1280 VC-4)	40 Gb/s (256×256 VC-4)	155 Gb/s (992×992 VC-4)	用于主子架,不支持带扩展子架
N1IXCSB	200 Gb/s (1280×1280 VC-4)	40 Gb/s (256×256 VC-4)	156.25 Gb/s (1000×1000 VC-4)	用于主子架,支持带1.25 Gb/s 的扩展子架
N1XCE	—	1.25 Gb/s (8×8 VC-4)	1.25 Gb/s (8×8 VC-4)	用于扩展子架

选择不同类型的交叉板时,槽位接入容量也不同。附图 1.3、附图 1.4、附图 1.5、附图 1.6 和附图 1.7 分别给出了使用 N1GXCSA、N1EXCSA、N1UXCSA/B、N1SXCSA/B 和 N1IXCSA/B 时的槽位接入容量。

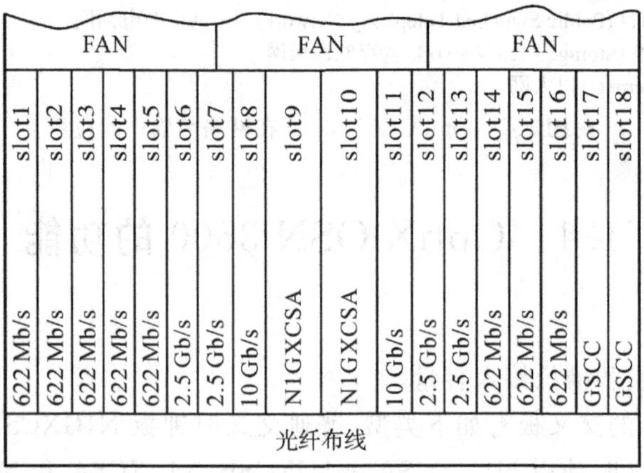

附图 1.3　使用 N1GXCSA 时的槽位接入容量

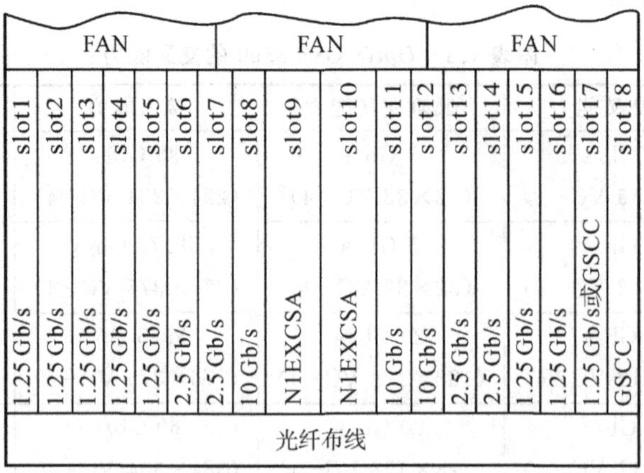

附图 1.4　使用 N1EXCSA 时的槽位接入容量

	FAN							FAN					FAN				
slot1	slot2	slot3	slot4	slot5	slot6	slot7	slot8	slot9	slot10	slot11	slot12	slot13	slot14	slot15	slot16	slot17	slot18
1.25 Gb/s	1.25 Gb/s	1.25 Gb/s	1.25 Gb/s	2.5 Gb/s	2.5 Gb/s	10 Gb/s	10 Gb/s	N1UXCSA/B	N1UXCSA/B	10 Gb/s	10 Gb/s	2.5 Gb/s	2.5 Gb/s	1.25 Gb/s	1.25 Gb/s	1.25 Gb/s或GSCC	GSCC
光纤布线																	

附图 1.5　使用 N1UXCSA/B 时的槽位接入容量

	FAN							FAN					FAN				
slot1	slot2	slot3	slot4	slot5	slot6	slot7	slot8	slot9	slot10	slot11	slot12	slot13	slot14	slot15	slot16	slot17	slot18
5 Gb/s	5 Gb/s	5 Gb/s	5 Gb/s	10 Gb/s	10 Gb/s	20 Gb/s	20 Gb/s	N1SXCSA/B	N1SXCSA/B	20 Gb/s	20 Gb/s	10 Gb/s	10 Gb/s	5 Gb/s	5 Gb/s	5 Gb/s或GSCC	GSCC
光纤布线																	

附图 1.6　使用 N1SXCSA/B 时的槽位接入容量

	FAN							FAN					FAN				
slot1	slot2	slot3	slot4	slot5	slot6	slot7	slot8	slot9	slot10	slot11	slot12	slot13	slot14	slot15	slot16	slot17	slot18
5 Gb/s	5 Gb/s	5 Gb/s	5 Gb/s	10 Gb/s	10 Gb/s	20 Gb/s	20 Gb/s	N1IXCSA/B	N1IXCSA/B	20 Gb/s	20 Gb/s	10 Gb/s	10 Gb/s	5 Gb/s	5 Gb/s	5 Gb/s或GSCC	GSCC
光纤布线																	

附图 1.7　使用 N1IXCSA/B 时的槽位接入容量

2. 业务

OptiX OSN 3500 业务包括 SDH 业务、PDH 业务等多种业务类型。

SDH 业务包括：SDH 标准业务（STM-1/4/16/64）、SDH 标准级联业务（VC-4-4c/VC-4-16c/VC-4-64c）、带 FEC 的 SDH 业务（10.709 Gb/s，2.666 Gb/s）。

PDH 业务包括：E1/T1 业务、E3/T3 业务、E4 业务。

以太网业务包括：EPL、EVPL、EPLAN、EVPLAN。

OptiX OSN 3500 可以处理弹性分组环 RPR 业务。

OptiX OSN 3500 可以处理 ATM 业务。可以处理的 ATM 业务包括：CBR、rt-VBR、nrt-VBR、UBR。

DDN 业务包括：$N \times 64$ kb/s（$N = 1 \sim 31$）业务、Frame E1 业务。

SAN 业务包括：FC、FICON、ESCON、DVB-ASI。

通过配置不同类型、不同数量的单板实现不同容量的业务接入。OptiX OSN 3500 各种业务的最大接入能力见附表 1.2 所示。业务最大接入能力是指子架仅接入该种业务时支持的业务最大数量。

附表 1.2　OptiX OSN 3500 各种业务的最大接入能力

业务类型	单子架最大接入能力	业务类型	单子架最大接入能力
STM-64 标准或级联业务	8 路	千兆以太网（GE）业务	56 路
STM-64（FEC）	4 路	快速以太网（FE）业务	180 路
STM-16 标准或级联业务	44 路	STM-1 ATM 业务	60 路
STM-4 标准或级联业务	46 路	$N \times 64$ kb/s 业务	64 路
STM-1 标准业务	204 路	Frame E1 业务	64 路
STM-1（电）业务	132 路	ESCON	44 路
E4 业务	32 路	FICON/FC100 业务	22 路
E3/T3 业务	117 路	FC200 业务	8 路
E1/T1 业务	504 路	DVB-ASI	44 路

3. 接口

接口包括业务接口、管理及辅助接口。

业务接口包括 SDH 业务接口、PDH 业务接口等多种业务接口，Optix OSN 3500 提供的业务接口如附表 1.3 所示。

附表 1.3　OptiX OSN 3500 提供的业务接口

接口类型	描述
SDH 业务接口	STM-1 电接口：SMB 接口 STM-1 光接口：I-1、Ie-1、S-1.1、L-1.1、L-1.2、Ve-1.2 STM-4 光接口：I-4、S-4.1、L-4.1、L-4.2、Ve-4.2 STM-16 光接口：I-16、S-16.1、L-16.1、L-16.2、L-16.2Je、V-16.2Je、U-16.2Je

接口类型	描述
SDH 业务接口	STM-16 光接口(FEC)：Ue-16.2c、Ue-16.2d、Ue-16.2f STM-16 光接口：定波长输出，可直接与波分设备对接 STM-64 光接口：I-64.1、I-64.2、S-64.2b、L-64.2b、Le-64.2、Ls-64.2、V-64.2b STM-64 光接口(FEC)：Ue-64.2c、Ue-64.2d、Ue-64.2e STM-64 光接口：定波长输出，可直接与波分设备对接
PDH 业务接口	75 Ω/120 ΩE1 电接口：DB44 连接器 100 ΩT1 电接口：DB44 连接器 75 ΩE3、T3 和 E4 电接口：SMB 连接器
以太网业务接口	10/100Base-TX、100Base-FX、1000Base-SX、1000Base-LX、1000Base-ZX
DDN 业务接口	Framed E1 接口：DB44 连接器 RS449、EIA530、EIA530-A、V.35、V.24、X.21 接口：使用 DB28 连接器
ATM 业务接口	STM-1 光接口：Ie-1、S-1.1、L-1.1、L-1.2、Ve-1.2 STM-4 光接口：S-4.1、L-4.1、L-4.2、Ve-4.2 E3 接口：通过 N1PD3、N1PL3、N1PL3A 单板接入 IMA E1 接口：通过 N1PQ1、N1PQM、N2PQ1 单板接入
存储网业务接口	FC100、FICON、FC200、ESCON、DVB-ASI 业务光接口

设备提供多种管理及辅助接口。管理及辅助接口如附表 1.4 所示。

附表 1.4　管理及辅助接口

接口类型	描述
管理接口	1 路远程维护接口(OAM)；4 路广播数据口(S1～S4) 1 路 64 kb/s 的同向数据通道接口(F1)；1 路以太网网管接口(ETH) 1 路串行管理接口(F&f)；1 路扩展子架管理接口(EXT) 1 路调试口(COM)
公务接口	1 个公务电话接口(PHONE)；2 个出子网话音接口(V1～V2) 2 路出子网信令接口(S1～S2，复用于 2 路广播数据口)
时钟接口	2 路 75Ω 外时钟接口(2048 kb/s 或 2048 kHz) 2 路 120Ω 外时钟接口(2048 kb/s 或 2048 kHz)
告警接口	16 路输入 4 路输出告警接口；4 路机柜告警灯输出接口 4 路机柜告警灯级联输入接口；告警级联输入接口

4. 保护

设备提供设备级保护和网络级保护。OptiX OSN 3500 提供的设备级保护如附表 1.5
所示。

附表 1.5 OptiX OSN 3500 提供的设备级保护

保护对象	保护方式	是否可恢复
E1/T1 业务处理板	$1:N(N\leqslant 8)$ TPS 保护	恢复
E3/T3/E4/STM-1(e) 业务处理板	$1:N(N\leqslant 3)$ TPS 保护	恢复
DDN 保护	$1:N(N\leqslant 8)$ TPS 保护	恢复
以太网业务处理板 N2EFS0、N4EFS0	$1:1$ TPS 保护	恢复
以太网业务处理板 N1EMS4	$1+1$ PPS 保护和 $1+1$ BPS 保护	非恢复
以太网业务处理板 N1EGS4、N3EGS4	$1+1$ PPS 保护和 $1+1$ BPS 保护	非恢复
ATM 业务处理板	$1+1$ 热备份	非恢复
交叉连接与时钟板	$1+1$ 热备份	非恢复
系统控制与通信板	$1+1$ 热备份	非恢复
任意速率波长转换板 N1LWX	板内保护（双发选收）和板间保护（$1+1$ 热备份）	非恢复
-48V 电源接口板	$1+1$ 热备份	—

注：OptiX OSN 3500 支持三个不同类型的 TPS 保护组共存。

OptiX OSN 3500 支持网络层次的多种保护，其提供的网络级保护如附表 1.6 所示。

附表 1.6 OptiX OSN 3500 提供的网络级保护

网络层次	保护方式
SDH	线性复用段保护
	复用段保护环
	子网连接保护（SNCP、SNCMP 和 SNCTP）
	DNI 保护
	共享光纤虚拟路径保护
	复用段共享光路保护
以太网	RPR 保护
ATM	VP-Ring/VC-Ring 保护

1.2 设备硬件

1. 机柜

OptiX OSN 3500 设备采用符合欧洲电信标准协会（European Telecommunications Standards Institute，ETSI)标准的机柜用于安装子架。机柜上方配有配电盒，用于接入-48 V 或-60 V 电源。ETSI 300 mm 深的机柜如附图 1.8 所示。

ETSI 机柜的技术参数如附表 1.7 所示。

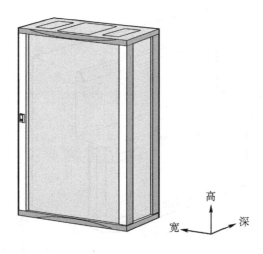

附图 1.8　ETSI 300 mm 深的机柜外形

附表 1.7　ETSI 机柜的技术参数

尺寸/mm	重量/kg	子架配置数目/个
600(宽)×300(深)×2000(高)	55	1
600(宽)×600(深)×2000(高)	79	1
600(宽)×300(深)×2200(高)	60	2
600(宽)×600(深)×2200(高)	84	2
600(宽)×300(深)×2600(高)	70	2
600(宽)×600(深)×2600(高)	94	2

2. 子架

子架包括槽位和可配置的单板。

OptiX OSN 3500 子架采用双层子架结构,分为接口板区、处理板区、风扇区和走纤区。OptiX OSN 3500 子架结构图如附图 1.9 所示。各部分功能如下:

接口板区:安插 OptiX OSN 3500 的各种接口板。风扇区:安插 3 个风扇模块,为设备提供散热。处理板区:安插 OptiX OSN 3500 的各种处理板。走纤区:用于布放子架尾纤。

(1)槽位分配

OptiX OSN 3500 子架分为上、下两层,上层主要为出线板槽位区,共有 19 个槽位,下层主要为处理板槽位区,共有 18 个槽位。OptiX OSN 3500 子架的槽位分配图如附图 1.10 所示。

业务接口板槽位:slot 19～26 和 slot 29～36;业务处理板槽位:slot 1～8 和 slot 11～17;交叉和时钟板槽位:slot 9～10;系统控制和通信板槽位:slot 17～18,其中 slot 17 也可以作为处理板槽位;电源接口板槽位:slot 27～28;辅助接口板槽位:slot 37;风扇槽位:slot 38～40。

(2)处理板槽位和出线板槽位的对应关系

处理板槽位和出线板槽位的对应关系如附表 1.8 所示。

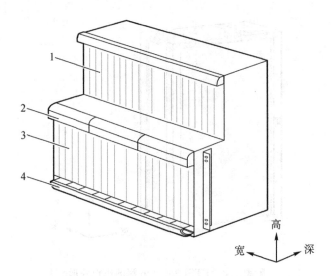

1—接口板区;2—风扇区;3—处理板区;4—走纤区。

附图 1.9　OptiX OSN 3500 子架结构图

slot19	slot20	slot21	slot22	slot23	slot24	slot25	slot26	slot27	slot28	slot29	slot30	slot31	slot32	slot33	slot34	slot35	slot36	slot37
								PIU	PIU									AUX

| FAN slot38 | | | | | | | FAN slot39 | | | | FAN slot40 | | | | | | | |

slot1	slot2	slot3	slot4	slot5	slot6	slot7	slot8	slot9	slot10	slot11	slot12	slot13	slot14	slot15	slot16	slot17	slot18
							XCS	XCS									GSCC

光纤布线

附图 1.10　OptiX OSN 3500 子架的槽位分配图

附表 1.8　处理板槽位和出线板槽位的对应关系

处理板槽位	对应出线板槽位	处理板槽位	对应出线板槽位
slot 2	slot 19、20	slot 3	slot 21、22
slot 4	slot 23、24	slot 5	slot 25、26
slot 13	slot 29、30	slot 14	slot 31、32
slot 15	slot 33、34	slot 16	slot 35、36

（3）单板与槽位的对应关系

OptiX OSN 3500 单板与槽位的对应关系如附表 1.9 所示。

附表 1.9　OptiX OSN 3500 单板与槽位的对应关系

单板	单板描述	可用槽位
N1GXCSA	交叉连接和时钟板	slot 9～10
N1GSCC	系统控制和通信板	slot 17～18
N1SL64	1 路 STM-64 光接口板	200 Gb/s 交叉容量：slot 7～8、11～12 80 Gb/s 交叉容量：slot 7～8、11～12 40 Gb/s 交叉容量：slot 8、11
N1SLD64	2 路 STM-64 光接口板	200 Gb/s 交叉容量：slot 7～8、11～12
N1SL16、N2SL16、N3SL16	1 路 STM-16 光接口板	200 Gb/s 交叉容量：slot 5～8、11～14 80 Gb/s 交叉容量：slot 5～8、11～14 40 Gb/s 交叉容量：slot 6～8、11～13
N1SL4	1 路 STM-4 光接口板	200 Gb/s 交叉容量：slot 1～8、11～17 80 Gb/s 交叉容量：slot 1～8、11～17 40 Gb/s 交叉容量：slot 1～8、11～16
N1SL1	1 路 STM-1 光接口板	200 Gb/s 交叉容量：slot 1～8、11～17 80 Gb/s 交叉容量：slot 1～8、11～17 40 Gb/s 交叉容量：slot 1～8、11～16
N1PQ1	63 路 E1 业务处理板	200 Gb/s 交叉容量：slot 1～5、13～16（扩展槽位：51～55、63～66） 80 Gb/s 交叉容量：slot 1～5、13～16（扩展槽位：51～55、63～66） 40 Gb/s 交叉容量：slot 1～5、13～16
N1D75S	32 路 E1 电接口倒换出线板	200 Gb/s 交叉容量：slot 19～26、29～36、69～76、79～86 80 Gb/s 交叉容量：slot 19～26、29～36、69～76、79～86 40 Gb/s 交叉容量：slot 19～26、29～36
N1PL3	3 路 E3/T3 处理板	200 Gb/s 交叉容量：slot 2～5、13～16、52～55、63～66 80 Gb/s 交叉容量：slot 2～5、13～16、52～55、63～66 40 Gb/s 交叉容量：slot 2～5、13～16
N1C34S	3 路 E3/T3 电接口倒换出线板	200 Gb/s 交叉容量：slot 19、21、23、25、29、31、33、35、69、71、73、75、79、81、83、85 80 Gb/s 交叉容量：slot 19、21、23、25、29、31、33、35、69、71、73、75、79、81、83、85 40 Gb/s 交叉容量：slot 19、21、23、25、29、31、33

续表

单板	单板描述	可用槽位
N1SPQ4	4 路 E4/STM1 业务处理板	slot 2～5、13～16
N1MU04	4 路 E4/STM－1 电接口出线板	slot 19、21、23、25、29、31、33、35
N1EFS4	4 路带交换功能的快速以太网板	200 Gb/s 交叉容量：slot 1～8、11～17（带宽 622 Mb/s） 80 Gb/s 交叉容量：slot 1～8、11～17（带宽 622 Mb/s） 40 Gb/s 交叉容量：slot 1～8、11～16（带宽 622 Mb/s）
N1BA2	光功率放大板	200 Gb/s 交叉容量：slot 1～8、11～17、51～58、61～67 80 Gb/s 交叉容量：slot 1～8、11～17、51～58、61～67 40 Gb/s 交叉容量：slot 1～8、11～16
N1AUX	系统辅助接口板	200 Gb/s 交叉容量：slot 37（扩展子架：slot 87） 80 Gb/s 交叉容量：slot 37（扩展子架：slot 87） 40 Gb/s 交叉容量：slot 37
N1PIU	电源接入板	200 Gb/s 交叉容量：slot 27～28（扩展子架：slot 77～78） 80 Gb/s 交叉容量：slot 27～28（扩展子架：slot 77～78） 40 Gb/s 交叉容量：slot 27～28
N1FAN	风扇板	200 Gb/s 交叉容量：slot 38～40（扩展子架：slot 88～90） 80 Gb/s 交叉容量：slot 38～40（扩展子架：slot 88～90） 40 Gb/s 交叉容量：slot 38～40

注：N1COA、61COA、62COA、ROP 对应的槽位为逻辑槽位，不是物理槽位。

（4）技术参数

OptiX OSN 3500 子架的技术参数如附表 1.10 所示。

附表 1.10　OptiX OSN 3500 子架的技术参数

外形尺寸/mm	重量/kg
497(宽)×295(深)×722(高)	23(子架净重，不含单板及风扇)

1.3　单板介绍

设备支持不同类型单板：SDH 类单板、PDH 类单板、DDN 类单板、数据类单板、WDM 类单板、光功率放大板、辅助类功能单板。

1. OptiX OSN 3500 系统支持的单板

OptiX OSN 3500 系统由多个单元组成：SDH 接口单元、PDH 接口单元、DDN 接口单元、以太网接口单元、ATM 接口单元、SDH 交叉矩阵单元、同步定时单元、系统控制与通信单元、开销处理单元、辅助接口单元。OptiX OSN 3500 系统结构如附图 1.11 所示,单板所属单元及相应的功能如附表 1.11 所示。

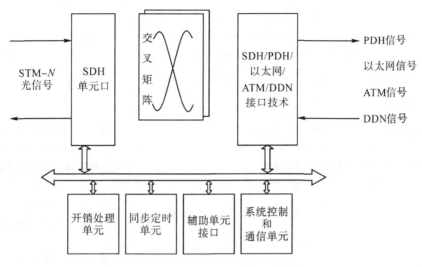

附图 1.11 OptiX OSN 3500 系统结构

附表 1.11 单板所属单元及相应的功能

系统单元		所包括的单板	单元功能
SDH 单元	处理板	N2SL64、N1SLD64、N1SF64、N1SF16、N2SLQ16、N1SL16、N2SL16、N3SL16、N1SL16A、N2SL16A、N3SL16A、N1SLD16、N1SLQ4、N2SLQ4、N1SLD4、N2SLD4、N1SL4、N2SL4、N1SLH1、N2SLO1、N1SLT1、N1SLQ1、N2SLQ1、N1SL1、N2SL1、N1SEP1、N1SEP	接入并处理 AU-3/STM-1/STM-4/STM-16/STM-64 速率及 VC-4-4c/VC-4-16c/VC-4-64c 级联的光信号接入、处理并实现对 STM-1(电)速率的信号的 TPS 保护
	出线板	N1EU08、N1OU08、N2OU08、N1EU04	
	保护倒换板	N1TSB8、N1TSB4	
PDH 单元	处理板	N1SPQ4、N2SPQ4、N1PD3、N2PD3、N1PL3、N2PL3、N2PL3A、N1PL3A、N1PQ1、N2PQ3、N1PQM、N2PQ1	接入并处理 E1、E1/T1、E3/T3、E4/STM-1 速率的 PDH 电信号,并实现 TPS 保护
	出线板	N1MU04、N1D34S、N1C34S、N1D75S、N1D12S、N1D12B	
	保护倒换板	N1TSB8、N1TSB4	
DDN 单元	汇聚处理板	N1DX1、N1DXA	接入并处理 $N \times 64$ kb/s($N=1 \sim 31$)信号,Frame E1 信号 提供系统侧 $N \times 64$ kb/s 信号交叉,并实现对接入信号的 TPS 保护
	出线板	DM12	

续表

系统单元		所包括的单板	单元功能
以太网单元	处理板	N1EGS2、N2EGS2、N1EGT2、N1EFS0、N2EFS0、N4EFS0、N1EFS4、N2EFS4、N1EFT8、N1EFT8A、N1EMS4、N1EGS4、N3EGS4	接入并处理 1000Base-SX/LX/ZX、100Base-FX、10/100Base-TX 以太网信号
	出线板	N1ETS8（支持 TPS）、N1ETF8、N1EFF8	
	保护倒换板	N1TSB8	
RPR 处理单元	处理板	N1EMR0、N2EMR0、N2EGR2	接入和处理 1000Base-SX/LX/ZX、100Base-FX、10/100Base-TX 以太网信号，支持 RPR 特性
	出线板	N1ETF8、N1EFF8	
ATM 接口单元		N1ADL4、N1ADQ1、N1IDL4、N1IDQ1	接入并处理 STM-4、STM-1、E3 和 IMA E1 接口的 ATM 信号
SAN 单元		N1MST4	接入并透明传输 SAN 业务、视频业务
WDM 单元		N1MR2A、N1MR2C、TN11MR2、TN11MR4、TN11CMR2、TN11CMR4	提供任意相邻两波长的分插复用功能
		N1LWX	实现任意速率（34 Mb/s ～ 2.7 Gb/s NRZ 码信号）业务信号接入
			将客户侧波长转换为符合 ITU-T G.692 建议的标准波长的光信号
		N1FIB、ROP	N1FIB 对 ROP 板输出的光信号进行滤波和隔离
SDH 交叉矩阵单元		N1SXCSA、N1SXCSB、N1GXCSA、N1EXCSA、N1UXCSA、N1UXCSB、N1XCE[a]	完成业务的交叉连接功能
同步定时单元			为设备提供时钟功能
系统控制与通信单元		N1GSCC、N3GSCC	提供系统控制和通信功能
开销处理单元			处理 SDH 信号的开销
电源输入单元		N1PIU	电源的引入和防止设备受异常电源的干扰
辅助接口单元		N1AUX	为设备提供管理和辅助接口
风扇单元		N1FAN[b]	为设备散热
光放大和色散补偿功能单元	光放大板	TN11OBU1、N1BA2、N1BPA、61COA、N1COA、62COA	实现光功率放大和前置放大
	色散补偿板	N1DCU、N2DCU	实现 STM-64 光信号的色散补偿

注：1. N1XCE 单板用于扩展子架。

2. N1FAN 也可称为 XE1FAN，有单层风扇和双层风扇两种类型，且双层风扇可以完全替代单层风扇。

2. SDH 类单板功能原理

在 SDH 类的单板中,主要介绍 SL4、SL16 和 SL64。

(1)SL4

SL4 单板有 N1 和 N2 两个版本,两个版本间的主要差异在于是否支持 TCM 功能。N2 版本支持 TCM 功能。N1 版本不支持 TCM 功能。

说明:在配置复用段保护和 SNCP 时,如果工作板为配置了 TCM 功能的 N2SL4,则不允许保护板为不支持 TCM 功能的 N1SL4,否则倒换会导致业务中断。

①功能和特性。SL4 单板支持接收和发送 1 路 STM-4 光信号、开销处理和复用段保护等功能和特性。SL4 单板实现 STM-4 光信号的接收和发送,完成 STM-4 信号的光电转换、开销字节的提取和插入处理,并上报告警。SL4 单板的功能和特性如附表 1.12 所示。

附表 1.12　SL4 单板的功能和特性

功能和特性	描述
基本功能	接收和发送 1 路 STM-4 光信号,处理 1 路 STM-4 标准业务或级联业务
光接口规格	支持 I-4、S-4.1、L-4.1、L-4.2 和 Ve-4.2 的光接口,其中 I-4、S-4.1、L-4.1 和 L-4.2 光接口特性符合 ITU-T G.957 建议。Ve-4.2 的光接口为华为自定义标准
光模块规格	支持光模块信息检测和查询 光接口提供激光器打开、关闭设置和激光器自动关断功能 支持 SFP 可插拔光模块的使用和监测
业务处理	支持 VC-12/VC-3/VC-4 业务以及 VC-4-4c 级联业务
开销处理	支持 STM-4 信号的段开销的处理 支持通道开销的处理(透明传输和终结),支持对 J0/J1/C2 字节的设置和查询
告警和性能	提供丰富的告警和性能事件,便于设备的管理和维护
保护方式	支持二纤、四纤环形复用段保护、线性复用段保护、SNCP 保护、子网连接隧道保护(Sub-Network Connection Tunnel Protection,SNCTP)和子网连接多路径保护(Sub-Network Connection Multi-protection,SNCMP) 支持 MSP 和 SNCP 共享光路保护
维护特性	支持光口级别的内环回、外环回功能 支持软复位和硬复位,软复位不影响业务 支持单板制造信息的查询功能 支持 FPGA 的在线加载功能 支持单板软件的平滑升级

②工作原理和信号流。SL4 单板由光电转换模块、数据时钟恢复模块、SDH 开销处理模块、逻辑控制模块和电源模块组成。SL4 单板的工作原理框图如附图 1.12 所示。

接收方向:O/E 转换模块将接收到的 STM-4 光信号转换成 STM-4 电信号,并检测 R_LOS 告警信号,把 STM-4 电信号发送至 SDH 开销处理模块,R_LOF、R_OOF 等告警信号在该模块检测;数据时钟恢复单元恢复出时钟信号,并把时钟信号和 STM-4 电信号送往开销处理模块,R_LOF、R_OOF 等告警信号在该模块检测;开销处理模块对接收到的 STM-4

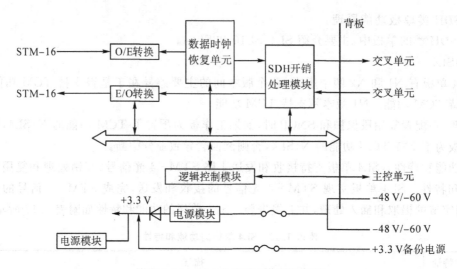

附图 1.12　SL4 单板的工作原理框图

信号进行开销字节的提取和处理后,转换为适合背板总线的信号格式发送至交叉单元。

发送方向:来自交叉单元的电信号,在开销处理单元插入开销字节后被发送至 E/O 转换模块;E/O 转换模块将接收到的 STM - 4 电信号转换成 STM - 4 光信号,并将其发送至光纤进行传输。

辅助单元:辅助单元包括逻辑控制模块和电源模块。逻辑控制模块:该模块跟踪主备交叉板送来的时钟和帧头信号;完成激光器控制功能;实现公务和 ECC 字节在组成 ADM 的两块光接口板之间穿通;完成时钟帧头从主备交叉板选择。电源模块:源模块为单板的所有模块提供所需的直流电压。

③技术指标。SL4 单板指标包含光接口指标、单板尺寸、重量和功耗。

SL4 单板的光接口指标如附表 1.13 所示。单板激光安全等级为 CLASS 1。单板光口最大输出光功率低于 10 dBm(10 mW)。SL4 板的机械指标如下:单板尺寸为 262.05 mm(高)× 220 mm(深)×25.4 mm(宽),重量为 1.0 kg。SL4 板在常温(25 ℃)条件下的最大功耗为 15 W。

附表 1.13　SL4 单板的光接口指标

项目	指标值				
标称比特率	622080 kb/s				
线路码型	NRZ				
光接口类型	I - 4	S - 4.1	L - 4.1	L - 4.2	Ve - 4.2
光源类型	MLM	MLM	SLM	SLM	SLM
工作波长/nm	1261～1360	1274～1356	1280～1335	1480～1580	1480～1580
发送光功率/dBm	−15～−8	−15～−8	−3～2	−3～2	−3～2
最小灵敏度/dBm	−23	−28	−28	−28	−34
过载光功率/dBm	−8	−8	−8	−8	−13
最小消光比/dB	8.2	8.2	10	10	10.5

注:MLM 表示多纵模,SLM 表示单纵模。

（2）SL16

SL16 单板有 N1、N2 和 N3 三个版本,三个版本间的主要差异在于是否支持 TCM 功能和配置 AU-3 业务。N1 版本不支持 TCM 功能和 AU-3 业务。N2 版本支持 TCM 功能,并且可以配置 AU-3 业务。N3 版本不能同时配置 TCM 功能和 AU-3 业务。N3 版本支持单板兼容替代功能。N1 和 N2 之间无替代关系。在不使用 TCM 功能和 AU-3 业务的情况下,N3 可以完全替代 N2 和 N1 版本的单板。N3 版本支持单板兼容替代功能,可替换 N1SL16 单板。替换后,N3SL16 单板的配置和业务状态都与 N1SL16 保持一致。

说明:在配置复用段保护和 SNCP 时,不同版本单板之间的配置原则如下。如果工作板为同时开启了 TCM 功能和配置了 AU-3 业务的 N2SL16,则不允许保护板为 N3SL16 和 N1SL16,否则倒换会导致业务中断。如果工作板为只开启了 TCM 功能或配置了 AU-3 业务的 N2SL16 或 N3SL16,则不允许保护板为 N1SL16,否则倒换会导致业务中断。

①功能和特性。SL16 单板支持接收和发送 1 路 STM-16 光信号、开销处理等功能和特性。SL16 单板的功能和特性如附表 1.14 所示。

附表 1.14　SL16 单板的功能和特性

功能和特性	描述
基本功能	接收和发送 1 路 STM-16 光信号
光接口规格	支持 L-16.2、L-16.2Je、V-16.2Je(加 BA)、U-16.2Je(加 BA 和 PA)的光接口,其中 L-16.2 光接口特性符合 ITU-T G.957 和 ITU-T G.692 建议。L-16.2Je、V-16.2Je(加 BA)、U-16.2Je(加 BA 和 PA)的光接口为华为自定义标准 支持符合 ITU-T G.692 建议的标准波长输出,U-16.2Je 的光接口可以直接接入 DWDM 设备
光模块规格	支持光模块信息检测和查询 光接口提供激光器打开、关闭设置和激光器自动关断功能
业务处理	支持 VC-12/VC-3/VC-4 业务以及 VC-4-4c、VC-4-8c、VC-4-16c 级联业务 支持 AU3 业务配置
开销处理	支持 STM-16 信号的段开销的处理 支持通道开销的处理(透明传输和终结) 支持对 J0/J1/C2 字节的设置和查询
告警和性能	提供丰富的告警和性能事件
K 字节处理	提供 2 套 K 字节的处理能力,1 块 SL16 板最多支持 2 个 MSP 环
REG 规格	N2SL16 和 N3SL16 支持 REG 工作模式的设置和查询
保护方式	支持二纤、四纤环形复用段保护、线性复用段保护、SNCP 保护、SNCTP 和 SNCMP 等多种保护方式 支持复用段共享光路保护 支持 MSP 和 SNCP 共享光路保护

功能和特性	描述
维护特性	支持光口级别的内环回、外环回功能 支持软复位和硬复位,软复位不影响业务 支持单板制造信息的查询功能 支持 FPGA 的在线加载功能 支持单板软件的平滑升级 支持 PRBS 功能

②工作原理和信号流。SL16 单板由光电转换模块、复用/解复用模块、SDH 开销处理模块、逻辑控制模块和电源模块组成。SL16 单板的工作原理框图如附图 1.13 所示。

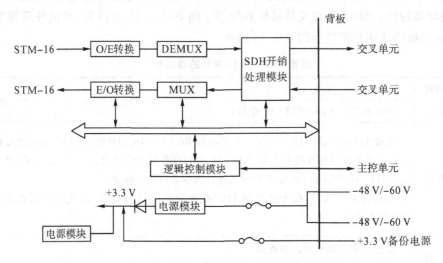

附图 1.13　SL16 单板的工作原理框图

接收方向：O/E 转换将接收到的 STM－16 的光信号转换成电信号,R_LOS 告警信号在该模块检测;通过解复用器(De-Multiplexer,DEMUX)将高速电信号解复用为并行的多路低速电信号,同时恢复出时钟信号;解复用后的多路低速电信号和时钟信号被传送到 SDH 开销处理模块;SDH 开销处理模块对接收到的多路低速电信号进行 SDH 开销字节的提取和指针处理后,通过背板总线发送至交叉单元,R_LOF、R_OOF 等告警信号在该模块检测。

发送方向：来自交叉单元的电信号,在 SDH 开销处理模块中插入开销字节后,复用器(Multiplexer,MUX)部分将接收到的电信号复用为高速电信号,并经过 E/O 转换输出 SDH 光信号,发送至光纤进行传输。

辅助单元：辅助单元包括逻辑控制模块和电源模块。逻辑控制模块：该模块跟踪主备交叉板送来的时钟和帧头信号;完成激光器控制功能;实现公务和 ECC 字节在组成 ADM 的两块光接口板之间穿通;完成从主备交叉板信号中选择时钟帧头。电源模块：电源模块为单板的所有模块提供所需的直流电压。

③技术指标。SL16 单板指标包含光接口指标、单板尺寸、重量和功耗等。

SL16 单板的光接口指标及符合 G.692 建议的标准波长光接口性能参数分别如附表1.15

和附表 1.16 所示。单板激光安全等级为 CLASS 1。单板光口最大输出光功率低于10 dBm（10 mW）。SL16 板的机械指标如下：单板尺寸为 262.05 mm（高）×220 mm（深）×25.4 mm（宽），重量为 1.1 kg。N1SL16 板在常温（25 ℃）条件下的最大功耗为 20 W，N2SL16 板在常温（25 ℃）条件下的最大功耗为 20 W，N3SL16 板在常温（25 ℃）条件下的最大功耗为 22 W。

附表 1.15　SL16 单板的光接口指标

项目	指标值				
标称比特率	2488320 kb/s				
光接口类型	L-16.2	L-16.2Je	V-16.2Je(BA)		U-16.2Je(BA+PA)	
光源类型	SLM	SLM	SLM		SLM	
工作波长/nm	1500～1580	153～1560	1530～1565		1550.12	
发送光功率/dBm	−2～3	5～7	不加 BA：−2～3	加 BA：3～15	不加 BA 和 PA：−2～3	加 BA：15～18
最小灵敏度/dBm	−28	−28	−28		不加 PA 和 BA：−28	加 PA：−32
过载光功率/dBm	−9	−9	−9		不加 PA 和 BA：−9	加 PA：−10
最小消光比/dB	8.2	8.2	8.2		8.2	

注：Le-16.2 光接口类型即是 L-16.2Je 光接口类型。对于 V-16.2Je，发送光功率值是添加功率放大器（BA）后的值，U-16.2Je 的发送光功率值则是添加功率放大器（BA）和前置放大器（PA）后的值。在未添加任何放大器前，V-16.2Je 和 U-16.2Je 的发送光功率均为−2～3 dBm。

附表 1.16　符合 G.692 建议的标准波长光接口性能参数

参数	描述	
标称比特率	2488320 kb/s	
色散受限距离/km	170	640
平均发送光功率/dBm	−2～3	−5～−1
最小灵敏度/dBm	−28	−28
最小过载点/dBm	−9	−9
通道最大允许色散/(ps·nm^{-1})	3400	10880
最小消光比/dB	8.2	10

（3）SL64

SL64 有 N1 和 N2 两个版本，两个版本间的主要差异在于是否支持 TCM 功能。N2SL64 不支持单板兼容替代功能，支持 TCM 功能，支持 AU3 业务。N1SL64 支持单板兼容替代功能，不支持 TCM 功能，不支持 AU3 业务。在不使用 TCM 功能和 AU-3 业务的情况下，N1SL64 可以替代 N2SL64。

说明：在配置复用段保护和 SNCP 时，如果工作板为配置了 TCM 功能或 AU-3 业务的

N2SL64，则不允许保护板为不支持 TCM 功能和 AU-3 业务的 N1SL64，否则倒换会导致业务中断。

　　①功能和特性。SL64 单板支持接收和发送 1 路 STM-64 光信号、开销处理等功能和特性。SL64 单板的功能和特性如附表 1.17 所示。

附表 1.17　SL64 单板的功能和特性

功能和特性	描述
基本功能	接收和发送 1 路 STM-64 光信号
光接口规格	支持 I-64.2、S-64.2b、L-64.2b、Le-64.2、Ls-64.2 和 V-64.2b（加 BA、PA 和 DCU）的光接口，其中 I-64.2、S-64.2b、L-64.2b、Ls-64.2 和 V-64.2b 光接口特性符合 ITU-T G.691 建议和 ITU-T G.692 建议。Le-64.2 的光接口为华为自定义标准 支持符合 ITU-T G.692 建议的标准波长输出，V-64.2b 的光接口可以直接接入 DWDM 设备
光模块规格	支持光模块信息检测和查询 光接口提供激光器打开、关闭设置和激光器自动关断功能
业务处理	支持 VC-12/VC-3/VC-4 业务以及 VC-4-4c 到 VC-4-64c 级联业务
开销处理	支持 STM-64 信号的段开销的处理 支持通道开销的处理（透明传输和终结） 支持对 J0/J1/C2 字节的设置和查询 支持 TCM 功能
告警和性能	提供丰富的告警和性能事件
K 字节处理	提供 2 套 K 字节处理能力，1 块 SL64 最多支持 2 个 MSP 环
REG 规格	支持 REG 工作模式的设置和查询
保护方式	支持二纤、四纤环形复用段保护、线性复用段保护、SNCP 保护、SNCTP 和 SNCMP 等多种保护方式 支持复用段共享光路保护。支持 MSP 和 SNCP 共享光路保护
维护特性	支持光口级别的内环回、外环回功能 支持软复位和硬复位，软复位不影响业务 支持单板制造信息的查询功能 支持 FPGA 的在线加载功能 支持单板软件的平滑升级

　　②工作原理和信号流。SL64 单板由光电转换模块、SDH 开销处理模块、逻辑控制模块和电源模块组成。SL64 单板的工作原理框图如附图 1.14 所示。

　　接收方向：光电转换模块包括 E/O(O/E)部分和 MUX/DEMUX 部分。O/E 转换模块将接收到的光信号转换成电信号，并检测 R_LOS 告警信号；通过 DEMUX 部分将高速电信号解复用为并行的多路电信号；解复用后的多路电信号和时钟信号被传送至 SDH 开销处理模块，该模块对接收到的多路低速电信号进行 SDH 开销字节的提取、指针处理，通过背板总线发送至交叉单元；R_LOF、R_OOF、AU_LOP 和 AU_AIS 等告警信号在 SDH 开销处理模块中检测。

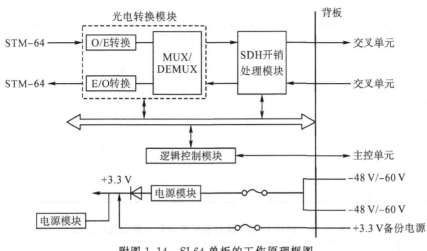

附图 1.14　SL64 单板的工作原理框图

发送方向:来自交叉单元的电信号,在 SDH 开销处理模块中插入开销字节后被发送至光电转换模块;光电转换模块将接收到的电信号通过 MUX 部分复用为高速电信号,并经过 E/O 转换输出 SDH 光信号,发送至光纤进行传输。

辅助单元:辅助单元包括逻辑控制模块和电源模块。逻辑控制模块:该模块跟踪主备交叉板送来的时钟和帧头信号;完成激光器控制功能;主控板不在位时,实现公务和嵌入式控制通道(Embedded Control Channel,ECC)字节在组成 ADM 的两块光接口板之间穿通;完成从主备交叉板信号中选择时钟帧头。电源模块:电源模块为单板的所有模块提供所需的直流电压。

③技术指标。SL64 板指标包含光接口指标、单板尺寸、重量和功耗。

SL64 单板的光接口指标及符合 G.692 建议的标准波长光接口性能参数分别如附表1.18和附表 1.19 所示。单板激光安全等级为 CLASS 1。单板光口最大输出光功率低于10 dBm(10 mW)。SL64 板的机械指标如下:单板尺寸为 262.05 mm(高)×220 mm(深)×25.4 mm(宽);重量为 1.1 kg。N1SL64 板在常温(25 ℃)条件下的最大功耗为 30 W,N2SL64 板在常温(25 ℃)条件下的最大功耗为 32 W。

附表 1.18　SL64 单板的光接口指标

项目	指标值						
标称比特率	9953280 kb/s						
光接口类型	I-64.2	S-64.2b	L-64.2b(BA)		Le-64.2	Ls-64.2	V-64.2b(BA+PA+DCU)[a]
光源类型	SLM[b]	SLM	SLM		SLM	SLM	SLM
工作波长/nm	1530～1565	1530～1565	1530～1565		1530～1565	1530～1565	1550.12
平均发送光功率/dBm	−5～−1	−1～2	不加 BA:−4～2	加 BA:13～15	2～4	4～7	不加 BA、PA 和 DCU:−4～−1 / 加 BA:13～15
最小灵敏度/dBm	−14	−14	−14		−21	−21	不加 BA、PA 和 DCU:−14 / 加 PA:−26

续表

项目	指标值					
最小过载点 /dBm	−1	−1	−1	−8	−8	−1
最小消光比 /dB	8.2	8.2	8.2	8.2	8.2	8.2
最大色散容限/ (ps·nm^{-1})	500	800	1600	1200	1600	2040^c

附表 1.19 符合 G.692 建议的标准波长光接口性能参数

参数	描述
标称比特率	9953280 kb/s
色散受限距离/km	40
平均发送光功率/dBm	−4～−1
最小灵敏度/dBm	−14
最小过载点/dBm	−1
通道最大允许色散/(ps·nm^{-1})	800
最小消光比/dB	10

3. PDH 类单板功能原理

（1）PQ1

PQ1 单板有 N1 和 N2 两个功能版本，两个版本间的主要差异在于不同版本单板功能不同。N2PQ1 支持 E13 功能和单板兼容替代功能，不支持分路定时功能。当不使用分路定时功能时，N1PQ1A 可以被 N2PQ1A 条件替代；当不使用分路定时功能时，N1PQ1B 可以被 N2PQ1B 条件替代。

根据接口阻抗的不同，PQ1 分为 PQ1A（75 Ω）和 PQ1B（100 Ω/120 Ω）。当不区分接口阻抗特性时，PQ1A 和 PQ1B 单板在后文统称为 PQ1 单板。

①功能和特性。PQ1 单板支持接收和发送 63 路 E1 信号开销处理、告警和性能事件、维护特性、TPS 保护。PQ1 单板的功能和特性如附表 1.20 所示。

附表 1.20 PQ1 单板的功能和特性

功能和特性	描述	
	N1PQ1	N2PQ1
基本功能	63 路 E1 信号处理	63 路 E1 信号处理
业务处理	N1PQ1 配合出线板可以接入和处理 63 路 E1 电信号	N2PQ1 配合出线板可以接入和处理 63 路 E1 信号支持 E13 功能，主要实现低级别业务 E1 到高级别业务 E3 的汇聚

续表

功能和特性	描述	
	N1PQ1	N2PQ1
开销处理	支持 VC12 级别的通道开销的处理(透明传输和终结),如 J2 字节	
告警和性能	提供丰富的告警和性能事件,便于设备的管理和维护	
维护特性	支持电接口的内环回、外环回功能 支持软复位和硬复位,软复位不影响业务 支持单板制造信息的查询功能 支持 FPGA 的在线加载功能 支持单板软件的平滑升级 支持 PRBS 功能	
保护方式	PQ1 配合出线板,支持 TPS 保护 当工作板为 PQ1 时,保护槽位可以插 PQM,进行混合保护	

②工作原理和信号流。PQ1 单板由接口模块、编码/解码模块、映射/解映射模块、逻辑控制模块和电源模块构成。PQ1 单板功能框图如附图 1.15 所示。

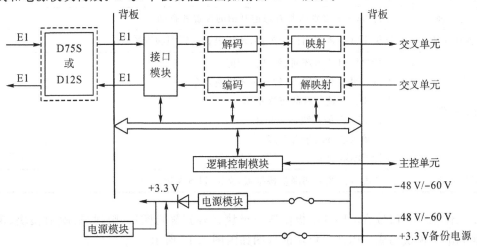

附图 1.15　PQ1 单板功能框图

发送方向:由交叉单元来的电信号在解映射模块中经过解映射处理,提取出数据和时钟信号发送至编码器;在编码器中经过编码处理,输出 E1 信号;该信号经接口输出到接口板。

接收方向:由接口板输入的 E1 信号经过接口模块进入解码器,在解码器中经过解码处理后,恢复出数据信号及时钟信号,发送至映射模块;在映射模块中将发送来的 E1 信号异步映射到 C-12,再经过通道开销处理后形成 VC-12,经指针处理形成 TU-12,再通过复用形成 VC-4,发送至交叉单元。

逻辑控制模块:完成单板与主控板的通信;将单板信息和告警上报给主控板,接收由主控板下发的配置命令。

电源模块:电源模块为单板的所有模块提供所需的直流电压。

③技术指标。PQ1 单板指标包含电接口指标、单板尺寸、重量和功耗。

PQ1 单板的电接口指标在 D75S/D12S/D12B 单板上,电接口指标请参考"D75S""D12S""D12B"。PQ1 单板的机械指标如下:单板尺寸为 262.05 mm(高)×220 mm(深)×25.4 mm(宽),重量为 1.0 kg。N1PQ1 单板在常温(25 ℃)条件下最大功耗为 19 W。N2PQ1 单板在常温(25 ℃)条件下最大功耗为 13 W。

(2)PL3

PL3 单板有 N1 和 N2 两个功能版本,两个版本间的主要差异在于不同版本的单板功能不同。N1PL3 不支持 E13/M13 功能,N2PL3 支持 E13/M13 功能。N2PL3 支持单板兼容替代功能,可替换 N1PL3。替换后,N2PL3 单板的配置和业务状态都与替换前的 N1PL3 保持一致。N2 可以完全替代 N1 版本。

①功能和特性。PL3 单板支持 E3/T3 信号的处理、开销处理、告警和性能事件、维护特性、TPS 保护。PL3 单板的功能和特性如附表 1.21 所示。

附表 1.21　PL3 单板的功能和特性

功能和特性	描述
基本功能	3 路 E3/T3 信号处理
业务处理	接入和处理 3 路 E3/T3 电信号
开销处理	支持 VC-3 级别的所有通道开销的设置和查询
告警和性能	提供丰富的告警和性能事件,便于设备的管理和维护
维护特性	支持电接口的内环回、外环回功能 支持软复位和硬复位,软复位不影响业务 支持单板制造信息的查询功能 支持 FPGA 的在线加载功能 支持单板软件的平滑升级 支持 PRBS 功能
保护方式	PL3 配合出线板和倒换桥接板,支持 TPS 保护

②工作原理和信号流。PL3 单板由接口模块、编码/解码模块、映射/解映射模块、逻辑控制模块和电源模块构成。PL3 单板功能框图如附图 1.16 所示。

发送方向:由交叉单元来的电信号在解映射模块中经过解映射处理,提取出数据和时钟信号发送至编码器,在编码器中经过编码处理,输出 E3/T3 信号,该信号经接口输出到接口板。

接收方向:由接口板输入的 E3/T3 信号经过接口模块进入解码器,在解码器中经过解码处理后,恢复出数据信号及时钟信号,发送至映射模块;在映射模块中将发送来的 E3/T3 信号异步映射到 C-3,再经过通道开销处理后形成 VC-3,经指针处理形成 TU-3,再通过复用形成 VC-4,发送至交叉单元。

逻辑控制模块:完成单板与主控板的通信,将单板信息和告警、性能上报给主控板,接收由主控板下发的配置命令。

电源模块:电源模块为单板的所有模块提供所需的电压。

③技术指标。PL3 单板指标包含电接口指标、单板尺寸、重量和功耗。

PL3 单板的电接口在 C34S 单板上,电接口指标请参考"C34S"。PL3 单板的机械指标如

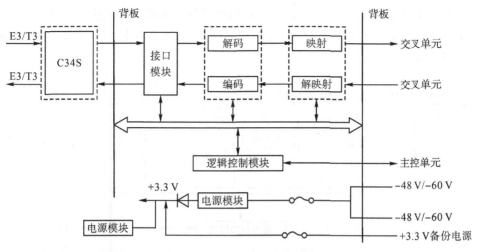

附图 1.16 PL3 单板功能框图

下：单板尺寸为 262.05 mm(高)×220 mm(深)×25.4 mm(宽)；重量为 1.0 kg。N1PL3 单板在常温(25 ℃)条件下最大功耗为 15 W。N2PL3 单板在常温(25 ℃)条件下最大功耗为 12 W。

(3)SPQ4

SPQ4 单板有 N1 和 N2 两个功能版本，两个版本间的主要差异在于不同版本单板功能不同。N1SPQ4 在 V100R001 和 V100R002 版本支持，N2SPQ2 单板只能在 V100R003 以后版本使用。N1SPQ4 可以被 N2SPQ4 替代，但是主机要求配套升级。

①功能和特性

SPQ4 是 4 路 E4/STM－1 电信号处理板，支持开销处理、告警和性能、保护和维护特性。SPQ4 单板的功能和特性如附表 1.22 所示。

附表 1.22 SPQ4 单板的功能和特性

功能和特性	描述
基本功能	4 路 STM－1/E4 信号处理板
业务处理	接入和处理 4 路 E4/STM－1 电信号，各通道都可兼容 E4 或 STM－1 信号类型 支持 VC－12/VC－3/VC－4 业务
开销处理	支持 STM－1 信号的开销字节包括 B1、B2、K1、K2、M1、F1、D1～D12 等 支持通道开销的处理(透明传输和终结)，开销字节包括 J1、B3、C2、G1、H4 支持对 J0/J1/C2 字节的设置和查询
告警和性能	提供丰富的告警和性能事件，便于设备的管理和维护
保护方式	SPQ4 配合出线板和倒换桥接板，支持 TPS 保护 支持二纤单向复用段环保护、线性复用段保护、SNCP 保护方式
维护特性	支持光口级别的内环回、外环回功能 支持软复位和硬复位，软复位不影响业务 支持单板制造信息的查询功能 支持 FPGA 的在线加载功能 支持单板软件的平滑升级

②工作原理和信号流。SPQ4 单板由接口模块、编码/解码模块、帧同步和扰码处理模块、映射/解映射模块、SDH 开销处理模块、逻辑控制模块、电源模块构成。SPQ4 单板功能框图如附图 1.17 所示。

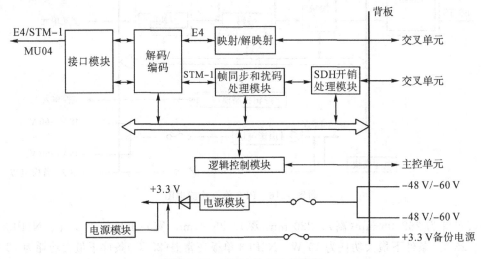

附图 1.17　SPQ4 单板功能框图

发送方向：对于 E4 信号，来自交叉单元的电信号，经解映射单元处理后发送至编码单元，经编码后发送至接口单元；对于 STM-1 信号，来自交叉单元的电信号，在开销处理单元插入开销字节后发送至帧同步和扰码处理模块，经帧同步和扰码处理后发送至编码单元，编码后，发送至接口单元。

接收方向：对于 E4 信号，接口单元接收 E4 信号，经解码处理后，将恢复出的时钟信号和数据信号发送至映射模块，映射到 VC4 后发送至交叉单元；对于 STM-1 信号，接口单元接收 STM-1 信号，经解码处理后，将恢复出的时钟信号和数据信号发送至帧同步和扰码处理模块，对收到的 STM-1 电信号进行解扰码后，发送至开销处理模块，经开销处理后，发送至交叉单元。

逻辑控制模块：主要通过以太网口与主控和其他单板通信，完成告警、性能事件的收集上报、解释、处理网管下发的配置命令。

电源模块：电源模块为单板的所有模块提供所需的直流电压。

③技术指标。SPQ4 单板指标包含电接口指标、单板尺寸、重量和功耗。

SPQ4 单板的电接口在 MU04 单板上，电接口指标请参考"MU04"。SPQ4 单板的机械指标如下：单板尺寸为 262.05 mm(高)×220 mm(深)×25.4 mm(宽)，重量为 0.9 kg。SPQ4 单板在常温(25 ℃)条件下最大功耗为 24 W。

(4)DX1

DX1 单板的功能版本为 N1。

①功能和特性。DX1 是 DDN 业务接入汇聚处理板，完成系统侧 48 路 E1 信号 64k 级别的交叉。DX1 单板的功能和特性如附表 1.23 所示。

附表 1.23　DX1 单板的功能和特性

功能和特性	描述
基本功能	处理 8 路 $N \times 64$ kb/s 和 8 路 Frame E1 业务 处理 48 路系统侧 $N \times 64$ kb/s 信号的交叉
配合出线板	配合 DM12 板实现 8 路 $N \times 64$ kb/s 和 8 路 Frame E1 业务的接入,实现 1∶N TPS 保护 一块 DX1 板需要两块 DM12
告警和性能	提供丰富的告警和性能事件,便于设备的管理和维护
连接器	在 DM12 板上。$N \times 64$ kb/s 信号使用 DB28,Frame E1 信号使用 DB44
环回功能	支持内环回和外环回
PRBS 自检	支持

②工作原理和信号流。DX1 单板由接口及帧处理模块、编/解码模块、时隙交叉模块、成帧/解帧模块、映射/解映射模块、通信与控制模块、电源模块构成。DX1 单板功能框图如附图 1.18 所示。

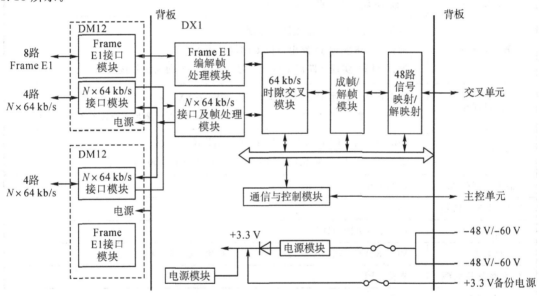

附图 1.18　DX1 单板功能框图

发送方向:SDH 交叉板发送来的 VC - 4 信号经过解映射模块恢复出信号;该信号在解帧模块转换成 Frame E1 信号,发送至时隙交叉模块;时隙交叉模块对业务进行 64 kb/s 粒度的交叉和调度,对于要下本站的业务则发送至接口模块。

接收方向:DX1 板从 DM12 单板的 Frame E1 接口模块接收 8 路 Frame E1 信号,从 DM12 单板的 $N \times 64$ kb/s 接口模块接收 8 路 $N \times 64$ kb/s 信号;同时恢复出数据和时钟信号。

在 DX1 板,Frame E1 信号完成解码和帧处理、$N \times 64$ kb/s 信号完成接口转换和帧处理,然后发送至 64 kb/s 时隙交叉模块;时隙交叉模块对业务进行 64 kb/s 粒度的交叉和调度,然后发送至成帧/解帧模块之后,映射进 VC - 4,发送至 SDH 交叉板。

通信与控制模块：通信与控制模块主要实现单板的通信、控制和业务配置功能。

电源模块：电源模块为单板的所有模块提供所需的直流电压。

③技术指标。DX1 单板指标包含电接口指标、单板尺寸、重量和功耗。

DX1 单板的电接口在 DM12 单板上，电接口指标请参考"DM12"。DX1 单板的机械指标如下：单板尺寸为 262.05 mm(高)×220 mm(深)×25.4 mm(宽)，重量为 1.0 kg。DX1 单板在常温(25 ℃)条件下最大功耗为 15 W。DX1 单板在 TPS 倒换后功耗为 31 W。

4. 数据业务处理板功能原理

数据类单板，包括 FE、GE、ATM、SAN 等多种业信号类型的处理板。

(1)EFT8

EFT8 单板的功能版本为 N1。

①功能和特性。EFT8 单板支持以太网业务透明传输、LCAS 和测试帧等功能和特性。EFT8 单板的功能和特性如附表 1.24 所示。

附表 1.24　EFT8 单板的功能和特性

功能和特性	描述
基本功能	8 或 16 路 FE 透明传送
配合出线板	自身实现 8 路电口以太网信号接入 配合 ETF8 实现 16 路电口以太网信号接入 配合 EFF8 实现 8 路以太网光信号和 8 路以太网电信号接入
接口规格	与 ETF8 配合使用支持 10Base-T/100Base-TX 与 EFF8 配合使用支持 100Base-FX/100Base-TX。满足 IEEE 802.3u 标准
业务帧格式	Ethernet Ⅱ、IEEE 802.3、IEEE 802.1qTAG 支持 64～9600 B 帧长，支持不大于 9600 B 的 Jumbo 帧
最大上行带宽	1.25 Gb/s
VCTRUNK 数量	16
封装格式	HDLC、LAPS、GFP-F
映射方式	VC - 3、VC - 12、VC - 12 - Xv($X \leqslant 63$)和 VC - 3 - Xv($X \leqslant 3$)
以太网业务类型	支持 EPL
MPLS	不支持
VLAN	支持 VLAN 的透明传输
LPT	不支持
CAR	不支持
流控功能	基于 FE 端口的 IEEE 802.3x 流控
LCAS	ITU-T G.7042，可以实现带宽的动态增加、动态减少和保护功能
测试帧	支持接收和发送 GFP 测试帧
以太网性能监测	支持端口级的以太网性能监测
告警和性能	提供丰富的告警和性能事件，便于设备的管理和维护

②工作原理和信号流。EFT8 单板由接口模块、业务处理模块、封装/映射模块、接口转换模块、通信与控制模块和电源模块构成。EFT8 单板功能框图如附图 1.19 所示。

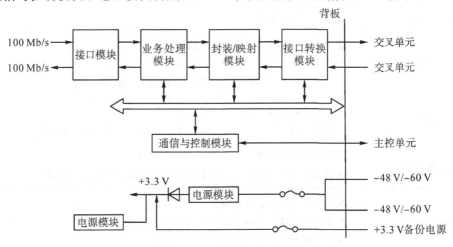

附图 1.19　EFT8 单板功能框图

发送方向:将交叉单元送来的信号经接口转换模块发送至封装/转换模块进行解映射和解封装;业务处理模块根据设备所处的级别确定路由;完成帧定界、添加前导码、计算 CRC 校验码和以太网性能统计等功能。最后经过接口处理模块进行并/串变换和编码由以太网接口传送。

接收方向:接口处理模块接收外部以太网设备(如以太网交换机、路由器等)发送来的信号,进行解码和串/并转换;然后发送至业务处理模块,进行帧定界、剥离前导码、终结 CRC 校验码和以太网性能统计等功能;在封装模块完成以太网帧的 HDLC、LAPS 或 GFP-F 封装,然后发送至映射模块进行映射,最后经接口转换模块发送至交叉单元。

通信与控制模块:通信与控制模块主要实现单板的通信、控制和业务配置功能。

电源模块:电源模块为单板的所有模块提供所需的直流电压。

③技术指标。EFT8 单板指标包含机械指标和功耗。

EFT8 板的机械指标如下:单板尺寸为 262.05 mm(高)×220 mm(深)×25.4 mm(宽),重量为 1.0 kg。EFT8 单板在常温(25 ℃)条件下单板最大功耗为 26 W。

(2)EFS0

EFS0 单板有 N1、N2 和 N4 三个功能版本。

N1EFS0 的最大上行带宽为 622 Mb/s。支持基于流分类的 PORT、PORT＋VLAN ID、PORT＋VLAN PRI。

N2EFS0 和 N4EFS0 的最大上行带宽为 1.25 Gb/s。支持基于流分类的 PORT、PORT＋VLAN ID、PORT＋VLAN ID＋VLAN PRI。

N2 支持单板兼容替代功能,可以替代 N1 版本。N4 支持单板兼容替代功能,可以替代 N2 和 N1 版本。

①功能和特性。EFS0 单板支持二层交换、MPLS、组播等功能和特性。EFS0 单板的功能和特性如附表 1.25 所示。

附表 1.25　EFS0 单板的功能和特性

功能与特性	描述
基本功能	处理 8 路 FE 业务
配合出线板	配合 ETF8 实现 8 路电口 FE 信号接入 配合 EFF8 实现 8 路光口 FE 信号接入 配合 ETS8 和 TSB8 实现 8 路电口 FE 信号的 TPS 保护
接口规格	与 ETF8 配合使用支持 10Base-T/100Base-TX 与 EFF8 配合使用支持 100Base-FX。满足 IEEE802.3u 标准
业务帧格式	Ethernet Ⅱ、IEEE 802.3、IEEE 802.1 q/p 支持 64～9600 B 帧长，支持最大不超过 9600 B 的 Jumbo 帧
最大上行带宽	N1EFS0 的最大上行带宽为 622 Mb/s N2EFS0 的最大上行带宽为 1.25 Gb/s N4EFS0 的最大上行带宽为 1.25 Gb/s
VCTRUNK 数量	N1EFS0 的 VCTRUNK 数量为 12 个 N2EFS0 的 VCTRUNK 数量为 24 个 N4EFS0 的 VCTRUNK 数量为 24 个
映射方式	$VC-12$、$VC-3$、$VC-12-Xv(X \leqslant 63)$、$VC-3-Xv(X \leqslant 12)$
封装格式	$GFP-F$
EPL	支持基于 PORT 的透明传送和基于 PORT＋VLAN 的以太网专线业务
EVPL	支持 EVPL 业务，使用 MartinioE 和 stack VLAN 的帧封装格式
EPLAN	支持基于 Layer 2 的汇聚和点到多点的汇聚 支持二层交换的转发功能 支持用户侧交换和 SDH 网络侧交换 支持源 MAC 地址自学习功能，MAC 地址表大小为 16 k，支持 MAC 地址老化时间的设置和查询 支持静态 MAC 路由配置 N1EFS0、N2EFS0 支持动态 MAC 地址的查询，支持按 VB＋VLAN 或者 VB＋LP查询实际学习的 MAC 地址数目 N4EFS0 不支持动态 MAC 地址的查询，支持按 VB＋VLAN 或者 VB＋LP查询实际学习的 MAC 地址数目 支持基于虚拟网桥(Virtual Bridge，VB)＋VLAN 方式的数据隔离 支持 VB 的创建、删除和查询，VB 数目最大为 16 个，每个 VB 逻辑端口最大为 30 个
EVPLAN	支持 EVPLAN 业务，N1EFS0 使用 MPLS Martini OE，MPLS Martini OP 和 stack VLAN 帧封装格式，N2EFS0 和 N4EFS0 使用 MPLS Martini OE 和 stack VLAN 帧封装格式

功能与特性	描述
MPLS 技术	支持
VLAN	IEEE 802.1q/p
VLAN 汇聚	支持,4K 个 VLAN
快速生成树(RSTP)	支持广播报文抑制功能和快速生成树协议,符合 IEEE 802.1w 标准
组播(IGMP Snooping)	支持
ETH-OAM	N4EFS0 支持多播(CC)、单播(LB)测试
CAR	支持,粒度为 64 kb/s
基于业务 QoS 流分类	N1EFS0 支持基于业务分类的 PORT、PORT＋VLAN ID、PORT＋VLAN PRI N2EFS0 与 N4EFS0 支持基于流分类的 PORT、PORT＋VLAN ID、PORT＋ VLAN ID＋VLAN PRI
LCAS	ITU-T G.7042,可以实现带宽的动态增加、动态减少和保护功能
LPT	支持 LPT 功能,可以设置为使能和关闭
流控功能	基于端口的 IEEE 802.3x 流控
测试帧	支持接收和发送以太网测试帧
环回功能	支持以太网端口(PHY 层或 MAC 层)的内环回 支持 VC－3 级别的内环回和外环回
以太网性能监测	支持端口级的以太网性能监测
告警和性能	提供丰富的告警和性能事件,便于设备的管理和维护

注：多播(Continuity Check,CC),单播(Loopback,LB)。

②工作原理和信号流。EFS0 单板由接口模块、业务处理模块、封装/映射模块、接口转换模块、通信与控制模块和电源模块构成。EFS0 单板功能框图如附图 1.20 所示。

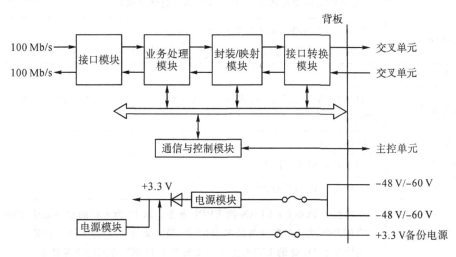

附图 1.20　EFS0 单板功能框图

发送方向：将交叉单元发送来的信号经接口转换模块发送至封装/转换模块进行解映射和解封装；业务处理模块根据设备所处的级别确定路由；根据业务形式和配置要求进行流分类；完成帧定界、添加前导码、计算 CRC 校验码和以太网性能统计等功能；最后经过接口处理模块进行并/串变换和编码由以太网接口送出。

接收方向：接口处理模块接收外部以太网设备（如以太网交换机、路由器等）发送来的信号，进行解码和串/并转换；然后发送至业务处理模块，进行帧定界、剥离前导码、终结 CRC 校验码和以太网性能统计等功能，并根据业务形式和配置要求进行流分类（支持 MPLS 报文格式、L2 MPLS 虚拟专用网络（Virtual Private Network，VPN）报文格式、Ethernet/VLAN 报文格式），依据业务配置添加 Tunnel 和 VC 双重标签实现业务的映射和转发。在封装模块完成以太网帧的 GFP-F 封装，然后发送至映射模块进行映射，最后经接口转换模块发送至交叉单元。

通信与控制模块：通信与控制模块主要实现单板的通信、控制和业务配置功能。

电源模块：电源模块为单板的所有模块提供所需的直流电压。

③技术指标。EFS0 单板指标包含机械指标和功耗。EFS0 板的机械指标如下：单板尺寸为 262.05 mm（高）×220 mm（深）×25.4 mm（宽），重量为 1.0 kg。EFS0 单板在常温（25 ℃）条件下最大功耗为 35 W。

（3）EGS4

EGS4 单板有 N1 和 N3 两个功能版本

①功能和特性。EGS4 单板支持二层交换、链路聚合、组播等功能和特性。EGS4 单板的功能和特性如附表 1.26 所示。

附表 1.26　EGS4 单板的功能和特性

功能和特性	描述
基本功能	接入和处理 4 路 GE 业务
接口规格	1000Base-SX/LX/ZX 以太网光接口，支持自协商功能，满足 IEEE 802.3z 标准。采用热插拔的 SFP 光接口，传输距离多模光纤最远可达 550 m，单模光纤达 10 km（也可根据实际需要选用 40 km 和 70 km 的光模块）
业务帧格式	Ethernet II、IEEE 802.3、IEEE 802.1q/p 支持 64～9216 B 帧长，支持最大不超过 9216 B 的 Jumbo 帧
最大上行带宽	2.5 Gb/s
映射方式	$VC-12$、$VC-3$、$VC-4$、$VC-12-Xv(X\leqslant64)$、$VC-3-Xv(X\leqslant24)$、$VC-4-Xv(X\leqslant8)$
VCG	最多 64 个
封装格式	GFP-F、LAPS、HDLC
EPL	支持基于 PORT 的透明传输
EVPL	支持基于 PORT+VLAN 的 EVPL 业务。以 IP 为入口的业务最多 4000 条，以 VCTRUNK 为入口的业务最多 4000 条，最大支持 8000 条 LINK 业务 支持基于 QinQ 的 EVPL 业务。支持基于 PORT 方式的业务转发

功能和特性	描述
EPLAN	支持二层交换的转发功能,支持用户侧交换和 SDH 网络侧交换 支持源 MAC 地址自学习功能,MAC 地址表大小为 128 kb,支持 MAC 地址老化时间的设置和查询。支持静态 MAC 路由配置 支持 VB 的创建、删除和查询,VB 数目最大为 2 个
EVPLAN	N1EGS4 支持 4 kb/s VLAN MAC 交换,N3EGS4 支持 4 个 VLAN MAC 交换 支持基于 VB+VLAN 方式的数据隔离
VLAN	支持 VLAN 和 QinQ,支持 VLAN 标签的添加、删除和交换,满足 IEEE 802.1 q/p标准
快速生成树(RSTP)	支持广播报文抑制功能和快速生成树协议,符合 IEEE 802.1w 标准
IGMP-Snooping	支持组播
ETH-OAM	支持多播(CC)、单播(LB)测试
测试帧	支持
业务镜像	不支持
链路聚合	支持手动链路聚合和静态链路聚合
VLAN 汇聚	支持 4095 个 VLAN
保护	支持单板 1+1 热备份保护,PPS 保护
CAR	支持粒度为 64 kb/s。N1 支持 512 种速率模式,N3 支持 60 种速率模式
流分类	支持基于 PORT、PORT+VLAN 的流分类
LCAS	ITU-T G.7042,可以实现带宽的动态增加、动态减少和保护功能
LPT	支持
流控功能	基于端口的 IEEE 802.3x 的流控
环回功能	支持以太网端口(PHY 层)的内环回
以太网性能监测	支持端口级和 VCTRUNK 的以太网性能监测 RMON
告警和性能	提供丰富的告警和性能事件,便于设备的管理和维护

②工作原理和信号流。EGS4 单板由接口模块、业务处理模块、封装/映射模块、接口转换模块、通信与控制模块和电源模块构成。EGS4 单板功能框图如附图 1.21 所示。

发送方向:交叉单元将基于 VC-4、VC-3、VC-12 或其虚级联的信号通过背板送给 EGS4 单板,信号经过接口转换模块发送至封装/映射模块进行虚级联延时补偿、帧对齐、解映射和解封装,剥离出数据报文发送至业务处理模块进行处理(包括 MAC/VLAN/QinQ 业务转发等),最后进行数据汇聚后从以太网物理接口模块输出。

接收方向:接口处理模块接收外部以太网设备(如以太网交换机、路由器等)发送来的1000Base-SX/LX/ZX 信号,进行解码和串/并转换;然后发送至业务处理模块,进行帧定界、剥离前导码、终结 CRC 校验码和以太网性能统计等功能,并根据业务形式和配置要求进行流分类(Ethernet/VLAN 报文格式)。

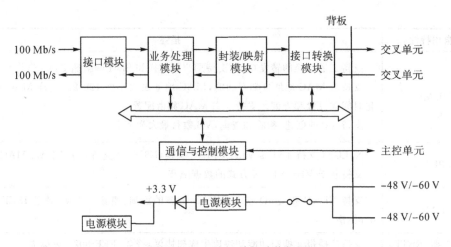

附图 1.21　EGS4 单板功能框图

如果是本地交换，则数据业务根据配置被转发到本地的其他端口；如果是需要上行到 SDH 线路的数据业务，经过封装模块完成以太网帧的 GFP-F/LAPS/HDLC 封装，最后发送至映射模块进行基于 VC-4、VC-3、VC-12 或其虚级联的映射，经接口转换模块发送至交叉单元。

通信与控制模块：通信与控制模块主要实现单板的通信、控制和业务配置功能。

电源模块：电源模块为单板的所有模块提供所需的直流电压。

③技术指标。EGS4 单板指标包含光接口指标、激光器安全等级、机械指标和功耗。

EGS4 单板光接口指标如附表 1.27 所示。单板激光安全等级为 CLASS 1。单板光口最大输出光功率低于 10 dBm（10 mW）。EGS4 板的机械指标如下：单板尺寸为 262.05 mm（高）×220 mm（深）×25.4 mm（宽），重量为 1.1 kg。EGS4 单板在常温（25 ℃）条件下最大功耗为 70 W。

附表 1.27　EGS4 单板光接口指标

项目	指标值			
光接口类型	1000Base-ZX (70 km)	1000Base-ZX (40 km)	1000Base-LX (10 km)	1000Base-SX (0.55 km)
光源类型	MLM	MLM	MLM	MLM
发送光功率/dBm	−4～2	−2～5	−9～−3	−9.5～0
中心波长/nm	1480～1580	1270～1355	1270～1355	770～860
过载光功率/dBm	−3	−3	−3	0
光接收灵敏度/dBm	−22	−23	−19	−17
消光比/dB	9	9	9	9

5. 出线板功能原理

OptiX OSN 3500 设备中，各类信号处理板都有对应的出线板，如附表 1.11 所示。

（1）D75S

D75S 单板的功能版本为 N1。D75S 单板用于输入输出 32 路 E1/T1 电信号，需配合 PQ1 单板使用。

①工作原理和信号流。D75S 单板由接口模块、开关矩阵模块、电源模块构成。D75S 单板功能框图如附图 1.22 所示。

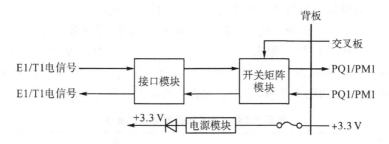

附图 1.22　D75S 单板功能框图

接口模块：完成 E1/T1 电信号的接收和发送。

开关矩阵模块：在接收方向，开关矩阵模块接收从接口模块发送来的信号，并根据交叉板的 TPS 保护控制信号，选择信号的输出方向。当未发生 TPS 时，开关矩阵模块将信号发送至 PQ1 单板；当发生 TPS 时，开关矩阵模块将信号发送至保护板进行桥接。在发送方向，开关矩阵模块的工作过程是其接收方向的逆过程。

电源模块：电源模块为单板的所有模块提供所需的直流电压。

②技术指标。D75S 单板指标包含单板尺寸、重量和功耗。

机械指标如下：单板尺寸为 262.05 mm（高）×110 mm（深）×22 mm（宽），重量为 0.4 kg。D75S 单板在常温（25 ℃）条件下处于倒换态时的最大功耗为 6 W，处于正常态时的最大功耗为 0 W。

（2）C34S

C34S 单板的功能版本为 N1。C34S 单板用于输入输出 3 路 E3/T3 电信号，需配合 PL3 单板使用。

①工作原理和信号流。C34S 单板由接口模块、开关矩阵模块、电源模块构成。C34S 单板功能框图如附图 1.23 所示。

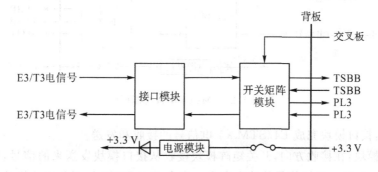

附图 1.23　C34S 单板功能框图

92620593

接口模块：接口模块完成 E3/T3 电信号的接收和发送。

开关矩阵模块：在接收方向，开关矩阵模块接收从接口模块发送来的信号，并根据交叉板的 TPS 保护控制信号，选择信号的输出方向。当未发生 TPS 时，开关矩阵模块将信号发送至 PL3 单板；当发生 TPS 时，开关矩阵模块将信号发送至 TSB8 单板进行桥接。在发送方向，开关矩阵模块的工作过程是其接收方向的逆过程。

电源模块：电源模块为单板的所有模块提供所需的直流电压。

②技术指标。C34S 单板指标包含电接口指标、单板尺寸、重量和功耗。

C34S 单板的电接口指标如附表 1.28 所示。C34S 单板的机械指标如下：单板尺寸为 262.05 mm（高）×110 mm（深）×22 mm（宽），重量为 0.3 kg。C34S 单板在常温（25 ℃）条件下处于倒换态时的最大功耗为 2 W，处于正常态时的最大功耗为 0 W。

附表 1.28　C34S 单板的电接口指标

项目	指标值
接口类型	34368 kb/s、44736 kb/s
码型	E3：HDB3。T3：B3ZS
输出口信号比特率	符合 G.703
输入口允许频偏	
输入口允许衰减	
输入抖动容限	

（3）MU04

MU04 单板的功能版本为 N1。MU04 单板用于输入输出 4 路 E4/STM-1 电信号，需配合 SPQ4 单板使用。

①工作原理和信号流。MU04 单板由接口模块、开关矩阵模块、电源模块构成。MU04 单板功能框图如附图 1.24 所示。

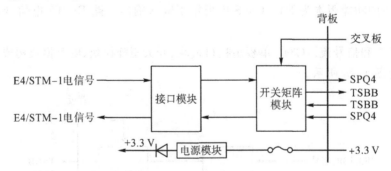

附图 1.24　MU04 单板功能框图

接口模块：接口模块完成 E4/STM-1 电信号的接收和发送。

开关矩阵模块：在接收方向，开关矩阵模块接收从接口模块发送来的信号，并根据交叉板的 TPS 保护控制信号，选择信号的输出方向。当未发生 TPS 时，开关矩阵模块将信号发送至 SPQ4 单板；当发生 TPS 时，开关矩阵模块将信号发送至 TSB8 单板进行桥接。在发送方向，开关矩阵模块的工作过程是其接收方向的逆过程。

电源模块:电源模块为单板的所有模块提供所需的直流电压。

②技术指标。MU04 单板指标包含电接口指标、单板尺寸、重量和功耗。

MU04 单板的电接口指标如附表 1.29 所示。MU04 单板的机械指标如下:单板尺寸为 262.05 mm(高)×110 mm(深)×22 mm(宽),重量为 0.4 kg。MU04 单板在常温(25 ℃)条件下的最大功耗为 2 W。

附表 1.29　MU04 单板的电接口指标

项目	指标值
接口类型	139264 kb/s,155520 kb/s
码型	CMI
输出口信号比特率	符合 G.703
输入口允许频偏	
输入口允许衰减	

6. 交叉和系统控制类单板功能原理

OptiX OSN 3500 设备中,有多种系统控制类单板以及多种容量的交叉板,如附表 1-11 所示。

(1)GXCSA

GXCSA 单板的功能版本为 N1。

①功能和特性。GXCSA 单板支持业务调度、时钟输入输出等功能和特性。

GXCSA 的功能和特性如下所示:支持 VC-4 无阻塞高阶全交叉和 VC-3 或 VC-12 无阻塞低阶全交叉;提供业务的灵活调度能力,支持交叉、组播和广播业务;支持 VC-4-4c、VC-4-8c、VC-4-16c、VC-4-64c、VC-4、VC-12 和 VC-3 级别的 SNCP 保护;支持级联业务 VC-4-4c、VC-4-8c、VC-4-16c 和 VC-4-64c;支持单板 1+1 热备份,保护方式为非恢复式;支持对 S1 字节的处理以实现时钟保护倒换;提供 2 路同步时钟的输入和输出,时钟信号可以分别设置为 2 MHz 或 2 Mb/s;提供与其他单板的通信功能;最多支持 40 个线性复用段保护组;最多支持 12 个环形复用段保护组;最多支持 1184 个 SNCP 保护对;最多支持 592 个 SNCMP 保护对;最多支持 512 个 SNCTP 保护对;支持微动开关,实现交叉板平滑保护倒换。

②工作原理和信号流。GXCSA 单板由交叉连接单元和时钟单元等构成。GXCSA 单板功能框图如附图 1.25 所示。

高阶交叉矩阵:GXCSA 板完成交叉容量为 40 Gb/s 的无阻塞高阶全交叉。

低阶交叉矩阵:GXCSA 板完成交叉容量为 5 Gb/s 的低阶交叉。

时钟单元:跟踪外部时钟源或线路、支路时钟源,为本板和系统提供同步时钟源;通过系统定时,为系统中数据流的各个节点提供频率和相位适合的时钟信号,使各个节点的器件都能满足接收数据建立时间和保持时间的要求;为系统提供帧指示信号,用来标志数据中帧头的位置。

通信与控制模块:完成与主控单元的通信;完成与其他单板间的直接通信,保证与其他单

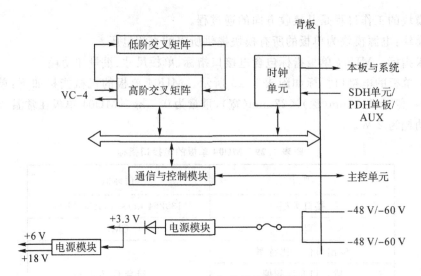

附图 1.25　GXCSA 单板功能框图

板在 GSCC 板不在位的情况下保持联系；也为本板和系统产生各种其他的控制信号。

电源模块：为本板提供工作所需的各种电压。

在网管上的配置：GXCSA 单板的参数可以通过 T2000 网管系统配置。GXCSA 单板需要通过网管设置的参数如下：无外接时钟且不启用同步状态消息（Synchronization Status Message，SSM），需要给出的参数配置有时钟基准源、时钟源跟踪级别；配置外接时钟，且启用 SSM，需要给出的参数配置有时钟基准源、时钟源跟踪级别、外接大楼综合定时供给（Building Integrated Timing Supply，BITS）的类型、设置 S1 字节、选择时钟倒换保护动作的阈值。

③技术指标。GXCSA 单板指标包含交叉能力、时钟接入能力、单板尺寸、重量和功耗。

GXCSA 单板的高阶交叉能力为 40 Gb/s，低阶交叉能力为 5 Gb/s，接入能力为 35 Gb/s。GXCSA 单板的时钟接入能力如下：外部输入时钟 2 路，2048 kb/s 或 2048 kHz；外部输出时钟 2 路，2048 kb/s 或 2048 kHz。单板尺寸为 262.05 mm（高）×220 mm（深）×40 mm（宽）。重量为 1.8 kg。GXCSA 单板在常温（25 ℃）条件下的最大功耗为 27 W。

（2）EXCSA

EXCSA 单板的功能版本为 N1。

①功能和特性。EXCSA 单板支持业务调度、时钟输入输出等功能和特性。

EXCSA 的功能和特性如下所示：支持 VC - 4 无阻塞高阶全交叉和 VC - 3 或 VC - 12 无阻塞低阶全交叉、提供业务的灵活调度能力；支持交叉、组播和广播业务；支持 VC - 4 - 4c、VC - 4 - 8c、VC - 4 - 16c、VC - 4 - 64c、VC - 4、VC - 12 和 VC - 3 级别的 SNCP 保护；支持级联业务 VC - 4 - 4c、VC - 4 - 8c、VC - 4 - 16c 和 VC - 4 - 64c；支持单板 1+1 热备份，保护方式为非恢复式；支持对 S1 字节的处理以实现时钟保护倒换；提供 2 路同步时钟的输入和输出，时钟信号可以分别设置为 2 MHz 或 2 Mb/s；提供与其他单板的通信功能；最多支持 40 个线性复用段保护组；最多支持 12 个环形复用段保护组；最多支持 1184 个 SNCP 保护对；最多支持 592 个 SNCMP 保护对；最多支持 512 个 SNCTP 保护对；支持微动开关，实现交叉板平滑保护倒换。

②工作原理和信号流。EXCSA 单板由交叉连接单元和时钟单元等构成。EXCSA 单板

功能框图如附图 1.26 所示。

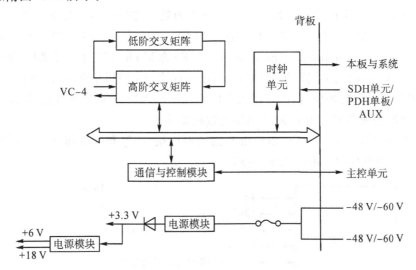

附图 1.26　EXCSA 单板功能框图

高阶交叉矩阵:EXCSA 板完成交叉容量为 80 Gb/s 的无阻塞高阶全交叉。

低阶交叉矩阵:EXCSA 板完成交叉容量为 5 Gb/s 的低阶交叉。

时钟单元:跟踪外部时钟源或线路、支路时钟源,为本板和系统提供同步时钟源;通过系统定时,为系统中数据流的各个节点提供频率和相位适合的时钟信号,使各个节点的器件都能满足接收数据建立时间和保持时间的要求;为系统提供帧指示信号,用来标志数据中帧头的位置。

通信与控制模块:完成与主控单元的通信;完成与其他单板间的直接通信,保证与其他单板在 GSCC 板不在位的情况下保持联系;为本板和系统产生各种其他的控制信号。

电源模块:为本板提供工作所需的各种电压。

③单板配置参考。EXCSA 单板需要通过网管设置的参数如下:无外接时钟且不启用 SSM,需要给出的参数配置有时钟基准源、时钟源跟踪级别;配置外接时钟,且启用 SSM,需要给出的参数配置有时钟基准源、时钟源跟踪级别、外接 BITS 的类型、设置 S1 字节、选择时钟倒换保护动作的阈值。

④技术指标。EXCSA 单板指标包含交叉能力、时钟接入能力、单板尺寸、重量和功耗。

EXCSA 单板的交叉能力如下:高阶交叉能力为 80 Gb/s,低阶交叉能力为 5 Gb/s,接入能力为 58.75 Gb/s。EXCSA 单板的时钟接入能力如下:外部输入时钟为 2 路,2048 kb/s 或 2048 kHz;外部输出时钟为 2 路,2048 kb/s 或 2048 kHz。EXCSA 单板的机械指标如下:单板尺寸为 262.05 mm(高)×220 mm(深)×40 mm(宽),重量为 2.0 kg。EXCSA 单板在常温(25 ℃)条件下的最大功耗为 62 W。

(3)GSCC

GSCC 单板的功能版本为 N1 和 N3。

①功能和特性。GSCC 单板支持主控、公务、通信和系统电源监控等功能和特性。

GSCC 的功能和特性如下所示:提供单板 1+1 热备份保护,主板故障时,自动可靠地倒换到备板;提供监测业务性能,收集性能事件和告警信息的功能;提供 10/100Mb/s 的以太网接口,用于与网管通信,通过 AUX 板引出;提供用于管理 COA 的 F&f 接口,通过 AUX 板引出;

N1GSCC 能够处理 40 路 DCC(D1～D3)，N3GSCC 能够处理 160 路 DCC(D1～D3)，实现网络管理的传送链路；提供 E1、E2、F1、Serial 1～4 字节的处理；提供 1 路 64k 同向数据接口 F1，通过 AUX 板引出；提供用于与 PC 或工作站连接的 RS-232 方式接口 OAM 口，支持 RS-232 数据通信设备（Data Communicate Equipment，DCE）的 Modem 进行远程维护，通过 AUX 板引出；提供－48V 电源监测功能；通过 AUX 单板支持控制 4 路机柜指示灯；通过 AUX 单板提供 16 入 4 出开关量告警处理；提供智能风扇风速控制和风扇告警管理功能；提供电源接入板 PIU 的在位检测功能和 PIU 中的防雷模块失效检测功能。

　　②工作原理和信号流。GSCC 单板由开销处理模块、控制和通信模块和电源转换模块构成。GSCC 单板功能框图如附图 1.27 所示。

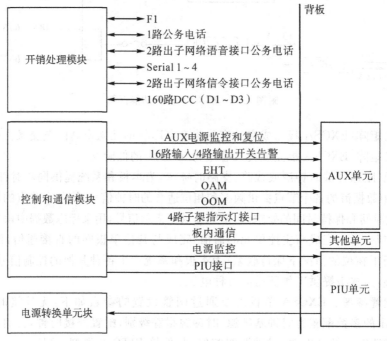

附图 1.27　GSCC 单板功能框图

　　附图 1.27 中，控制模块完成单板及网元的配置和管理，告警和性能事件的收集，以及重要数据的备份功能。N1GSCC 能够处理 40 路 DCC(D1～D3)，N3GSCC 能够处理 160 路 DCC (D1～D3)。

　　通信模块提供 10/100Mb/s 兼容的以太网网管接口，提供 1 个 10Mb/s 以太网接口，用于主/备主控板间相互通信。提供可用于管理 COA 等外置设备的 F&f 接口，以及管理和维护接口 OAM。提供网元通过 ECC 通信的功能。

　　开销处理模块从线路槽位接收开销信号，完成 E1、E2、F1、Serial 1～4 字节的处理，其中 40 路 DCC(D1～D3)由控制模块处理。同时开销处理模块也向线路板发送开销信号。开销处理模块对外提供 1 路公务电话接口，2 路出子网话音接口，广播数据接口 Serial 1～4，F1 接口。

　　电源监控模块包括－48V 电源监控和工作电源两个部分：

　　工作电源部分：为本板提供工作电压，并且完成主用＋3.3V 电源和备用＋3.3V 电源（即 AUX 板实现的备份电源）的检测和切换。

　　-48 V电源监控部分：完成 AUX 板+3.3 V电源告警监测、风扇告警监测和管理、电源板 PIU 告警监测和管理、16 路输入和 4 路输出开关量处理、机柜告警灯的驱动以及-48 V电源的过压和欠压检测，并产生对应的告警。

　　③技术指标。GSCC 单板指标包含单板尺寸、重量和功耗。

　　GSCC 单板的机械指标如下：单板尺寸为 262.05 mm（高）×220 mm（深）×25.4 mm（宽），重量为 0.9 kg。GSCC 单板在常温（25 ℃）条件下的最大功耗为 N1GSCC 10 W，N3GSCC 20 W。

7. 辅助类单板的功能原理

辅助类单板 AUX 和 FAN。

（1）AUX

AUX 单板的功能版本为 N1。

　　①功能和特性。AUX 单板为系统提供各种管理接口和辅助接口，并为子架各单板提供+3.3 V电源的集中备份等功能和特性。AUX 单板的功能和特性如附表 1.30 所示。

附表 1.30　AUX 单板的功能和特性

项目	描述
管理接口	提供 OAM 接口，支持 X.25 协议 提供管理串口 F&f 提供以太网网管接口 提供 10/100Mb/s 兼容以太网口 EXT，实现对扩展子架的管理
辅助接口	提供 4 路广播数据口 Serial 1～4 提供 1 路 64 kb/s 的同向数据通道 F1 接口
时钟接口	提供 2 路 BITS 时钟输入接口和 2 路输出接口，接口阻抗为 120 Ω 提供 2 路 BITS 时钟输入接口和 2 路输出接口，接口阻抗为 75 Ω
开关量接口	提供 16 路输入、4 路输出的开关量告警接口 提供 4 路输出的开关量告警级联接口
机柜告警灯	提供 4 路机柜告警灯输出接口 提供 4 路机柜告警灯输入级联接口
公务接口	提供 2 路出子网连接信令接口 提供 1 路公务电话接口 提供 2 路出子网话音接口
调试接口	提供 1 个调试接口 COM
内部通信	实现子架各单板之间的板间通信功能
电源备份和检测	提供子架各单板+3.3 V电源的集中备份功能（各单板二次电源 1：N 保护） 对 3.3 V备份电压进行过压（3.8 V）和欠压（3.1 V）检测
声音告警	支持声音告警和告警切除功能

　　②工作原理和信号流。AUX 单板由通信模块、接口模块和电源模块构成。AUX 单板功

能框图如附图 1.28 所示。

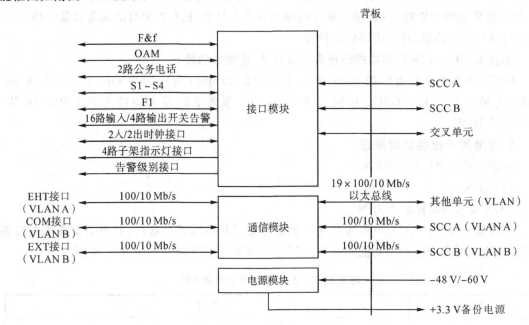

附图 1.28　AUX 单板功能框图

通信模块：提供与主备 GSCC 板的网络管理接口、提供远程维护的 OAM 接口，提供板间通信接口。

接口模块：提供各种外部辅助接口，如 F&f、OAM、F1、时钟输入输出等接口。

电源模块：为本板提供工作电源，为其他各单板提供＋3.3V 的集中备份电源。

③技术指标。AUX 单板指标包含单板尺寸、重量和功耗。

单板尺寸为 262.05 mm（高）×110 mm（深）×44 mm（宽）。重量为 1.0 kg。AUX 单板在常温（25 ℃）条件下最大功耗为 19 W。

（2）FAN

FAN 单板的功能版本为 N1。

①功能和特性。FAN 单板支持风扇调速、风扇状态检测、风扇控制板故障上报以及风扇不在位等告警上报功能和特性。FAN 单板的功能和特性如附表 1.31 所示。

附表 1.31　FAN 单板的功能和特性

项目	描述
智能调速功能	自动调整风扇转速 当调速信号异常时，控制风扇全速运转 正常情况下所有风机盒正常运转，当其中一个风机盒上报告警时，其余风机盒调整风扇转速全速运转
热插拔功能	提供风机盒的热插拔功能
备份功能	提供风机盒之间风扇电源互相备份的功能
状态检测功能	提供风扇状态检测功能

项目	描述
告警检测功能	提供风扇告警信息和在位信息的上报
风扇备份	风机盒内有两个风扇,正常情况下主风扇运转,从风扇不运转。当主风扇故障时从风扇运转

②工作原理和信号流。FAN 单元由风扇控制板和风扇电源板构成。FAN 单板功能框图如附图 1.29 所示。

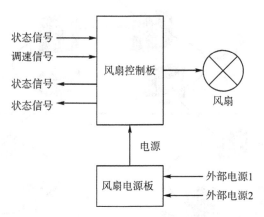

附图 1.29　FAN 单板功能框图

风扇电源板:为风扇运转提供驱动电压。

风扇控制板:通过风扇调速信号控制风扇转速。风扇控制板可以检测风扇、风扇电源板、风扇控制板上的故障,故障发生时上报告警信息,由主控板下发命令控制其他风扇全速运转。风扇单元还可以接收主控板下发的低温关断命令并关断风扇。风扇控制板检测的内容有:电源板故障检测、调速信号故障检测、风扇的状态检测和风扇单元在位检测。

③技术指标。FAN 单板指标包含机械指标、功耗和工作电压。

单板尺寸为 120 mm(宽)×120 mm(深)×50.8 mm(高),重量为 1.5 kg。FAN 单板在输入电压为－48 V 的常温(25 ℃)条件下,每个风扇框最大功耗为 16 W。FAN 单板的工作电压可为(－48 V/－60 V±20%)DC。

附录 2　中兴 ZXMP S385 设备①介绍

2.1　概述

1. ZXMP S385 定位

ZXMP S385 是中兴公司推出的基于 SDH 的多业务节点设备,最高传输速率为

---

①　中兴 ZXMP S385 产品文档(V1.0),2015。

9953.280 Mb/s,支持 ASON 功能。ZXMP S385 定位于城域传送网的核心层和汇聚层,负责传统 SDH 业务、数据业务传输,其在网络中的应用如附图 2.1 所示。

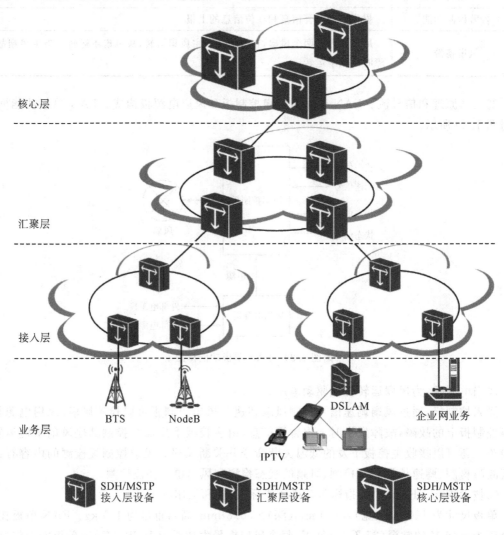

附图 2.1　ZXMP S385 在网络中的应用示意图

2. ZXMP S385 特点

（1）丰富的业务接口

ZXMP S385 不仅可以提供传统的 SDH 业务接口（如 STM－64 接口）、PDH 业务接口（如 E1 光/电接口）,还可以提供透传的基于 SDH 网络的包交换（Packet Over SDH,POS）光接口、GE、FE、SAN 和 ATM 业务接口,DWDM 业务接口,粗波分复用（Coarse Wavelength Division Multiplexing,CWDM）业务接口。

（2）多重保护机制

ZXMP S385 可以实现各种复杂的设备级保护和网络级保护,确保网络的安全运行。

设备级保护功能包括冗余设计、单板 1＋1 热备份、支路 1：N 保护、数据业务以太网保护倒换（Ethernet Protection Switching,EPS）等。

网络级保护功能包括1＋1链路复用段保护、1：N链路复用段保护、二纤单向通道保护环、二纤双向复用段保护环、四纤双向复用段保护环、DNI保护、SNCP。

（3）定时同步处理能力

ZXMP S385可以选择外时钟、线路时钟、支路时钟或内部时钟作为设备的定时基准,工作模式包括同步锁定模式、保持模式和自由振荡模式。

设备支持同步优先级倒换和基于SSM算法的自动倒换。在复杂的传输网中,基于SSM算法的自动倒换可以优化网络的定时同步分配,降低同步规划的难度,避免出现定时环路,保证网络同步处于最佳状态。

（4）支持多种网管软件

ZXMP S385配套的网管支持软件有统一网元管理系统NetNumen U31、网元级网管系统NetNumen T31和光网络产品网元/子网层统一网管系统ZXONM E300。

2.2　基本构成

1. 机柜

（1）机柜结构

ZXMP S385设备机柜及子架单元均基于前安装、前维护的思想进行设计,节省机房空间,可以满足背靠背安装、前操作、前维护的使用要求。

机柜采用统一的结构工艺设计,具有优良散热性能,机柜结构示意图如附图2.2所示,机柜各部分说明参见附表2.1。

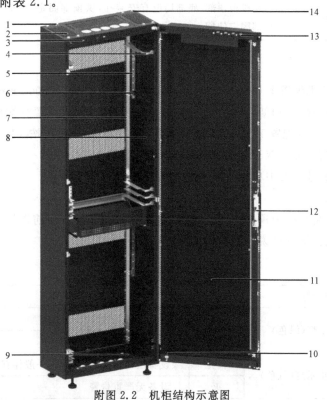

附图 2.2　机柜结构示意图

附表 2.1　机柜各部分说明

序号	机柜配件	说明
1	电源线出线孔	在机柜顶部、底部均设有电源线出线孔，用于将外部电源线引入机柜
2	顶部出线孔	位于机柜顶部，可以保证布线后机柜封闭。通常在上走线方式时，采用该出线孔引出和引入机柜线缆
3	指示灯	位于机柜上部，用于指示机柜内设备的工作状态
4	安装托架	固定于机柜框架的任意位置，用于放置设备子架、电源分配箱等组件
5	机柜接地铜排	位于机柜的后侧，通过接地线与机柜侧门、前门、子架、电源告警子架等组件的接地柱相连，实现整个设备机柜外壳的良好电气连接
6	电缆走线夹	固定设备机柜内部的电缆
7	后立柱	固定采用后支耳安装的设备子架
8	机柜走线区	机柜内紧贴侧门处为机柜走线区
9	底部出线孔	位于机柜底部，可以保证布线后机柜封闭。通常在下走线方式时，采用该出线孔引出或引入机柜线缆
10	机柜保护地接地柱	机柜侧门、前门均配有保护地接地柱，位置如附图 2.2 所示
11	前门	机柜前门带有门锁，前门右上方附有蓝底白字的设备标牌，标识设备类型
12	门锁	位于机柜前门左侧，用于锁定机柜门
13	指示灯前门显示孔	将指示灯信息显示在机柜前门上
14	安装孔	在机柜顶部、底部均设有安装孔，供顶部固定、并柜固定、背靠背固定及底部固定使用

（2）机柜配置

ZXMP S385 整机配置图如附图 2.3 所示，从左至右是高度为 2000 mm 和 2200 mm 的机柜。两种规格机柜的配置相似，其基本配置单元包括子架、机柜、电源分配箱、防尘单元。

2000 mm 机柜可以配置 1 个子架（带风扇插箱），2200 mm 机柜按实际需求可以配置 1～2 个子架（带风扇插箱），配置双子架时，需要配置导风单元。

ZXMP S385 通过子架中单板的不同配置实现设备的各项功能。

（3）机柜指示灯

机柜指示灯安装在机柜顶部中间，显示设备电源状态和设备当前告警级别。指示灯分绿、红、黄三种颜色，机柜指示灯说明参见附表 2.2。

附表 2.2　机柜指示灯说明

指示灯	状态	说明
电源指示灯（绿色）	长亮	设备电源接通
	灭	设备电源无连接或故障
严重告警指示灯（红色）	长亮	设备当前出现严重告警，一般伴有声音告警
	灭	设备无严重告警

指示灯	状态	说明
一般告警指示灯（黄色）	长亮	设备当前出现主要或次要告警
	灭	设备当前无主要或次要告警

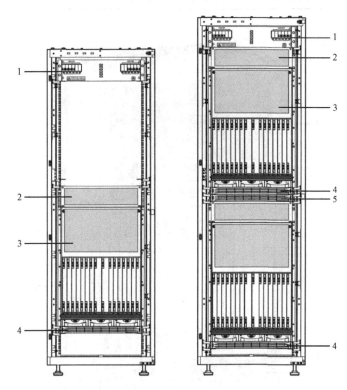

1—电源分配箱；2—走线区；3—子架；4—防尘单元；5—导风单元。

附图 2.3　ZXMP S385 整机配置图

2. 子架

(1)子架结构

ZXMP S385 子架采用标准的 IEC 19″结构形式，基于前维护的思想进行设计，节省机房空间。子架可以满足机柜靠墙安装、背靠背安装的要求。

ZXMP S385 IEC 子架(IEC 19″)可通过增加 19U ETS 标准转换支架安装在 ETS 标准机柜中。子架由插板区、走线区、风扇插箱等组成，可以同时完成散热和屏蔽功能。子架结构示意图如附图 2.4 所示，子架各部分简要说明如附表 2.3 所示。

附表 2.3　子架各部分简要说明

名称	在子架中的位置	简要说明
装饰门	子架上层插板区	可灵活拆卸，具有装饰、通风、屏蔽的功能
插板区	子架中部	插板区分为上、下两层，上层插业务/功能接口板，下层插业务/功能板。插板区上层有 15 个槽位，下层有 16 个槽位

续表

名称	在子架中的位置	简要说明
风扇插箱	子架下部	用于对设备进行强制风冷散热。风扇插箱装有 3 个独立的风扇盒,每个风扇盒单独和风扇背板(FMB)连接,维护方便
安装支耳	子架后部（左、右各一）	用于在机柜内固定子架

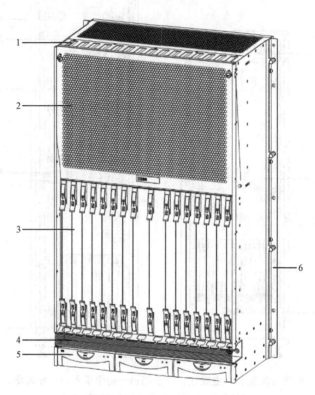

1—上出线口;2—装饰门;3—插板区;4—下走线区;5—风扇插箱;6—安装支耳。

附图 2.4　子架结构示意图

(2)单板与子架的槽位关系

子架插板示意图如附图 2.5 所示。

ZXMP S385 功能类单板可用槽位列表如附表 2.4 所示。

附表 2.4　ZXMP S385 功能类单板可用槽位列表

单板代号	可用槽位	备注
CSA、CSE、CSF、CSC、CSG	8、9	槽位 8、9 所配置的单板类型必须相同,如同时配置 CSA 板
OW	17	—
ANCP、ENCP、NCP、ANCPB	18、19	槽位 18、19 所配置的单板类型必须相同,如同时配置 ANCP 板

单板代号	可用槽位	备注
QxI	66	—
SCI	67	—
OBA/OPA	1～7、10～16	OBA 为功率放大板,OPA 为前置放大板。OBA12/OPA32 单板占用一个槽位,OBA14/OBA17/OBA19/OPA38 单板占用一个或者两个槽位
OADD	1～7、10～16	—
OADC	1～7、10～16	—

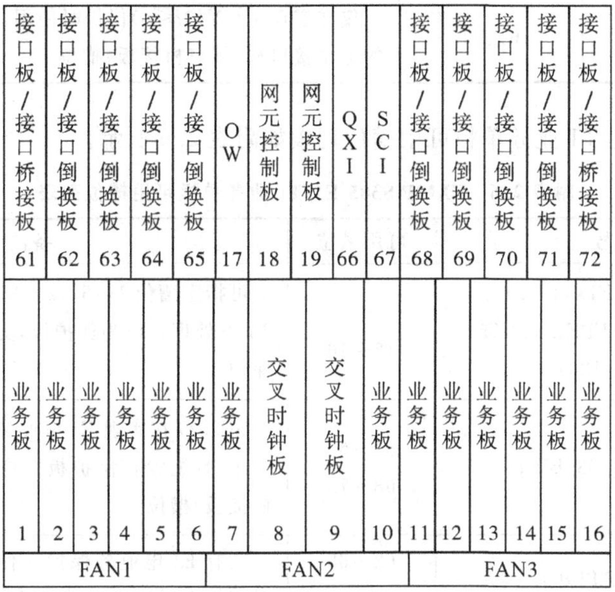

附图 2.5　子架插板示意图

ZXMP S385 光/电线路、业务单板可用槽位列表如附表 2.5 所示。

附表 2.5　ZXMP S385 光/电线路、业务单板可用槽位列表

单板代号	可用槽位	备注
OL64	1～7、10～16	—
OL64x2、OL16x8	6、7、10、11	—
OL4x4、OL4x2、OL16、OL16x4、OL1x8、OL1x4	1～7、10～16	—
OL64FEC	1～7、10～16	不支持 ASON 功能
OL64FECA	1～5、12～16	支持 ASON 功能
OL64FECx2	6、7、10、11	支持 ASON 功能

单板代号	可用槽位	备注
OEL1x16	1～7、10～16	OEL1x16 板配置在 1、6、7、10、11、16 槽位时，由于不支持接口板配置，因此只支持本板上的 8 路业务处理
OEIS1x8	62～65、68～71	OEIS1x8 板配合 OEL1x16 板使用
LP1x8	1～5、12～16	槽位 1、16 的 LP1x8 仅作为保护板使用，不配置业务 可以实现两组 1：$N(N\leqslant4)$ 的保护 在 1：N 保护状态下不支持 ECC、开销交叉、公务、复用段链路保护等功能
ESS1x8	62～65、68～71	配置在业务板对应的上层接口板（接口倒换板）槽位
BIE3	61、72	仅在实现 1：$N(N\leqslant4)$ 保护时使用，且配置在保护板对应的上层接口板（接口桥接板）槽位

ZXMP S385 E1/T1 业务单板可用槽位列表如附表 2.6 所示。

附表 2.6 ZXMP S385 E1/T1 业务单板可用槽位列表

单板代号	可用槽位	备注
EPE1x63(75)、EPE1x63(120)、EPE1Fx63、EPT1x63、EPE1Zx63(75)、EPE1Zx63(120)	1～5 12～16	可指定槽位 1～5、12～16 的中任一槽位的 E1/T1 电处理板作为保护板，实现一组 1：$N(N\leqslant9)$ 保护
EIE1x63、EIT1x63、BIE1	61～65 68～72	BIE1 仅在实现 E1 电业务 1：$N(N\leqslant9)$ 保护时使用，且配置在保护板对应的上层接口板（接口桥接板）槽位
ESE1x63、EST1x63	62～65 68～71	在有 E1 电业务保护时使用，且配置在工作板对应的上层接口板（接口倒换板）槽位
OPE1Z	1～7 10～16	—

ZXMP S385 以太网业务单板可用槽位列表如附表 2.7 所示。

附表 2.7 ZXMP S385 以太网业务单板可用槽位列表

单板代号	可用槽位	备注
MSE、SECx24、SECx48	1～5、12～16	槽位 1、16 的 SECx48、SECx24、MSE 板仅作为保护板使用，不能配置业务 可以实现两组 1：$N(N\leqslant4)$ 的保护 配置 1：N 保护时，不可在保护的 SECx48、SECx24 或 MSE 板配置 GE 业务，避免 FE 业务倒换时，GE 业务中断
OIS1x8	62～65、68～71	配置在 SECx48、SECx24、MSE、RSEB 对应的上层接口板（接口倒换板）槽位

单板代号	可用槽位	备注
ESFEx8	62～65、68～71	配置在 SECx48、SECx24、MSE、RSEB、SEE/SEEU、SEG4 板对应的上层接口板(接口倒换板)槽位
BIE3	61、72	仅在实现 FE 业务 1∶$N(N\leqslant4)$ 保护时使用,且配置在保护板对应的上层接口板(接口桥接板)槽位
SEE/SEEU	1～7、10～16	SEE/SEEU 板支持配置光电接口板 OEIFEx8、电接口板 ESFEx8 和不配置接口板的三种情况 配置 OEIFEx8 板时,FE 接口支持 SFP 光模块和电模块混插,但 SEE/SEEU 板不支持单板 1∶N 保护 当需要提供 FE 光接口时,SEE/SEEU 板只能插在 1～5 和 11～15 槽位,配合的光接口板 OEIFEx8 可插在 62～65 和 68～71 槽位 当需要提供 FE 电接口时,不需要单板 1∶N 保护功能,SEE/SEEU 板只能插在 2～5 和 12～15 槽位,配合使用的电接口倒换板 ESFEx8 板只能插在 62～65 和 68～71 槽位 若需要提供单板 1∶N 保护功能,则在 1 或 16 槽位也需要插 SEE/SEEU 板,相应接口区的 61 或 72 槽位插桥接板 BIE3 SEE/SEEU 板只支持对工作板的 8 个 FE 电接口的 1∶N 保护,GE 光接口、FE 光接口和 FE 光电接口混合的业务不支持 1∶N 保护;槽位 1～5 和 12～16 根据需要提供两组独立的 1∶4 支路保护槽位 1 的 SEE/SEEU 板保护槽位 2、3、4、5 中任一块 SEE/SEEU 板的 FE 接口业务;槽位 16 的 SEE/SEEU 板保护槽位 12、13、14、15 中任一块 SEE/SEEU 板的 FE 接口业务
SE10G2	1～7、10～16	每个子架最多只能插入 3 块 SE10G2,并且要求 SE10G2 不能插在相连的槽位上
SEG4	1～7、10～16	处理 4 路 GE 和 8 路 FE 业务。支持 FE 光接口时,配合使用 OEIFEx8 单板。支持 FE 电接口时,配合使用 ESFEx8 单板
OEIFEx8	62～65、68～71	配置在 SEE/SEEU、SEG4 板对应的上层接口板(接口倒换板)槽位

2.3　单板及信号处理

1. STM - 16 光线路板 OL16

(1)功能特性

OL16 板是速率为 2488.320 Mb/s 的光线路板,OL16 板完成的功能如下:

①将低速信号复合成 2488.320 Mb/s 高速信号。

②负责 STM - 16 速率线路信号的发送和接收。

③完成光接收方向的定帧、指针处理、开销提取和发送方向的开销插入和成帧等功能。

④可实现 VC - 4 - 4c/VC - 4 - 16c 的实级联。

⑤OL16 板支持符合标准 ITU-T G.692、ITU-T G.695 的彩色光接口,支持 REG 功能,

支持逻辑子网功能。

⑥OL16 板提供支持 ASON 功能（OL16FDA）和不支持 ASON 功能（OL16FD）两种单板版本。

⑦支持板内配置掺铒光纤放大器（Erbium Doped Fiber Amplifier,EDFA）模块,通过面板的一组光纤接口（LC 连接器）,提供一路光接口的输出功率放大功能,在需要进行光放大时可节省一个 OBA 板槽位。

（2）工作原理

OL16 板原理框图如附图 2.6 所示,其各功能单元说明如附表 2.8 所示。

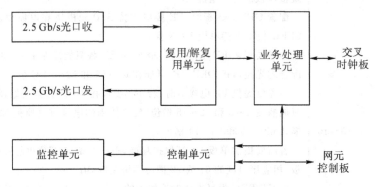

附图 2.6　OL16 板原理框图

附表 2.8　OL16 板各功能单元说明

单元名称	功能说明
光模块单元	包括 2.5 Gb/s 光口收和 2.5 Gb/s 光口发模块 完成 2.5 Gb/s 高速信号的光/电转换和电/光转换、信号的复接/分解、线路信号的提取与合成。光发模块可实现激光器关断、光发功率监视功能,光收模块可以完成光收功率监视功能
复用/解复用单元	完成 STM-16 速率信号到背板信号的解复用、复用功能
控制单元	提供接口和通道与网元控制板建立通信,完成性能统计、告警检测、温度控制、状态设置、板间通信等功能
业务处理单元	完成净荷数据与开销的分离和插入 完成开销处理功能。实现信号的段开销、通道开销的处理和插入 完成指针处理、告警处理、误码统计处理 完成各种译码功能 根据 VC-4 等级告警指示在相应的光接口输出 AU-AIS
监控单元	完成各种监控功能,如温度检测、光功率监控等

（3）面板及指示灯说明

OL16 板（SFP）面板如附图 2.7 所示,其面板说明如附表 2.9 所示。

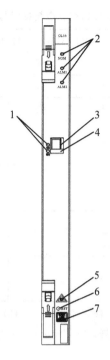

1—光口收发指示灯(RX、TX);2—单板运行状态指示灯(NOM、ALM1、ALM2);
3—发光口;4—收光口;5—激光告警装置;6—复位孔(RST);7—激光等级标志。
附图 2.7　OL16 板(SFP)面板示意图

附表 2.9　OL16 板(SFP)面板说明

名称	说明
光口收发指示灯(RX、TX)	RX 为光口收指示灯,灯颜色为绿色 TX 为光口发指示灯,灯颜色为绿色
单板运行状态指示灯 (NOM、ALM1、ALM2)	NOM 为绿色指示灯,用于指示单板是否正常运行 ALM1 为黄色指示灯,用于指示单板初始化信息 ALM2 为红色指示灯,用于指示单板是否有告警
SFP 收发光口	STM-16 收发光接口,光纤连接器类型为 LC/PC,可提供光接口类型包括 I-16、S-16.1、L-16.1、L-16.2、L-16.2U、L-16.2P
EDFA 收发光口	内置 OBA 模块收发光接口,与 SFP 收发光口配合使用,可实现一路光信号的输出功率放大功能,提供的输出功率有 12 dBm 和 14 dBm
激光告警标志	提醒慎防激光灼伤人体
复位孔(RST)	按孔内复位键可以复位 OL16 单板
激光器等级标志	激光器等级为"Class 1"

OL16 板运行状态与指示灯状态的对应关系如附表 2.10 所示。

附表 2.10　OL16 板运行状态与指示灯状态的对应关系

工作状态	NOM 绿灯	ALM1 黄灯	ALM2 红灯	RX1 绿灯	TX1 绿灯	RX2 绿灯	TX2 绿灯
等待关键配置	亮	灭	灭	—	—	—	—
正常运行	闪烁(0.5 次/秒)	灭	灭	—	—	—	—
单板有告警	闪烁(0.5 次/秒)	灭	亮	—	—	—	—
相应光接口工作正常	闪烁(0.5 次/秒)	—	—	亮	亮	亮	亮
相应光接口有再生段/复用段误码	闪烁(0.5 次/秒)	—	—	闪烁(1 次/秒)	—	—	—
相应光接口无光信号(LOS)	闪烁(0.5 次/秒)	—	—	灭	—	灭	—
相应光接口激光器为关断状态	闪烁(0.5 次/秒)	—	—	—	灭	—	灭

注:闪烁(0.5 次/秒)表示指示灯 1 秒亮,1 秒灭;闪烁(1 次/秒)表示指示灯 0.5 秒亮,0.5 秒灭。ALM1 黄灯仅在单板上电自检和下载程序时闪烁。"—"表示状态不定。

(4)技术指标

ZXMP S385 STM-16 光接口指标参见附表 2.11。

附表 2.11　ZXMP S385 STM-16 光接口指标

项目	指标						
标称速率	2488320 kb/s						
传输码型	NRZ 加扰码(扰码为符合 ITU-T G.707 要求的七级同步扰码器扰码)						
光接口类型	I-16	S-16.1	L-16.1	L-16.2	L-16.2U	L-16.2JE	L-16.2P
平均发送光功率/dBm	−5~0	−5~0	−2~+3	−2~+3	−2~+3	+2~+5	−2~+3
最小消光比/dB	8.2	8.2	8.2	8.2	8.2	8.2	8.2
接收机灵敏度/dBm	−18	−18	−27	−28	−28	−28	−28
接收机最小过载光功率/dBm	−3	0	−9	−9	−9	−9	−9
光输入口允许频偏	大于±20 ppm						
光输出口 AIS 速率	在±20 ppm 以内						

注:对于接收机灵敏度和接收机过载光功率指标,测试是在 BER=1×10^{-10} 条件下进行的。1 ppm=1×10^{-6}。

2. STM-1 光线路板 OL1x8

(1)功能特性

OL1x8 板完成的功能如下:

a. 提供 STM-1 标准光接口。

b. 完成光电转换。

c. 完成光接收方向的定帧、指针处理、开销提取和发送方向的开销插入和成帧等功能。

d. 完成告警处理、误码统计功能。

e. 可支持 ASON 功能。

(2)工作原理

OL1x8 板功能框图如附图 2.8 所示,其各功能单元说明如附表 2.12 所示。

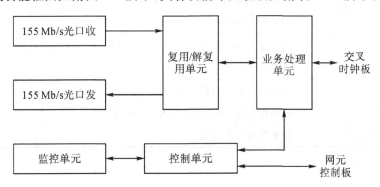

附图 2.8　OL1x8 板功能框图

附表 2.12　OL1x8 板各功能单元说明

单元名称	功能说明
光模块单元	包括 155 Mb/s 光口收和 155 Mb/s 光口发模块 光发模块可实现激光器关断、光发功率监视 光收模块可以完成光收功率监视 完成 STM-1 信号的光/电和电/光转换、信号的复接/分解、线路信号的提取与合成
复用/解复用单元	完成 STM-1 速率信号到背板信号的复用和解复用
控制单元	提供接口和通道与网元控制板建立通信,完成性能统计、告警检测、温度检测、状态设置、板间通信
业务处理单元	完成净荷数据与开销的分离和插入及开销处理 实现信号的段开销、通道开销的处理和插入 完成指针处理、告警处理、误码统计处理 完成各种译码功能 根据 VC-4 等级告警指示在相应的光接口输出 AU-AIS
监控单元	完成各种监控功能,如温度检测、光功率监控等

(3)面板及指示灯说明

OL1x8 板面板示意图如附图 2.9 所示,其面板各部分说明如附表 2.13 所示。

附表 2.13　OL1x8 板面板各部分说明

名称	说明
光口收发指示灯 (RXn、TXn,n=1~8)	RXn:光口收指示灯,灯颜色为绿色,对应指示第 n 路收光口状态 TXn:光口发指示灯,灯颜色为绿色,对应指示第 n 路发光口状态

名称	说明
单板运行状态指示灯 （NOM、ALM1、ALM2）	NOM：绿色指示灯 ALM1：黄色指示灯 ALM2：红色指示灯
光口 1/2/3/4/5/6/7/8	收发光接口。光纤连接器类型为 LC，可提供光接口类型包括 S-1.1、L-1.1、L-1.2
激光告警标志	提醒慎防激光灼伤人体
复位孔（RST）	按孔内复位键可以复位 OL1x8 单板
激光器等级标志	激光器等级为"Class 1"

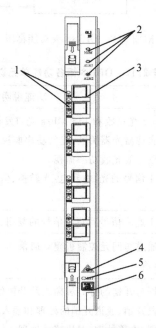

1—光口收发指示灯（RX、TX）；2—单板运行状态指示灯（NOM、ALM1、ALM2）；
3—收发光口；4—激光告警标志；5—复位孔（RST）；6—激光等级装置。

附图 2.9　OL1x8 板面板示意图

OL1x4/OL1x8 板运行状态与指示灯状态的对应关系如附表 2.14 所示。

附表 2.14　OL1x4/OL1x8 板运行状态与指示灯状态对应关系

工作状态	NOM 绿灯	ALM1 黄灯	ALM2 红灯	RX 绿灯	TX 绿灯
等待关键配置	亮	灭	灭	—	—
正常运行	闪烁（0.5 次/秒）	灭	灭	—	—
单板有告警	闪烁（0.5 次/秒）	灭	亮	—	—

工作状态	NOM 绿灯	ALM1 黄灯	ALM2 红灯	RX 绿灯	TX 绿灯
相应光接口工作正常	闪烁(0.5次/秒)	—	—	亮	亮
相应光接口有再生段/复用段误码	闪烁(0.5次/秒)	—	—	闪烁(1次/秒)	—
相应光接口无光信号(LOS)	闪烁(0.5次/秒)	—	—	灭	—
相应光接口激光器为关断状态	闪烁(0.5次/秒)	—	—	—	灭

注:闪烁(0.5次/秒)表示指示灯1秒亮,1秒灭;闪烁(1次/秒)表示指示灯0.5秒亮,0.5秒灭。ALM1黄灯仅在单板上电自检和下载程序时闪烁。"—"表示状态不定。

(4)技术指标

ZXMP S385 STM－1光接口指标如附表2.15所示。

附表2.15　ZXMP S385 STM－1光接口指标

项目	指标		
标称速率	155520 kb/s		
传输码型	NRZ加扰码(扰码为符合IITU-T G.707要求的七级同步扰码器扰码)		
光接口类型	S-1.1	L-1.1	L-1.2
平均发送光功率/dBm	－15～－8	－5～0	－5～0
最小消光比/dB	8.2	10.0	10.0
接收机灵敏度/dBm	－28	－34	－34
接收机最小过载光功率/dBm	－8	－10	－10
光输入口允许频偏	大于±20 ppm		
光输出口 AIS 速率	在±20 ppm 以内		

注:对于接收机灵敏度和接收机过载光功率指标,测试是在 $BER=1\times10^{-10}$ 条件下进行的。$1\ ppm=1\times10^{-6}$。

3. E1/T1 电支路系统 EPE1x63 板

(1)功能特性

EPE1x63(75)功能如下:

a. 实现 PDH 电接口 E1/T1 的映射和解映射,每块板可提供 63 路 E1/T1 接口。具有背板双总线倒换功能。接口支持 3 阶高密度双极性码(High Density Bipolar of order 3,HDB3)、八连零置换双极性码(Bipolar with 8 - Zero Substitution,B8ZS)或信号交替反转码(Alternate Mark Inversion,AMI)编解码。

b. EPE1 板实现 VC - 12/VC - 11 等级的通道保护,EPT1 板实现 VC - 12 等级的通道保护,并发送优收信号。配置通道保护时,互为保护的 2 个通道可以不在两组总线的同一时隙。

c. 完成高阶/低阶通道开销的读取和插入。

d. EPE1 板支持支路再定时(63 路全部支持再定时)和支路抽时钟(固定抽取第 1、第 33 路两路时钟分频发送至交叉时钟板)。

e. 配合接口倒换板、接口桥接板完成系统 $1:N(N\leqslant9)$ 支路保护功能。

（2）工作原理

EPE1x63(75)/EPE1x63(120)板功能原理框图如附图2.10所示。

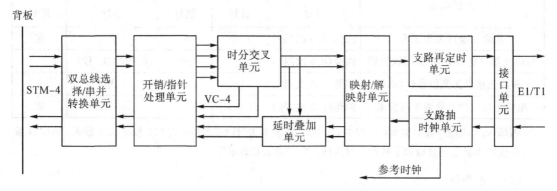

附图2.10　EPE1x63(75)/EPE1x63(120)板功能原理框图

EPE1x63(75)/EPE1x63(120)板功能原理说明如下：

①发送方向。双总线选择/串并转换单元接收来自背板的主备STM-4业务总线，对其进行串并转换，并选择一路进入开销/指针处理单元；开销/指针处理单元进行段开销、通道开销以及高阶指针的处理，并将STM-4信号转变为映射/解映射单元能够直接处理的4路VC-4信号；时分交叉单元把互为保护的工作支路信号交叉到2路VC-4信号，并发送至映射/解映射单元处理；解映射的信号通过支路再定时单元处理，进入接口单元，转变成63路E1/T1信号输出。

②接收方向。从支路接口进来的63路支路信号经接口单元处理后进入映射/解映射单元，转变为VC-4信号，同时提取出所需支路的时钟；映射后的VC-4信号经过延时叠加、指针调整、高阶通道开销处理、段开销处理、复用、串并转换处理后转变为STM-4信号，并发送至主备交叉时钟板处理。

（3）面板及指示灯说明

EPE1x63(75)/EPE1x63(120)板面板示意图如附图2.11所示，其面板说明如附表2.16所示。

附表2.16　EPE1x63(75)/EPE1x63(120)板面板说明

名称	说明
单板运行状态指示灯 （NOM、ALM1、ALM2）	NOM：绿色指示灯，单板工作正常时为闪烁状态 ALM1：黄色指示灯，指示单板倒换状态，灯亮表示单板处于倒换状态 ALM2：红色指示灯，单板工作正常时，灯亮表示有紧急告警
复位孔 RST	按孔内复位键可以复位单板

EPE1x63/EPT1x63板指示灯状态如附表2.17所示。

附表2.17　EPE1x63/EPT1x63板指示灯状态说明

工作状态	NOM 绿灯	ALM1 黄灯	ALM2 红灯
正常运行	闪烁(0.5次/秒)	灭	灭
单板处于倒换状态	闪烁(0.5次/秒)	亮	—

续表

工作状态	NOM 绿灯	ALM1 黄灯	ALM2 红灯
单板有告警	闪烁(0.5 次/秒)	—	亮

注:闪烁(0.5 次/秒)表示指示灯 1 秒亮,1 秒灭。"—"表示状态不定。

1—单板运行状态指示灯;2—复位孔。

附图 2.11　EPE1x63(75)/EPE1x63(120)板面板示意图

(4)技术指标

E1 电接口指标参见附表 2.18。

附表 2.18　E1 电接口指标

项目		指标	
标称比特率		2048 kb/s	
码型		AMI、HDB3	
输入口允许衰减 (平方根规律衰减)		0~6 dB,1024 kHz	
输入口允许频偏		大于±50 ppm	
输出口比特率容差		小于±50 ppm	
输入/输出口 反射衰减	输入口	测试频率范围:51.2 kHz~102.4 kHz	反射衰减:≥12 dB
		测试频率范围:102.4 kHz~2048 kHz	反射衰减:≥18 dB
		测试频率范围:2048 kHz~3072 kHz	反射衰减:≥14 dB
	输出口	测试频率范围:51 kHz~102 kHz	反射衰减:≥6 dB
		测试频率范围:102 kHz~3072 kHz	反射衰减:≥8 dB

续表

项目	指标
输入口抗干扰能力	当输入口加入一个干扰信号时不产生误码（该干扰信号与主信号具有相同的标称频率及容差，具有相同的波形及码型，但两者不同源，主信号与干扰信号比为 18 dB）
输出口波形	符合 ITU-T G.703 建议的模板

注：1 ppm＝1×10^{-6}。

4. 增强型智能以太网处理板 SEE

（1）功能特性

SEE 板为支持二层交换的增强型智能以太网处理板，基本规格和功能如下：

①用户侧提供 2 个千兆以太网（GE）接口和 8 个百兆以太网（FE）接口。其中 GE、FE 接口支持光/电接口混合使用，即可以配置成电接口或光接口，电接口采用 RJ45 插座，光接口采用 SFP 光模块。

②提供 FE 电接口时，使用 ESFEx8 板提供接口；提供 FE 光接口或同时提供 FE 光/电接口时，使用 OEIFEx8 板提供接口。

③配合 ESFEx8 板和 BIE3 板，实现 FE 电口业务的 1：$N(N\leqslant4)$保护。

④提供端口级以太网保护倒换（Ethernet Protection Switching，EPS）功能，支持无协议方式、Ping 方式、LACP 方式的 EPS 功能。

⑤系统侧提供 48 个 VCG（EOS）端口。

⑥支持以下业务：EPL、EVPL、EPLAN、EVPLAN、以太网专树（Ethernet Private Tree，EPTREE）、以太网虚拟专树（Ethernet Virtual Private Tree，EVPTREE）。

⑦在多点到单点的汇聚业务应用中，支持 E-Tree 业务模式，保证各个分支节点接入的业务只与汇聚点（Root）进行信息交互。

⑧支持 VC-12-nv、VC-3-nv 和 VC-4-nv 三种虚级联映射方式。支持 VC-12/VC-3/VC-4-Xv 虚级联功能，符合 ITU-T G.707 要求，虚级联时延差最大为 40 ms。

⑨完成用户端口以太网信号到 SDH 帧的封装和映射，支持 GFP-F 封装协议。

⑩完成指针和开销字节的处理。

⑪具有二层交换功能，支持划分 VLAN，单板最多可配置 4094 个 VLAN。

⑫支持端口透传，可允许部分端口工作在透传方式，部分端口工作在 L2 交换方式，两种方式共存于同一单板。最多允许 8 对端口工作在透传模式。

⑬支持 LCAS、生成树协议。

⑭支持扩展的链路状态透传（Extended Link Status Transport，ELST）功能，包括：

a. 点到点的链路损耗返回（Link Loss Return，LLR）功能；

b. 点到多点的链路损耗结转（Link Loss Carry Forward，LLCF）功能。

⑮用户侧 FE 口支持 2 个或 4 个端口的 Trunk 功能，GE 口支持 2 个端口的 Trunk 功能，VCG 端口支持 2 个、4 个或 8 个端口的 Trunk 功能。

⑯系统侧支持基于 VC-12/VC-3/VC-4 级别的 Trunk 功能，Trunk 组端口数为 2 个、4 个或 8 个。支持基于 LACP 协议的 Trunk 保护。

⑰最大支持 128 个组播组,任何一个用户端口或 VCG 端口都可以是组播组的成员。支持基于流域的动态组播,动态组播协议符合 IGMP Snooping 协议(V2 版本)。

⑱支持流控功能。

⑲支持 MAC 地址学习、MAC 地址表的查询、QoS 功能。

⑳支持多生成树协议(Multiple Spanning Tree Protocol,MSTP)/快速生成树协议(Rapid Spanning Tree Protocol,RSTP)生成树功能。

㉑支持远程 Ping 功能。

㉒在 NGN AG 接入组网应用中,当从接入点发送至汇聚点方向出现故障时,汇聚点能够通过插入反向告警指示方式,通知接入点当前发送方向故障,从而启动接入链路倒换。即关闭接入 AG 业务的当前工作端口并启动备用接入端口,将业务经备用链路上传到汇聚节点。

㉓汇聚节点输出 GE 链路出现故障时,不会引起接入点进行链路切换,仅由汇聚节点交换处理单元通过二层交换和 MAC 地址学习转发功能,完成汇聚 GE 链路的切换。

㉔GE 光口和 FE 光口支持光模块热拔插和光功率检测。

㉕支持单板温度在线检测。

(2)工作原理

SEE/SEEU 板的工作原理如附图 2.12 所示。

单板各模块功能如下:

①10/100 Mb/s 以太网处理模块。通过接口板或接口倒换板实现 FE 接口,可提供光接口或电接口。

a.电接口支持 10/100 Mb/s 自协商,全双工工作模式。

b.光接口使用 SFP 光模块,支持 100 Mb/s 速率,全双工工作模式。

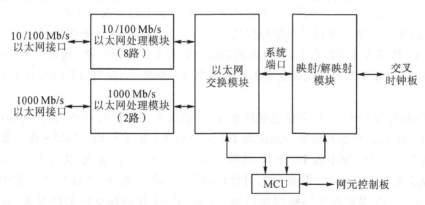

附图 2.12　SEE/SEEU 板工作原理

②1000 Mb/s 以太网处理模块。提供 2 个 1000 Mb/s 自适应以太网业务的接入功能,1000 Mb/s 以太网接口支持 SFP 光接口和 SFP 电接口。

③以太网交换模块。完成 10/100 Mb/s、1000 Mb/s 以太网接口与系统侧 10/100 Mb/s 接口的无阻塞交换,实现 VLAN、流量控制、MAC 地址学习等功能。提供 48 个系统端口,系统端口支持全双工 100 Mb/s 工作模式。

a.VLAN 的支持。提供一种学习查找方式:独立式 VLAN 学习(Independent Vlan Learning,IVL)(学习最外层 VLAN ID 与 MAC 地址),支持在 VLAN 域中设置 MAC 静态地

址，实现定向转发。

b.流量控制。用户端口与系统端口支持流控功能。用户端口支持全双工的暂停（Pause）帧流控（符合 802.3x 协议）；系统端口支持全双工的 Pause 帧流控。

c.速率限制。控制业务类的输入速率。基于每业务类选择服务类别（Class of Service，CoS）功能和颜色标识功能。

d.二层协议支持。支持快速生成树协议，快速生成树协议符合 802.1d(2004)。支持多生成树协议，多生成树协议符合 802.1Q(2003)。支持 RSTP/MSTP 生成树协议。针对 EVP-LAN 业务支持 MSTP 协议，单板上可同时运行 32 个 MST 实例，每个 MST 实例可绑定多个可选择性 VLAN(Selective Virtual Local Area Network, SVLAN)或 CE-VLAN。针对 EP-LAN 等业务可运行单实例的 RSTP 协议。倒换时间小于 200 ms。支持符合 802.3ad 标准的 Trunk 功能，FE 口支持 2 端口、4 端口 Trunk，支持 2 个 GE 口的 Trunk 功能。支持基于 IP 源或目的地址的汇聚。符合 802.3ad LACP 协议，支持基于 LACP 协议的 Trunk 端口的保护功能。

④映射/解映射模块。完成以太网业务到 SDH 的映射及 SDH 到以太网业务解映射功能。支持无损伤 LCAS、GFP 封装、虚级联映射、SDH 段开销及通道开销处理、SDH 时隙交叉等功能。

a.数据转换。以太网数据帧与 SDH 帧的相互转换，包括以太网数据帧的接收/发送、协议的封装/解封装、SDH 帧的映射/解映射、复用/解复用。

封装时，任一系统端口的以太网数据可映射至由 1～63 个 VC-12、1～3 个 VC-3 或 1 个 VC-4 构成的虚级联组中，最小带宽为 1 个 VC-12，最大可达到 100 Mb/s 带宽。

b.通道开销字节处理。通道开销字节处理包括 VC-3/VC-4 的 H4 字节、C2 字节和 J1 字节的提取和插入，VC-12 的 V5 字节、K4 字节和 J2 字节的提取和插入。

c.LCAS 协议处理。可根据系统端口选择是否启用 LCAS 协议处理功能。

在 LCAS 协议有效的情况下，一旦检测到虚级联组中的通道受损，就自动丢弃该通道，带宽自动下降，从而保证剩余虚级联业务不中断。当业务恢复后，受损通道也可自动返回原虚级联组。

LCAS 协议使用 LCAS 控制信息包同步源端（请求带宽调整的设备）和目的端（确认带宽调整的设备）的变化，信息包的物理通道为 H4 字节或 K4 字节复帧。LCAS 协议处理模块接收映射模块提取的 H4 字节或 K4 字节，转换后发送至 MCU。反方向，接收 MCU 有关 LCAS 协议的数据信息，经过转换后发送至映射模块，插入相应的 SDH 通道开销字节中。为避免 SDH 保护与 LCAS 保护冲突影响倒换时间，支持 LCAS 保护拖延时间的设置，拖延时间为 0～200 ms，间隔时间为 50 ms 或 100 ms。

⑤MCU 模块。

a.支持远程升级功能，支持远程升级现场可编程门阵列（Field Programmable Gate Array, FPGA）逻辑和单板软件；升级失败后仍可自动恢复到前一个正常的版本。

b.提供用户端口的线路侧环回功能，以便测试时进行远端用户口环回（该用户口应为透传模式）。

c.用户端口支持 Mirror 功能，用户端口可以 Mirror 其他用户端口、系统端口的接收或发送。

d.提供温度实时检测功能,并上报网管单板当前实时温度。

e.支持 Ping 功能,可以启用和禁用 Ping 报文监听功能;支持通过用户设备 Ping 网络中各单板 IP 或单板 Ping 用户设备;支持网络中同类单板 CPU 互 Ping。

f.提供单板关键数据库备份功能,以便维护时故障的采集。

g.支持 GE、FE 光口发送光功率、接收光功率和激光器温度的检测和上报。

⑥系统相关功能。

a.与网元控制板通信,完成单板自检、初始化配置、性能、告警采集等功能。

b.支持交叉时钟板的主备选择,支持硬复位、软复位、按钮复位等多种复位方式。

c.支持系统口环回检测。

(3)面板及指示灯说明

SEE 板面板示意图如附图 2.13 所示,其面板说明参见附表 2.19。

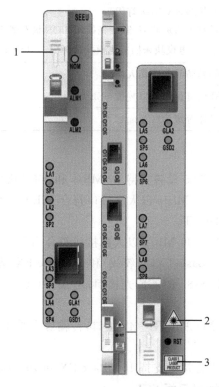

1—扳手;2—激光告警标志;3—激光等级标志。

附图 2.13 SEE 板面板示意图

附表 2.19 SEE 面板说明

名称	说明
单板运行状态指示灯 (NOM、ALM1、ALM2)	NOM 为绿色指示灯,单板工作正常时,为闪烁状态 ALM1 为黄色指示灯,指示单板的倒换状态,灯亮表示单板处于倒换状态 ALM2 为红色指示灯,单板工作正常时,灯亮表示有紧急告警

名称	说明
10 Mb/s 和 100 Mb/s 以太网状态指示灯 (LAn、SPn，1≤n≤8)	面板上设有 8 对 10/100 Mb/s 以太网状态指示灯 指示灯 LAn 指示以太网的 Link/Active 状态，Link 状态时 LAn 灯长亮，Active 状态时 LAn 灯闪烁 指示灯 SPn 指示以太网的 Speed 状态，以太网端口为 100 Mb/s 速率时 SPn 灯长亮
1000 Mb/s 以太网接口	面板上设有 2 对 1000 Mb/s 以太网接口，接口采用 SFP 光模块或 SFP 电模块，用于实现 1000 Mb/s 以太网业务输出和输入
1000 Mb/s 以太网 状态指示灯 (GLAn、GSDn，1≤n≤2)	每对 1000 Mb/s 以太网接口旁都有 1 对 1000 Mb/s 以太网状态指示灯 指示灯 GLAn 指示以太网的 Link/Active 状态，Link 状态时 GLAn 灯长亮，Active 状态时 GLAn 灯闪烁 指示灯 GSDn 指示 SFP 光模块 LOS 状态或 SFP 电模块准备情况，光模块 LOS 状态、电模块未插或电模块故障时 GSDn 灯灭
激光告警标志	提醒慎防激光灼伤人体
复位孔 RST	按孔内复位键可以复位 SEE 单板
激光器等级标志	激光器等级为"Class 1"

（4）技术指标

①FE 接口指标。ZXMP S385 设备支持 10 Mb/s 和 100 Mb/s 以太网接口。

②10 Mb/s 以太网接口。10 Mb/s 以太网接口符合 IEEE 802.3 标准，物理层接口上采用曼切斯特编码，电缆采用 10Base-T。

③100 Mb/s 以太网接口。100 Mb/s 以太网接口符合 IEEE 802.3u 标准。100Base-T 技术中可采用两类传输介质：100Base-TX（双绞线）和 100Base-FX（光纤）。

④GE 接口指标。ZXMP S385 的 GE 光接口/电接口（即 1000 Mb/s 以太网接口）符合 IEEE 802.3 标准。

a. 1000 Mb/s 以太网电接口采用 RJ-45 接口，传输媒介采用五类非屏蔽（UTP）双绞线，最大传输距离为 100 m。

b. 1000 Mb/s 以太网物理光接口支持 1000Base-SX 和 1000Base-LX。

5. 交叉时钟板 CS 及时钟接口板 SCI

（1）功能特性

交叉时钟板 CS（CSA/CSC/CSE/CSF/CSG）和时钟接口板 SCI 组成系统的业务交叉单元、开销交叉单元和时钟单元。

①交叉时钟板 CS。交叉时钟板实现的功能如下：

a. 实现多方向之间的业务互通，完成业务的交叉和开销的交叉。各型号交叉时钟板交叉容量如附表 2.20 所示。

附表 2.20 交叉时钟板交叉容量与网元控制板配合关系表

单板名称	最大空分交叉容量 /(Gb·s^{-1})	最大时分交叉容量 /(Gb·s^{-1})	所支持时分交叉模块型号
CSA	40	5	TCS32
CSC	80	40	TCS64、TCS128P、TCS128Z、TCS256P、TCS256Z
CSE	180	40	TCS32、TCS64、TCS128P、TCS128Z、TCS256P、TCS256Z
CSF	240	40	TCS32、TCS64、TCS128P、TCS128Z、TCS256P、TCS256Z
CSG	360	40	TCS32、TCS64、TCS128P、TCS128Z、TCS256P、TCS256Z

b. 提供 256 Mb/s 的开销交叉容量。

c. 为 SDH 设备各单元提供系统时钟、系统帧头。

d. 采用软件控制的相位锁定电路,实现四种工作模式:快捕模式、锁定模式、保持模式、自由运行模式。

e. 设置 4 个外部时钟输入基准(2.048 Mb/s 或者 2.048 MHz)和 28 个线路(或支路)的 8 kHz 定时。

f. 输入基准,并且可以根据各频率基准源的告警信息以及时钟同步状态信息,进行时钟基准源的保护倒换。

g. 根据 SSM 字节实现全网时钟同步。

h. 为保证同步、定时的可靠性,交叉时钟板采用 1+1 热备份工作方式,也可单独工作。两块交叉时钟板同时向背板输出系统时钟、帧头,利用完备的倒换控制机制确定主备用关系,系统其他单板根据两块交叉时钟板的状态信号选择交叉时钟板。

i. 实现交叉时钟板拔板倒换时间在 50 ms 内完成。

j. 时钟单元包含交叉时钟板和时钟接口板,2.048 Mb/s(75 Ω/120 Ω)或 2 MHz(75 Ω/ 120 Ω)的输入/输出接口由时钟接口板(SCI 板)提供。

k. 支持单板软件的远程升级。

l. CSC/CSF/CSG 板支持将 ASON 相关的业务层告警信息,传递到 ANCP 板。

m. CSF/CSG/CSC 板最大支持 64 组复用段保护(环和链合计最大为 64 组)。

n. CSE 板最大支持 56 组复用段保护(环和链合计最大为 56 组)。

②时钟接口板 SCI。SCI 板为交叉时钟板提供 4 路外部参考时钟输出接口和 4 路外部参考时钟输入接口。

ZXMP S385 提供以下两种 SCI 板:

a. SCIB。同时提供两路 75 Ω 接口以及两路 120 Ω 接口,输入/输出 2.048 Mb/s 时钟信号。

b. SCIH。同时提供两路 75 Ω 接口以及两路 120 Ω 接口,输入/输出 2.048 MHz 时钟信号。

第 1 路 75 Ω 输出接口和第 1 路 120 Ω 输出接口源于同一个时钟源，第 2 路 75 Ω 输出接口和第 2 路 120 Ω 输出接口源于同一个时钟源。

（2）工作原理

CS 板工作原理图如附图 2.14 所示。

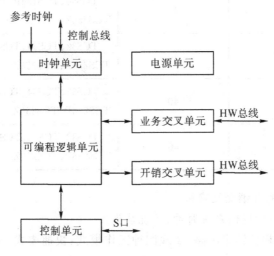

附图 2.14　CS 板工作原理图

CS 板包含电源单元、控制单元、可编程逻辑单元、业务交叉单元、开销交叉单元、时钟单元。各单元功能如下：

①电源单元：完成单板所需的电源滤波及分配。

②控制单元：完成告警检测、温度监控、状态设置等功能。

③可编程逻辑单元：单板核心单元，实现单板状态及信号的交换存储、交叉时钟板间连线等功能。

④业务交叉单元及开销交叉单元：业务交叉及开销交叉单元原理图如附图 2.15 所示，其各功能单元说明如附表 2.21 所示。交叉时钟板业务交叉单元和开销交叉单元工作流程：

a.单板在控制单元上电初始化之后，与网元控制板通信，取得属性配置以及其他信息后，对交叉矩阵进行初始化。

b.从群路板来的信号进行帧同步处理后，与从时分交叉单元来的信号一起进行等效 VC - 4 空分交叉和时分交叉，将要进行时分处理的数据发送至时分交叉单元进行时分交叉处理，其余按要求交叉后送回群路。

附表 2.21　业务交叉单元和开销交叉单元各功能单元说明

单元名称	功能说明
空分交叉单元	完成 AU - 4 级别信号交叉和 AU - 4 级别的保护倒换
时分交叉单元	完成 TU - 12 和 TU - 3 级别的信号交叉和低阶通道保护
开销交叉单元	完成系统各个单板之间开销、告警等信息的交换与传递
控制单元	完成告警检测、板间通信、温度检测功能

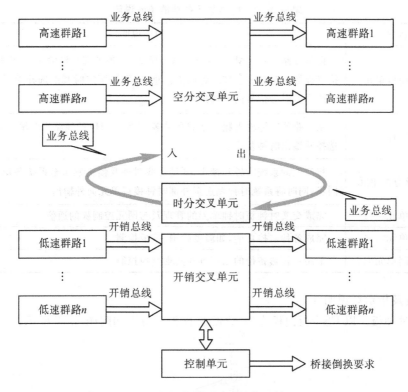

附图 2.15　业务交叉单元及开销交叉单元原理图

　　c.单板的 SDH 开销信号复用后通过开销总线进入交叉时钟板开销交叉单元,完成开销的交叉。

　　d.对于涉及多方向业务混合的子网连接保护,根据交叉时钟板检测的告警执行倒换动作。

　　⑤时钟单元:时钟单元原理图如附图 2.16 所示,其各功能单元说明如附表 2.22 所示。

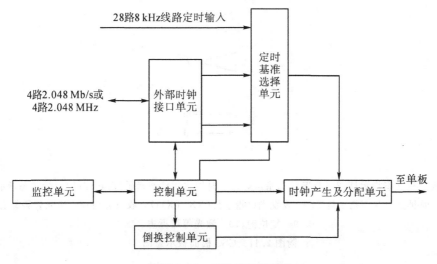

附图 2.16　时钟单元原理图

附表 2.22　时钟单元各功能单元说明

单元名称	功能说明
外部时钟接口单元	提供 4 路 2.048 Mb/s 和 4 路 2.048 MHz 的外部时钟输入/输出接口。输入接口提取出时钟分量和时钟同步信息，并发送至定时基准选择单元；输出接口将产生的时钟信号向外输出
定时基准选择单元	从 4 路外时钟输入频率基准和最多 24 路 8 kHz 的线路定时输入频率基准中选择并输出时钟基准
时钟产生及分配单元	将产生的系统时钟和帧头、开销总线时钟及帧头发送至系统各单板，实现网同步，同时将系统时钟发送至外部时钟接口单元向外输出
控制单元	完成交叉时钟板时钟单元的管理及与网元控制板的通信
监控单元	完成各种监控功能，如温度检测、单板检测
倒换控制单元	采用双板热备份的工作方式实现倒换控制

（3）面板及指示灯说明

①交叉时钟板。以 CSC 板面板为例，CSC 板面板示意图如附图 2.17 所示。

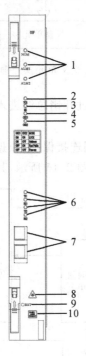

1—单板运行状态指示灯；2—TCS 状态指示灯；3—时钟主用状态指示灯；4—时钟运行状态指示灯 1；
5—时钟运行状态指示灯 2；6—收发光口指示灯（RX、TX）；7—收发光口；8—激光告警标志；
9—复位键；10—激光等级标志。
附图 2.17　CSC 板面板示意图

CSC 面板说明如附表 2.23 所示。

附表 2.23　CSC 板面板说明

名称	说明
单板运行状态指示灯 （NOM、ALM1、ALM2）	NOM 为绿色指示灯，单板工作正常时，为闪烁状态 ALM1 为黄色指示灯，单板工作正常时，灯亮表示单板有主要或次要告警 ALM2 为红色指示灯，单板工作正常时，灯亮表示单板有严重告警
TCS 状态指示灯	TCS 为绿色指示灯，灯亮表示 TCS 在位
时钟主用状态指示灯	MS 为绿色指示灯，灯亮表示该板处于主用状态
时钟运行状态指示灯	CKS1、CKS2 为绿色指示灯
收发光口指示灯（RX、TX）	RX 为光口收指示灯，灯颜色为绿色，指示收光口状态 TX 为光口发指示灯，灯颜色为绿色，指示发光口状态
收发光口	STM-16 光接口，预留连接扩展子架
激光告警标志	提醒慎防激光灼伤人体
复位键	RST 键可以复位单板
激光器等级标志	激光器等级为"Class 1"

CSA/CSE/CSF/CSG/CSC 板指示灯运行状态说明如附表 2.24 所示。

附表 2.24　CSA/CSE/CSF/CSG/CSC 板指示灯运行状态说明

工作状态	指示灯								
	NOM	ALM1	ALM2	CKS1	CKS2	MS	TCS	RX	TX
正常运行	闪烁（0.5 次/秒）	灭	灭	—	—	—	—	—	—
单板主要或次要	闪烁（0.5 次/秒）	亮	—	—	—	—	—	—	—
单板紧急告警	闪烁（0.5 次/秒）	—	亮	—	—	—	—	—	—
锁定（正常跟踪）	闪烁（0.5 次/秒）	—	—	亮	亮	—	—	—	—
时钟保持	闪烁（0.5 次/秒）	—	—	亮	灭	—	—	—	—
快速捕捉	闪烁（0.5 次/秒）	—	—	灭	亮	—	—	—	—
自由振荡	闪烁（0.5 次/秒）	—	—	灭	灭	—	—	—	—
主用单板	闪烁（0.5 次/秒）	—	—	—	—	亮	—	—	—
备用单板	闪烁（0.5 次/秒）	—	—	—	—	灭	—	—	—
TCS 在位	闪烁（0.5 次/秒）	—	—	—	—	—	亮	—	—
TCS 在位且工作正常	闪烁（0.5 次/秒）	—	—	—	—	—	闪烁 （1 次/秒）	—	—
相应光接口工作正常	闪烁（0.5 次/秒）	—	—	—	—	—	—	亮	亮
相应光接口有误码	闪烁（0.5 次/秒）	—	—	—	—	—	—	闪烁 （1 次/秒）	—
相应光接口无光信号 （LOS）	闪烁（0.5 次/秒）	—	—	—	—	—	—	灭	—

工作状态	指示灯								
	NOM	ALM1	ALM2	CKS1	CKS2	MS	TCS	RX	TX
相应光接口激光器为关断状态	闪烁(0.5次/秒)	—	—	—	—	—	—	—	灭

注:闪烁(0.5次/秒)表示指示灯1秒亮,1秒灭;闪烁(1次/秒)表示指示灯0.5秒亮,0.5秒灭。ALM1黄灯仅在单板上电自检和下载程序时闪烁。"—"表示状态不定。RX和TX指示灯仅CSF/CSG/CSC板提供。

②时钟接口板。SCI板接口示意图如附图2.18所示。

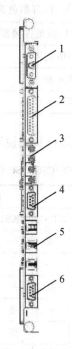

1—电源接口;2—外部告警开关量输入接口;3—时钟接口(75 Ω);

4—时钟接口(120 Ω);5—两线模拟电话接口;6—F1接口。

附图2.18 SCI板接口示意图

(4)技术指标

①定时原则。与SDH网络同步性能关系最密切的部件是时钟单元,ITU-T规范了三种时钟:

a. ITU-T G.811规范主基准时钟;

b. ITU-T G.812规范各级从时钟;

c. ITU-T G.813规范SDH设备的从时钟。

所有的SDH系统定时均应跟踪在ITU-T G.811描述的原始基准一级参考(基准)时钟(Primary Reference Clock,PRC)上。

②时钟输出抖动。无输入抖动时,ZXMP S385的2 MHz或2 Mb/s时钟输出接口的固有

抖动不超过 0.05 UI$_{P-P}$。测试时以 60 s 的时间间隔,用一个转折频率为 20 Hz 和 100 kHz 的单极点带通滤波器进行测量。

③时钟输入口允许衰减、输入口允许频偏及其他。ZXMP S385 时钟输入口允许衰减、输入口允许频偏及其他指标列表如附表 2.25 所示。

附表 2.25　ZXMP S385 时钟输入口允许衰减、输入口允许频偏及其他指标列表

项目	指标
输入口允许衰减	输入口信号引入衰减特性符合频率平方根规律、衰减范围为 0~6 dB 的电缆时,设备无误码且时钟无失锁
输入口允许频偏	±4.6 ppm
输出口信号比特率容差	±4.6 ppm
输出口波形	满足 G.703 有关模板

注:1 ppm$=1\times10^{-6}$。

④定时基准源倒换。ZXMP S385 配置有一个以上的外部定时基准输入,当所选定的定时基准失效时,SDH 设备能利用 S1 字节自动倒换到另一定时基准输入。

⑤时钟锁定模式下的长期相位变化。时钟锁定模式下的长期相位变化一般用最大时间间隔误差(Maximal Time Interval Error,MTIE)和时间偏差(Time Deviation,TDEV)来表征。

ZXMP S385 恒温状态下的漂移限值(MTIE)如附表 2.26 所示、温度影响下的漂移限值(MTIE)如附表 2.27 所示,恒温状态下的漂移限值(TDEV)如附表 2.28 所示。

附表 2.26　恒温状态下的漂移限值(MTIE)

MTIE 限值	观察时间间隔
40 ns	0.1 s$<\tau\leqslant$1 s
40τ0.1 ns	1 s$<\tau\leqslant$100 s
25.25τ0.2 ns	100 s$<\tau\leqslant$1000 s

附表 2.27　温度影响下的漂移限值(MTIE)

附加 MTIE 允许值	观察时间间隔
0.5τ ns	0.1 s$<\tau\leqslant$100 s
50τ ns	$\tau>$100 s

附表 2.28　恒温状态下的漂移限值(TDEV)

TDEV 限值	观察时间间隔
3.2 ns	0.1 s$<\tau\leqslant$25 s
0.64τ0.5 ns	25 s$<\tau\leqslant$100 s
6.4 ns	100 s$<\tau\leqslant$1000 s

⑥保持工作方式的时钟准确度。当所有定时基准丢失后,SDH 设备时钟(SDH Equipment Clock,SEC)经过一个短暂的瞬态相位变化后进入保持模式。

保持模式下,SEC 利用定时基准信号丢失之前所存储的频率信息作为其定时基准工作,同时振荡器的振荡频率慢慢漂移,但仍保证 SEC 频率在长时间内与基准频率只有很小的频率偏差,使滑动损伤保持在允许的指标范围内,以应付长达数天的外时钟中断故障。

当 SEC 丢失其基准源并进入保持状态时,从丢失基准源的瞬间起,SEC 的输出信号相对其输入信号的相位误差 ΔT 在任何观察时间 S 大于 15 s 时,不应超过以下的限值:

$$\Delta T(S)=[(a_1+a_2)S+0.5bS^2+c]\quad(\text{ns})$$

式中：$a_1=50$ ns/s，指对应于 5×10^{-8} 的初始频偏；$a_2=2000$ ns/s，指时钟进入保持状态后的温度变化引起的频偏，对应于 2×10^{-6}，假如没有温度变化，相位误差中没有 a_2S 这一项；$b=1.16\times10^{-4}$ ns/s²，是由老化引起的，对应于 1×10^{-8}/天的频率漂移；$c=120$ ns，指任何进入保持状态的过渡时期，可能产生的附加相位偏移。

⑦内部振荡器自由振荡工作方式的频率精度。当 SEC 丢失所有的定时基准，也失去了定时基准记忆或根本没有保持模式时，SEC 内部振荡器工作于自由振荡方式，其输出频率要求在一定的精度范围内。

对于一个可跟踪于 G.811 时钟的基准来说，在自由运行状态下的 SDH 终端设备的 SEC 输出频率准确度应小于 4.6×10^{-6}，对于 REG 设备，其 SEC 输出频率准确度应小于 20×10^{-6}。

6. 网元控制板 NCP 及 Qx 接口板 QxI

（1）功能特性

ANCPB/ANCP/ENCP/NCP 板是所在网元的核心控制部件，与子网管理控制中心（Subnetwork Management Control Center，SMCC）、其他网元的 ANCP 板（或 ENCP 板、NCP 板）进行信息和数据交换，起着桥梁的作用。ANCPB/ANCP/ENCP/NCP 单板功能说明如附表 2.29 所示。

附表 2.29　ANCPB/ANCP/ENCP/NCP 单板功能说明

功能项	单板			
	ANCPB	ANCP	ENCP	NCP
网元管理功能： 　完成网元的初始配置； 　接收网管命令并加以分析； 　通过通信口对各个单板发布指令，执行相应操作； 　将各个单板的上报消息转发网管； 　在网管配合下，硬复位和软复位各单板	支持	支持	支持	支持
设备告警输出控制	支持	支持	支持	支持
外部告警输入监测	支持	支持	支持	支持
ECC 信息处理（从光线路板提取 ECC 信息，加以分析，通过其他光口转发或交网管处理）	支持	支持	支持	支持
ASON 处理功能	支持	支持	不支持	不支持
以太网三层交换能力	支持	支持	不支持	不支持
单板软件的远程升级	支持	支持	支持	支持
预留扩展子架接口功能（单板提供 100 Mb/s 以太网接口，预留用于实现扩展子架管理信息的接入，支持 1+1 保护）	支持	支持	支持	不支持

QxI 板功能如下：

①实现系统的接口功能：电源接口 POWER、告警指示单元接口 ALARM_SHOW、列头柜告警接口 ALARM_OUT、辅助用户数据接口 AUX、网管 Qx 接口、扩展子架接口 EXT。

②实现-48 V输入电源的滤波、过流保护、防反接保护、电压告警监测功能。

③给子架提供电源。

④与 SCI 板实现 1∶1 电源保护。

(2)工作原理

NCP 板工作原理如附图 2.19 所示,其各功能单元说明如附表 2.30 所示。

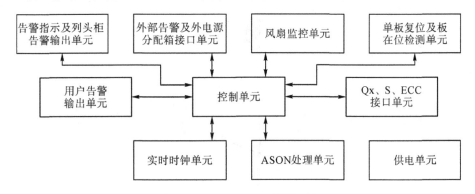

附图 2.19　NCP 板工作原理图

附表 2.30　NCP 板各功能单元说明

单元名称	功能说明
控制单元	完成单板的各功能单元自检、初始化工作和配置、监控等功能
ASON 处理单元	完成 ASON 信令处理
告警指示及列头柜告警输出单元	收集网元的告警指示信号并发送至告警箱和列头柜,共有 3 个告警输出接口
外部告警及外电源分配箱接口单元	提供 8 路外部告警开关量接口。通过外电源分配箱接口单元监控外电源分配箱提供的-48 V电源
风扇监控单元	智能监控本网元的风扇插箱
单板复位及板在位检测单元	复位网元中的所有单板,检测单板的在位信息
用户告警输出单元	提供 4 路用户告警信息输出
Qx、S、ECC 接口单元	提供 Qx 口,完成 ANCP 板与网管的通信。Qx 口采用遵循 TCP/IP 协议的以太网接口 提供内部接口 S 口,实现 ANCP 板与其他单板的通信 提供内部接口 ECC 口,通过光线路板的 ECC 通道与子网中其他网元 ANCP 板(或 NCP、ENCP 板)的 ECC 口通信,从而实现通过接入网元对子网的管理
实时时钟单元	用于确认网元监控过程中告警发生和消失的准确时间。为保证断电后时钟的准确计时,当检测到掉电,实时时钟单元将由后备充电电池供电
供电单元	完成单板所需的电源滤波和分配

(3)面板及指示灯说明

①NCP 板。NCP 板面板示意图如附图 2.20 所示，其面板说明如附表 2.31 所示。

1—单板运行状态指示灯（NOM、ALM1、ALM2）;2—F 口;3—调试口;

4—主用状态指示灯（MS）;5—复位键（RST）。

附图 2.20　NCP 板面板示意图

附表 2.31　NCP 板面板说明

名称	说明
单板运行状态指示灯 （NOM、ALM1、ALM2）	NOM 灯为绿色,单板工作正常时,为闪烁状态 ALM1 灯为黄色,单板正常工作时,灯亮表示网元有主要或次要告警 ALM2 灯为红色,单板正常工作时,灯亮表示网元有严重告警
F 口	串口,连接 LCT
FE 电接口	ANCPB/ANCP 板和 ENCP 板提供,用于带外 ECC 接口,以及预留连接扩展子架
调试口	以太网接口,DOWNLOAD 状态下连接计算机,用于本地单板软件升级,下载数据等操作
主用状态指示灯（MS）	MS 灯为绿色,灯亮表示该板处于主用状态
复位键（RST）	按该键可以复位单板

NCP 板运行状态与指示灯状态对应关系参见附表 2.32。

附表 2.32　ANCPB/ANCP/ENCP/NCP 板运行状态与指示灯状态对应关系

工作状态	NOM 绿灯	ALM1 黄灯	ALM2 红灯	MS 绿灯
正常运行	闪烁(1 次/秒)	灭	灭	—
网元主要或次要告警	闪烁(1 次/秒)	亮	—	—
网元紧急告警	闪烁(1 次/秒)	—	亮	—
主用状态	闪烁(1 次/秒)	—	—	亮

注:闪烁(1 次/秒)表示指示灯 0.5 秒亮,0.5 秒灭。"—"表示状态不定。

②QxI 板。QxI 板接口示意图如附图 2.21 所示。

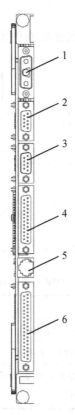

1—电源接口;2—告警指示单元接口;3—列头柜告警接口;4—辅助用户数据接口;

5—网管 Qx 接口;6—扩展子架接口。

附图 2.21　QxI 板接口示意图

7. 公务版 OW

(1)功能特性

OW 板采用 STM‐N 信号中的公务字节,结合网管和交叉板交叉处理功能,实现如下功能:

①实现脉冲编码调制(Pulse Code Modulation,PCM)语音编码,提供 64 kb/s 编码速率。

②实现点对点、点对多点、点对组、点对全线的呼叫。

③支持强插功能。

④支持多方会议通话方式,最多可支持 28 个公务方向。

⑤可发送和接收 E1、E2 信道上的双音频信令,处理话机送来的双音频信令。

⑥每个公务方向可处理一个开销字节作为公务保护字节。

⑦每个公务方向支持对保护字节的数字读写。

⑧提供 3 路 2 线模拟电话接口,前两路为公务接口,后一路为 TRK 接口。模拟电话接口由 SCI 板提供。

⑨提供拨号音、回铃音、忙音、静音和铃流。

⑩支持 5 路数据接口,可配置成 RS422/RS232。数据接口由 QxI 板提供。

⑪实现 F1 同向数据接口功能,接口由 SCI 板提供。

（2）工作原理

OW 板原理框图如附图 2.22 所示,其各功能单元说明如附表 2.33 所示。

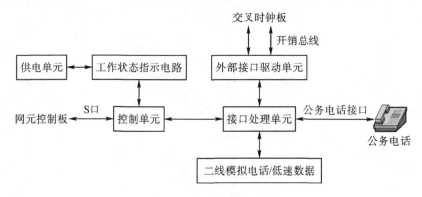

附图 2.22　OW 板原理框图

附表 2.33　OW 板各功能单元说明

单元名称	功能说明
供电单元	为 OW 板提供工作电源
工作状态指示电路	指示本板的运行工作状态
控制单元	通过 S 口将 OW 板的告警信息上报网元控制板,并接受网元控制板的管理,实现内部网管
接口处理单元	来自交叉板的开销总线经过 OW 板的外部接口驱动单元送入接口处理单元,接口处理单元汇聚了各种用户数据并完成开销交换
公务电话接口	支持会议电话功能
二线模拟电话/低速数据	可处理 3 路 2 线模拟电话业务和 5 路标准 RS422/232 数据业务

（3）面板及指示灯说明

OW 板示意图如附图 2.23 所示,其面板说明如附表 2.34 所示。

1—单板运行状态指示灯(NOM、ALM1、ALM2);2—复位键(RST)。

附图 2.23　OW 板示意图

附表 2.34　OW 板面板说明

名称	说明
单板运行状态指示灯 (NOM、ALM1、ALM2)	NOM 为绿色指示灯,单板工作正常时,为闪烁状态 ALM1 为黄色指示灯,单板工作正常时,灯亮表示有电话接入 ALM2 为红色指示灯,单板工作正常时,灯亮表示单板有告警
复位键(RST)	按该键可以复位 OW 单板

OW 板运行状态与指示灯状态对应关系如附表 2.35 所示。

附表 2.35　OW 板运行状态与指示灯状态对应关系

工作状态	指示灯状态		
	NOM 绿灯	ALM1 黄灯	ALM2 红灯
正常运行	闪烁(1 次/秒)	灭	灭
摘机	闪烁(1 次/秒)	亮	—
单板有告警	闪烁(1 次/秒)	—	亮

注:闪烁(1 次/秒)表示指示灯 0.5 秒亮,0.5 秒灭。"—"表示状态不定。

参考文献

[1]杨世平,张引发,邓大鹏. SDH 光同步数字传输设备与工程应用[M]. 北京:人民邮电出版社,2001.

[2]武文彦. 智能光网络运行维护管理[M]. 北京:电子工业出版社,2012.

[3]ITU-T G.841.SDH 网络保护结构的分类和特性[S].2002.

[4]ITU-T G.821.构成 ISDN 一部分的并低于基群速率的国际数字连接的误码性能[S].1996.